KB241224

도시마을의 진화

참여를 통해
조화를 모색하는
공동체 공간의
재구성

도시마을의 진화

참여를 통해
조화를 모색하는
공동체 공간의
재구성

한광야 지음

21세기는 인류 역사상 가장 두드러진 도시의 시대다. 도시는 문화의 생산과 소비 단위이며, 시민의 생활환경이자 행복의 대상이다. 정부의 정책 목표나 개인의 인생 지향도 좋은 도시로 모아지곤 한다. 보통 우리 사회 다섯 명 중 한 명은 매년 외국의 도시를 방문한다는 통계도 있다. 사람들은 이를 통해 일상의 위로와 영감을 얻는다.

도시는 그 구성단위인 '마을 혹은 동네neighborhood'의 덩어리다. 즉, 좋은 도시는 좋은 마을에서 시작한다. 마을은 나와 타인이 공동체를 형성해 함께 생활하고 교류하는 공간으로, 도시계획의 관점에서 '근린주구近隣主區'나 '생활권'으로 불린다. 펜실베이니아대학교 도시설계학과 교수 조나산 바넷Jonathan Barnett은 "물리적 공간에서 거주하는 주민들에게 문제가 발생했을 때 함께 해결하려는 공동체"라고 마을의 사회적 가치를 규정한다.[1]

마을은 공공 도시 정책가와 민간 개발업자, 도시설계자 등의 시각을 따라 도시의 큰 땅이 여러 개의 작은 필지로 나뉜 결과다. 긴 시간 동안 여러 세대를 거치며 형성되는 게 일반적이지만, 천재지변이나 인재人災 이후, 혹은 신도시를 개발할 때처럼 인위적으로 한 번에 조성되기도 한다. 누가 어떤 과정으로 필지를 분할하고, 누가 그 필지를 소유해 그곳에 거주하며, 어떤 이상과 지향, 향수와 관성이 작동하고, 어떤 물리적 건축 체계가 적용되는가에 따라 마을의 모습은 판이해진다. 그러니 이러한 마을의 변화 과정은 다양한 참여자들의 개입으로 그 궤적이 그려지는 창의적 활동이다. 무엇보다 도시적 삶에 대한 개인의 만족도를 높이려면, 그 구성단위이자 일상의 무대인 마을이 좋아져야 한다. 또한, 오래도록 변치 않는 정체성의 가치가 함께 모색되어야 한다.

이 책은 바로 이 '성장하는' '도시마을urban neighborhood'에 주목한다. 세계적인 도시들의 옛 도심downtown에서 형성되어 이를 대표하는 얼굴로 자리 잡은 뒤, '마을 정체성'을 갖고 지속적으로 성장·재생되어 온 9개 도시마을의 변화 과정이 주요 분석 대상이다. 여기에 주민들의 공동체적 가치, 지역 경제 그리고 관련 도시행정의 진화상이 함께 다뤄진다. 나아가 이러한 변화의 주도적 역할을 담당해 온 여러 지역 시장market의 모습들과 그 변화의 물리적 결과인 건축물들을 폭넓게 살펴보면서 현대 도시의 지속 가능성을 함께 진단해 본다.

사실 도시마을의 형성, 성장과 쇠퇴, 그리고 현재적 변화의 방향성에 대한 연구들은 아직까지 충분치 못하다. 도시계획 정책의 수립과 그 인과관계에 관한 연구들과 비교해 상대적으로 덜 다뤄져왔다. 이는 도시마을의 자치 행정과 주민 의사결정 과정의 중요도와 영향력이 상위의 도시행정과 비교해 상대적으로 떨어지기 때문이다.

하지만 20세기 중반부터 세계적인 도시들에서는 중앙 정부의 하향식 행정에 저항하고 시민 참여와 주민 자치가 활성화되면서 '마을의 가치 찾기'가 학문적 주제로 자리 잡기 시작했다. 예컨대 지난 10여 년간 진행된 전국 단위 도시재생사업들을 통해 시민들은 오래된 마을의 기원과 정체성을 재확인해 왔다. 특히 코로나19 유행을 거치면서 도시 기능의 최소 단위로서 보행권 중심의 생활권과 이에 대응해 성장한 생활 상권의 중요성이 부각되고, 지난 세기에 사회가 추구했던 '직주(직장과 거주지) 분리'의 가치가 다시 '직주 근접'으로 변화하고 있다.

이 책의 차별성은 크게 두 가지다. 첫째, 사회·경제적으로 균질한 배경을 가진 주민들의 교외 마을이 아니라, 보다 다양한 배경을 가진 주민들이 지속적으로 유입·유출되며 변화하는 도시마을에 집중한다. 둘째, 마을의 변화를 단계적으로 이해하고 그 특성을 보다 넓은 도시와의 관계 속에서 이해한다. 이 책에서 도시마을은 배타성이 강한 내부 지향적 공동체가 개방성과 다양성에 길을 열어주는 격자형 도시 블록 위에 형성되어 성장한 결과로 정의된다. 그것은 하나의 결론을 도출하기보다 다수 참여자들의 관심사와 이해관계가 충돌하고, 여러 이권들 사이에서 조정과 타협이 이뤄지는 정치적 과정의 공간에 놓여 있다. 좋은 도시마을로 향하는 경로가 창의적이어야 할 수밖에 없는 이유가 여기에 있다.

따라서 도시마을은 시대적 가치와 사회적 요구에 유연하게 대응하되, 그 도시를 완성하는 일관된 정체성을 추구하는 두 겹의 상충된 과제를 갖는다. 당연히 이러한 과제의 해결은 더 많은 주민들이 참여할 때 힘을 얻는다. 도시마을이란 이 참여 과정에서 균형을 잡는 예술적 산물이라 할 수 있다.

이 책의 서술의 근간을 이루며, 각각의 도시마을을 분석하기 위해 근본적으로 파악해야 했던 구체적 사항들은 다음 세 가지 범주로 정리된다.

첫째, 도시마을의 자연적 또는 정책적 형성 과정, 규모와 형태, 마을의 입구와 중심, 경계부의 공간구조, 주변 환경 및 인접 마을과의 관계 등 물리적 사항에 기반을 둔 특성들이다.

둘째, 도시권 산업화·대중교통체계(철도, 트램, 버스, 지하철 등) 개통·신도심 개발 등 상위 행정이 초래한 도시마을 공공시설(주거·상업·생산 공간)의 조성·이전·해체, 그리고 이에 따른 도시마을의 성장·쇠퇴 및 다핵화 과정과 도시 건축적 변화의 특성들이다.

셋째, 글로벌화·도시 현대화(IT인프라 확충) 과정에서도 관광 거점 및 역사 유적 복원, 주거 인구 확보, 노후 주거시설 재건축 등 마을 정체성을 유지시키며 지속적인 변화와 재생을 유도하는 공동체적 노력과 이를 지원하는 공공 정책의 역할과 특성들이다.

이 책은 이러한 세 범주에서 문헌 연구, 현장 답사 및 인터뷰, 고지도 및 근현대 지도 비교 분석 등을 면밀히 수행함으로써, 지역성locality과 다양성diversity의 토대 위에서 지속적으로 개발되고 변화해 온 도시마을의 물리적 공간과 건축적 진화상을 재구성하고, 그러한 진화의 배경이 된 '공공의 가치civic value', '공동체의 자치self governance', '공공의 행정public policy' 등을 재점검해 나간다.

이 책은 크게 세 개의 부로 나누어 진행된다.

제1부 '격자 블록과 세장細長 필지에 그려진 모던 유토피아'에서는 도시의 대표적 특성인 격자형 도로체계와 도시 블록 위에서 성장해 온 대도시 도시마을 사례들을 살펴본다. 특히 좁고 긴 세장형 필지 위에 시공된 건축물의 특성을 고층 고밀화와 상업화 과정, 그리고 마을 공공시설의 조성 과정 중심으로 소개한다.

(1) 구릉 위에 주민들이 설립한 도서관과 클럽하우스인 아테네움Athenaeum을 중심으로 형성된 영국의 비컨힐Beacon Hill, 그리고 찰스강변 간척지에 들어선 블러바드형 선형 공원인 커먼웰스애비뉴Commonwealth Avenue를 중심으로 성장한 도시 블록 주거지인 보스턴 백베이Back Bay, (2) 중세 도심 외곽에 독특한 정사각형의 스퀘어 블록Illa Quadrat으로 형성된 신도심이자, 중층 규모 도시 주택의 상업화에 대응해 블록야드Pati d'Illa를 공공화하고 스퀘어 블록들을 모아 조성함으로써 슈퍼 블록Superilla의 보행 중심화를 추진한 바르셀로나 드레타 데 레이삼플레Barcelona Dreta de l'Eixample, (3) 바다 습지를 매립한 격자형 도시 블록 위에 조성되었던 직주 일체의 상공인 구역이 메이지유신과 간토 대지진 후 직주 분리의 현대적 도시계획 아래 주거가 배제된 도시 상업 구역으로 변화해 온 도쿄 긴자銀座와 마루노우치丸の内가 그 주인공이다.

제2부 '스퀘어와 보행체계로 이어진 저층 주택과 고층 주거 타워'에서

는 지배 세력이 소유한 대규모 토지가 지속적인 개발을 통해 중규모, 다시 소규모 필지 중심의 주거지로 변화하고, 마을의 역사성과 상징성을 보유한 정원 공원square garden을 중심으로 저층 주택, 종교시설, 종합병원, 대학교 등의 교육·문화시설과 새로 개발된 고층 주거 타워가 보행체계로 연결되면서 성장해 온 마을들의 변화 과정을 소개한다.

(4) 잉글랜드의 지배 거점Westminster과 상업 거점City of London 사이 귀족 소유의 미개발지였던 웨스트엔드West End가 가든스퀘어garden square를 중심으로 대규모 테라스하우스군으로 개발되고, 인접한 박물관, 대학교, 극장 등과 더불어 지식인, 작가, 예술가의 공동체로 성장해 온 런던의 블룸스버리Bloomsbury, (5) 정사각형 형태의 리튼하우스스퀘어Rittenhouse Square를 중심으로 형성된 타운하우스군Rittenhouse Low과 저택들, 그리고 그 저택들이 교외로 이전해 나가면서 그 자리에 조성된 직주 근접형 업무·상업·공공시설과 아파트·콘도미니엄 주거 타워군이 현대 고층형 도시마을의 표준으로 자리 잡은 필라델피아 리튼하우스 네이버후드Rittenhouse Neighborhood, (6) 직사각형 도시 블록 도시의 전형인 맨해튼을 배경으로, 해안선을 따라 이리운하Erie Canal가 개통되면서 항구 마을로 형성되어, 이후 대도시화와 상업화에 저항해 영국식 로우하우스 중심의 블록 구조와 필지 구획, 건축 형태를 보전하면서 대중교통 개통과 함께 도로 중심의 임대 아파트와 다양성 중심의 주거 환경을 유지해 온 뉴욕 그리니치빌리지Greenwich Village가 그 주인공이다.

제3부 '상가·학교·종교·복지시설의 보전과 재개발'에서는 도시 성장을 주도한 상가 시설, 지배 세력을 양성한 교육시설, 그리고 노약자와 병자를 위한 사회복지 거점의 종교시설을 중심으로 형성되었던 마을이 이후 도시 생산·소비 활동의 중심부로 기능하게 되고, 오래된 건축물의 보전과 재건축이 충돌하면서 도시가 확장되어 온 과정을 소개한다.

(7) 일본 무로마치 시대 히가시야마東山 문화의 중심부로서 일본인의 정서적 지향점인 시라가와白川와 중국 황산의 운해를 명상과 차도의 공

간으로 형상화한 건식 정원, 그리고 이를 상가 주택 내부로 흡수한 교마치야京町屋와 그 중심부인 히가시야마, (8) 12세기 무렵 북해를 면한 저지대에 베긴회수녀회Beguines의 집단 거주지로 형성되어, 도시의 생산 거점이자 인접한 구호소, 병원과 함께 대표적인 사회복지 거점으로 기능했던 브뤼헤Bruges와 암스테르담의 베긴회수녀원 블록, (9) 조선 시대 문묘와 성균관의 마을로 형성되어, 갑오개혁과 총독부의 조선교육령 시행 후 설립된 여러 학교와 병원, 도쿄에서 유입된 문화주택과 근대 한옥이 어우러져 지식인 마을을 이루고, 1970년대부터 서울이 확장되고 (대)학교들이 이전하면서 마을 경관과 정체성이 지속적으로 변화해 온 서울의 명륜동-혜화동이 그 주인공이다.

2025년 봄, 광화문에서
한광야

목 차

서 론

도시마을의
차별성

좋은
도시마을의
특성

마을은
어떻게
형성되어
성장하는가

마을은
어떻게 형성되어
성장하는가

마을이 처음 형성되는 곳은 공히 구릉지 우물가였다. 이는 동서양 구별이 없다. 거품 품은 지하수가 뿜어져 나오는 곳엔 신성함이 더해졌다. 보이지 않는 땅속에서 수원을 찾아내는 영험한 능력은 지위와 권력에 관계된 일이었다. 이런 곳에 사당, 사찰, 교회, 성당, 신사가 자리 잡는다. 이러한 종교 시설은 상황에 따라 학교, 병원, 숙소, 묘지, 공장, 병영 등으로 기능을 바꾸기도 했다. 이 주변으로 구릉에서 평지까지 서열에 따라 주거지가 형성되면서 부족과 세력이 완성되었고, 평지 하천 변에는 시장이 형성되었다.

도시의 옛 모습이 바로 이렇게 단순한 조건 아래서 기능해 온 마을에서 확인되곤 한다. 코펜하겐에서 서쪽으로 6km 떨어진 교외지의 가든시티 garden city인 브뢴뷔Brøndby Haveby는 이러한 마을의 시초를 상상케 한다. 이 마을은 브뢴뷔시(Municipality of Brøndby, Brøndby Kommun)의 주도로 1964년 원형 블록에 커뮤니티 가든을 두고 공동체의 교류를 유도한 사례다. 이러한 원형 형태는 방어와 관리가 우선인 노르웨이의 원형 어장에서도 동일하게 확인된다.

초기의 마을 모습을 잘 보여주는 사례는 중국 내륙 깊은 곳에도 남아 있다. 중국의 유대인이라 불리는 하카 한족客家漢族이 12세기 말부터 송나라 해체와 원나라 개국에 맞춰 황하 북쪽 중원에서 남하해 장강 남쪽 푸젠성福建省 남부 내륙인 융딩永定과 난징南靖에 넓게 퍼져 거주해 온 집합주거지인 투로土楼가 그것이다.

하카 한족은 물이 귀한 산악 분지에서 '자연을 최소로 이용하며 그에 맞서지 않는다'라는 가치를 지닌 채, 올림픽 경기장을 연상시키는 거대한 투로를 건축했다. 투로는 이 지역 나무와 찰기 높은 흙으로 3-4층 규모의 원형 건축물로 지어졌다. 하카인들은 하늘을 상징하는 원형의 건축 형태가 가문 결속에 좋으며, 물리적으로도 통풍과 채광에 좋다고 믿는다.

투로는 족장의 행정력 아래 최대 800여 명까지 함께 거주했던 단일 건축물 마을이기도 했다. 남자들이 외지 일로 집을 오랫동안 비우면, 노인, 여자, 아이들만 거주하며 투로 방어를 최우선으로 여겼다. 또한 투로는 단순한 거주지 개념을 넘어, 주변에서 생산된 차와 담배를 가공하는 공장이기도 했다. 1-2층에는 제사를 지내는 조당, 교육을 위한 학교 공간, 작업 공간이 위치했고, 그 위층에는 잠자리를 위한 방들이 기숙사처럼 배치되었다.

마을이 성장하려면 먼저 건물들이 어떤 논리와 구조와 질서를 갖고 함께 모아질 수 있는가의 과제 앞에 서게 된다. 건물들이 마을이 되며 성장하는 순간이 바로 이때다. 일본의 주쿠宿場町는 말을 바꾸고 숙식과 정보를 제공하던 오래된 역참 마을로, 바로 이 순간을 떠올리게 만든다. 주쿠는 도시를 연결하는 가도街道를 따라 약 19km의 거리를 두고 헤이안 시대에 조성되었다.[1] 구릉 위 우물을 중심으로 자리 잡은 신사와 사찰은 순례객의 숙소로 기능했다. 에도 시대에 접어들면 관용 숙소(本陣와 脇本陣)가 실개천 옆에 위치했고, 그 주변에 일반인 숙소旅籠屋와 찻집, 식당, 양조장 등이 들어서 마을의 중심을 완성했다. 메이지 시대엔 철도역이 개통되고 이를 중심으로 주변에 우체국, 경찰서, 백화점, 은행, 호텔 등이 들어서 신도심이 성장했다. 이즈음 하천 변에 시장이 열렸다. 그리고 신도심과 옛 마을을 연결하는 본정통本丁通이 도시의 상업 도로로 성장하고, 그 배후에 새로운 마을町이 조성되었다. 최근에는 옛 마을의 오래된 사찰과 상점이 호텔, 박물관, 미술관으로 대체되면서 도심에 활력을 불어넣고 있다. 이러한 일련의 과정들은 불과 한 세기 사이에 가도 중심의 주쿠가 철도역 중심의 철도 도시로 변모하는 모습을 보여준다.

오래전 마을이 우물을 두고 천천히 형성되었다면, 마을을 계획에 따라

한 번에 개발하는 방식은 스퀘어square나 플라자(plaza, place, piazza)라는 공용 공간이 이용되어 왔다. 마을 중앙을 비워 모두를 위해 조성하는 스퀘어는 주민 소통과 교류의 구심점으로서 공원이나 묘지로 쓰이곤 했으며 화재의 확산을 막고 피난소로 기능하기도 했다. 예컨대 미국 뉴잉글랜드 지역의 대표 도시인 보스턴과 케임브리지의 오래된 마을의 공간구조가 여기에 해당한다. '커먼(common, 공유지)'이라 불리는 이곳은 우리나라 아산 외암마을 경주 양동마을 진입부에도 존재한다. 스퀘어와 공원은 거주자들에게 소속감을 부여하며, 공동체로 성장시키는 힘을 갖고 있다.

유럽의 대도시 도시마을은 도성의 조성과 함께 그 내외부에 형성되었다. 특히 파리와 런던의 도시마을들은 르네상스라는 시대 변화에 힘입어 왕족과 귀족 소유의 대토지에 조성된 스퀘어와 플라자를 중심으로 한쪽에는 성당, 그 전면에는 시장을 조성하고, 이를 둘러싸는 일군의 로우하우스(row house, 합벽식 연립주택)나 타운하우스(town house, 도심연립주택)를 배치해 거주지를 개발했다.

뒤이어 도성이 해체되고 철도가 개통되면서 주변의 교외 인구를 흡수해 확장과 변화를 지속했고, 철도역 주변지에는 도서관, 박물관, 대학, 병원, 언론사, 출판사 등이 들어서 지식인, 교육자, 예술인의 거주지로 변화했다. 이렇게 형성된 마을은 이후 몇 세대를 거치며 물리적 입지와 주민의 특성—인종, 일자리 등—에 따라 여러 마을들로 분화·성장·쇠퇴하며 도시의 다양성을 결정했다.

그 대표적 사례인 런던은 약 600개 스퀘어(garden square 또는 residential square)의 도시다. 런던의 첫 번째 스퀘어는 이탈리아식 피아자piazza를 중심으로 당시 부유층 저택 모델이던 팔라디안 맨션Palladian Manson을 주변에 배치한 코벤트가든피아자(Covent Garden Piazza, 1631)였다. 당시 그곳은 피렌체 서쪽 약 80km에 위치한 항구 리보르노(Livorno, Leghorn)에 새로 조성된 리보르노피아자(Piazza Grande, 1594)를 모델로 조성되었다. 이즈음 종교개혁에 따라 가톨릭 수도원 소유지들이 몰수되어 장원manor으로 하사되고, 오래된 중심부였던 런던시City of London 서쪽 외곽의 웨스트엔드 West End도 같은 운명에 처한 시점이었다.

이후 피아자 중심의 주거지는 런던 도시인의 '시골에 대한 향수(Rus in Urbe, Illusion of Countryside in City)'를 담은 다양한 형태의 스퀘어, 좁고 긴 필지에 벽돌 구조의 테라스하우스 주택, 런던 시대를 대표하는 조지안-빅토리안 건축 양식을 갖고서, 마을 정체성을 새롭게 정의하고 주거 환경의 수준을 유지하며 블룸스버리Bloomsbury와 그 주변으로 복사되면서 런던의 도시 확장을 이끌었다. 여기에 스퀘어보전법(London Squares Preservation Act, 1931)도 실행되어 현재 약 460여개 스퀘어들이 보존되고 있다.

한편 뉴욕 그리니치빌리지의 2-3층식 로우하우스는 대칭성과 비례를 강조하면서 그리스·로마의 고전적 건축 요소들로 완성된 영국 조지안 건축 양식의 테라스하우스에 그 원형을 두고 있다. 하지만 이후 영국과의 독립전쟁 여파로 18세기 말부터는 적국의 양식과 차별화된 연방Federal 건축 양식의 로우하우스로 마을이 만들어졌다. 이 양식은 보스턴의 비컨힐 Beacon Hill과 필라델피아의 로우하우스에서도 19세기 초까지 대안으로 활용되었다.

보스턴의 백베이Back Bay는 초기에 조성된 비컨힐의 영국식 마을을 거부하고, 이와 차별화된 파리식 블러바드Boulevard와 격자형 블록 위에 새롭게 도입된 프랑스식 맨사드 지붕mansard roof을 가진 로우하우스 주택들로 조성되었다. 도쿄의 긴자는 런던을 대표하는 상업 구역이던 롬바드도로Lombard Street의 적색 벽돌 건축을 모델로 조성된 긴자도로銀座道り를 중심으로 형성되었으나, 간토 대지진(1923) 이후 측력에 취약한 벽돌 건축을 버리고 독자적인 콘크리트 건축을 추구해왔다. 또한 대지진 이후 긴자는 도쿄시가 도입한 뉴욕의 용도지역제(Zoning Resolution, 뉴욕시 구역지정결의안, 1916)의 용도 간 분리 가치에 기반해 직주 분리, 다시 말해 주거 기능이 배제된 도시 상업 구역으로 성장해왔다.

교토의 히가시야마東山는 연못 중심의 오래된 중국식 정원에서 독립해 황산黃山 운해의 모습을 백색 자갈모래白川砂利로 상징화한 독자적인 건식 정원乾山水을 명상과 차도(Sado, 茶道) 배경으로 조성해 일본 문화의 기반인 히가시야마 문화를 완성했다. 여기에 일본인의 정서와 향수의 지향점인 하쿠산白山과 시라가와白川, 삶의 아름다운 순간을 형상화하는 하천 변 벚나무와 버드나무는 일본 마을들과 마치야 주택(町屋 또는 町家)의 유전자인 도코노마床の間와 추보니와坪庭로 완성되었다.

한편 20세기 초 식민 지배와 두 차례의 세계대전을 겪고 난 뒤 빠르게 성장해 온 동아시아의 도시마을들은 유럽 도시마을의 변화와는 차별화되는 특성을 갖고 있다. 예컨대 서울의 대표적인 도시마을로 간주될 수 있는 명륜동-혜화동은 교육시설, 병원, 대중교통체계가 유도해 온 물리적 구조 변화에 집중해 성장해 왔다. 먼저 조선 시대 중앙 교육기관이자 고등교육 거점으로서 개성에서 이전해 온 성균관을 중심으로 주변에 유학자들의 주거지가 형성되고, 인접한 천변의 상업 거점을 중심으로 마을이 성장해갔다.

이후 성균관 마을이 다시 주목 받게 된 시점은 갑오개혁(1894)으로 학교교육을 통한 신분 상승이 당시 백성의 제일 이슈로 부각되면서부터다. 조선총독부의 제1차 조선교육령(1911) 공포 후, 가톨릭교 산하 상트오틸리엔베네딕트선교수도회가 개원한 백동수도원(1909)과 불교, 기독교, 천도교, 유교 등 종교 단체들이 개교한 일군의 학교들과 공업전습소(1907), 대한의원(1907), 경성고등상업학교(1915), 경성제국대학교(1924)을 중심으로, 학생, 교육자, 의료자의 마을로 성장했다. 이즈음 개통된 전차 그리고 훗날의 버스와 지하철은 명륜동-혜화동이 확장해 서울의 지역 거점으로 성장하는 계기가 되었다. 이 과정에서 마을의 도시한옥과 문화주택은 1980년대부터 다세대·다가구 주택과 아파트로 재건축되며 마을의 정체성을 지속적으로 변화시켰다.

무엇보다 이러한 마을들이 세대를 거치며 큰 변화를 겪기 시작한 시점은 19세기 말과 20세기 초에 철도와 전차가 개통되고 자동차가 등장하면서부터다. 1920년대를 전후해서는 교외지를 중심으로 마을을 인위적으로 설계해 한 번에 개발하는, 소위 신도심 또는 마을 개발이 시작되었다. 이때 마을 규모, 인구, 구조에 관한 원칙들이 함께 세워지기 시작했다.

여기서 미국 사회학자 클래런스 페리Clarence Perry가 제안한 '네이버후드(마을/동네) 단위 원칙(Neighborhood Unit Principle, 1929)'은 그 기저로 이용되어 왔다. 그는 간선도로로 정의되는 약 160에이커 면적의 교외지에 중심에서 약 400m(¼마일) 5분 보행권이라는 물리적인 거리감을 고려해 중앙부에 교회, 주민센터, 커먼 등을 집중시키고 초등학교를 두어 수퍼블록 중심의 마을을 완성했다. 흥미롭게도 초등학교 한곳을 운영하는 데 필요한 주민수를 약 5천 명으로 추정되어 마을의 적정 주민수가 제안되었다. 마을의 경계지에는 쇼핑센터나 상위 학교가 위치했다.

이러한 슈퍼 블록은 도심이 아닌 교외지에 입지하며, 대중교통의 지원 없이 개인 차량으로 도시 중심부와 연결되는 특성을 갖고 있었다. 흥미로운 건 한국의 많은 도시들에서 바로 이 마을 모델―자동차 중심의 베드타운―을 기반으로 주거지를 조성해왔다는 점이다. 대부분의 신도시 마을들이 이 모델의 원칙을 근거로 한 번에 조성되어 왔다.

좋은 도시마을의
특성

좋은 도시마을은 어떤 곳이며 왜 소중한가에 관한 문제의식이 제기된 시점은 흥미롭게도 도시마을이 해체될 때였다. 1960년대 미국 연방정부가 주도한 '싹 뒤엎기' 방식의 대규모 도시 재개발과 클래런스 페리와 르 코르뷔지에의 모듈식 도시계획을 비판한 건 거주자와 일상생활 관점에서 도시마을을 관찰해온 비평가 제인 제이콥스Jane Jacobs였다. 그녀는 자신의 저서(『The Death and Life of Great American Cities』, 1961)를 통해 마을에 관한 새로운 관점들을 제시한다. 마찬가지로 교토에서도 그간 교토를 상징해온 전통 주택 마치야가 대규모 개발로 해체되던 1970-80년대 그에 대한 비판이 비등하며 마치야의 가치가 재평가되고 보전운동이 시작되었다.

제인 제이콥스는 북아메리카 대도시들에서 교외 개발이 시작되고 연방정부 주도의 대규모 재개발이 추진되던 바로 그때, 그리니치빌리지를 생기 넘치는 도시 커뮤니티의 모범적 모델로 설명했다. 도시마을의 특성은 구성원의 균질성이 아니라 다양성에서 달성된다고 주장하면서 주민 간 협력residential cooperation, 정치적 영향력political clout, 상업적 생동성financial vitality 등을 유도하는 주민 교류 체계로서 보행가로walkable street, 마을공원neighborhood park, 혼합 용도 건물의 중요성을 강조했다.

그녀는 좋은 도시마을의 특징을 다음과 같이 네 가지 기준으로 설명했다. 첫째 슈퍼 블록이 아니라 격자형 도로체계로 구성된 작은 블록small block과 교차로들이 많을 것, 둘째 보도sidewalk가 주민들의 일상적 소통 공간으로 기능할 것, 셋째 새 건물과 상대적으로 임대료가 낮은 오래된 건물이 공존함으로써 사회·경제적으로 다양한 배경을 가진 주민들이 함께 거주할 것, 넷째 용도지역제 탓에 건물이 단일 용도로 국한되지 않을 것, 예컨대 지상층은 상업용으로 두되 나머지는 고밀도 복합 용도mixed use를 허용하는 마을 구조일 것 등이다.

도시마을의
차별성

도시마을이 주목 받게 된 건 1960년대 뉴욕, 보스턴, 필라델피아, 시카고, 샌프란시스코 등 북미 대도시에 자동차 보급이 늘고 교외 마을suburban neighborhood이 빠르게 성장하면서부터다. 당시 교외 마을은 고소득에 비슷한 사회·문화적 배경을 가진 베이비부머들의 주거지였다. 이들은 이른바 '1에이커의 단독 주택'이라는 미국인의 꿈을 좇아 구도심에서 벗어나 교외에 정착한 세대였다. 물론 이런 교외 마을은 고속도로를 놓는 건설사, 긴 통근 활동을 가능하게 한 자동차 기업과 석유 기업, 분양을 지원하는 금융 기업의 총체적 작품으로 비판받기도 했다.

도시마을은 교외 마을의 비교 개념으로 등장했다. 사실 도시마을은 구도심에서 누차 대물림된 주거 환경에 부족한 공공시설, 그리고 주요 기업체들의 이전에 따르는 일자리 감소로 쇠퇴 일로였다. 1990년대 초까지 저소득층, 이민자, 흑인과 소수인종들의 주거지로서 인종 갈등, 혐오, 증오로 인한 폭력과 범죄, 마약 등 사회문제의 온상으로 지적되며 대규모 재개발 대상지로 지목되곤 했다. 이런 배경 속에서 균질한 구성원의 교외 마을과는 다른 도시마을의 특성을 이해하려는 사회·문화·인류학적 민족학social and cultural ethnography 연구가 부상했다.

흥미롭게도 오래된 도시마을은 1990년대 중·후반을 지나면서 교외 마을에서 태어나 성장한 베이비부머세대가 오래된 도심으로 회귀하면서 큰 변화를 겪기 시작했다. 그간 비슷한 주민들이 거주하는 곳에서 늘 그런 교외 생활에 싫증을 느낀 이들이 무엇보다 의료·복지·교육·문화·예술 자원들이 상대적으로 밀집된 구도심의 가치를 찾아 옮겨오기 시작한 것이다. 물론 구도심에 거주하며 교외 일자리로 출근하는 경우도 일부 생겨났다.

　도시마을은 교외 마을과 비교되는 세 가지 차별성을 갖고 있다. 도시마을의 문제 해결과 앞으로의 전망도 여기서 출발한다. 도시의 질적 향상을 이끄는 것이 바로 마을의 다양성이고, 이를 극대화하되 그 안에서 정체성을 찾고 보전하는 것이 화두다.

　첫째, 도시마을의 성장과 변화는 점진적이지만, 한 번에 한 세대를 거치면서 빠르게 펼쳐지기도 한다. 내부 의지보다 도시권 차원의 교외지 개발로 마을 중심 시설이 이전·확장하거나 대중교통이 개통되는 등 외부 요인이 크게 작용할 때가 바로 이때다. 이 과정에서 마을의 구조와 기능, 중심부와 경계가 변한다. 중심부는 공공시설, 공원, 광장, 오래된 나무 등이 들어서 주민들의 기억과 향수의 공간이 됨으로써 세대 간·문화 간 교류의 장으로 기능한다. 이런 공간은 종종 다른 곳으로도 고스란히 옮겨져 새로운 마을을 만드는 기반이 되기도 한다.

　도시마을은 도시권 확장으로 거점을 연결하는 대중교통 시설이 놓이면서 그 기능과 구조의 변화를 겪곤 했다. 특히 도시권 대중교통체계는 마을의 입구와 중심을 바꿔버린다. 실제로 새로 개통되는 지하철은 기존 마을의 중심부와 진입부 위치를 일순 변화시키고, 대학의 정문과 후문의 위상을 바꿔놓았다. 대중교통은 특성상 토지 가치가 상대적으로 낮은 곳에 개통되는데, 그 체계는 필연적으로 기존 마을의 앞과 중심을 피해 외곽에 새로운 거점을 만들고, 유동 인구를 고려해 마을 간 경계를 확장·축소하면서 새로운 중심부를 조성한다. 이렇게 형성된 새로운 중심부는 기존 중심부와 경쟁한다.

　때로 신도심 개발 촉진을 위해 옛 마을의 학교와 병원을 이전하면서 예상 밖의 규모로 관련 주민들의 전출이 추진되기도 한다. 이때 이적지 계획이 불충분하다면, 신도심 개발은 성공할지 모르나 옛 마을은 쇠퇴하면서 구도심이 공동화되는 제로섬 결과를 초래하기도 한다. 외부로부터 준비되지 못한 속도와 방향의 변화가 마을에 주어지면, 결국 주민들 간에 불필요한 사회적 충돌이 빚어지고 마을은 쇠퇴하기 마련이다.

한편 도시마을의 물리적 노후화, 주민 노령화, 취학 인구 감소로 인한 초등학교 폐교 문제는 마을의 생존을 좌우하는 절체절명의 과제다. 초등학교는 마을의 대표적 중심 시설로, 지난 세기 교류의 구심점 기능을 해 왔고 특히 재잔시 피난시설이기도 하다. 반면 노년층 주민을 위한 보건, 간호, 재활 시설에 대한 수요는 증가 추세다. 이미 일본과 한국에서 폐교된 초등학교가 노인 건강 시설이나 평생학습 등 인생 이모작을 위한 직업교육 커뮤니티로 재편 중이다. 또 유언이나 후손의 의지에 따라 노년층이 거주하던 주택들이 마을의 박물관, 미술관, 기념관 등 문화 공간으로 리모델링되기도 한다. 하지만 이는 여전히 행정력이 미치지 못하는 사각지대에 남겨져 있으며, 어느 때보다 공동체적 활용의 필요성을 확인시켜 주고 있다.

둘째, 도시마을 주민들은 상대적으로 빠르게 교체되며, 특히 교외 마을과 비교해 주민의 사회·경제적 배경과 구성비가 다양하다. 따라서 오래 거주한 주민과 새로 이주한 주민 사이에 충돌이 발생할 수 있으며, 소유자와 임차인 간 의견 차로 물리적·건축적인 변화가 뒤따를 수도 있다. 도시마을은 격자형 도로를 따라 주거지가 상업·업무 시설과 혼합되어 기능하는데, 특히 지상부의 상업 기능은 그 상부나 배후의 주거 및 업무 공동체의 지원을 받으며 성장한다. 하지만 상업 기능의 과도한 팽창은 종종 주거 기능과 충돌한다. 방문자 급증으로 인한 소음, 쓰레기, 주차 문제는 거주자와 상인 간 마찰의 주요 원인이며, 과도한 상업화에 따른 과도한 임대료 인상은 도시의 대표적인 사회문제gentrification로 자리 잡았다.

따라서 기존 주민과 새로운 이주민 간의 협력체계는 마을 내부의 동력을 확보해 향후 과제를 해결하는 데 지렛대가 될 수 있다. 특히 오래된 건물과 새로운 건물과의 기능적이며 건축적인 조화는 마을의 지속 가능한 미래와 일관된 정체성의 유지시킨다. 예컨대 20세기 초 보스턴 백베이에서는 용도지역제가 제도화되기 이전부터, 마을 규약 같은 성문 협정으로 토지와 건물 소유자의 필지 단위 건축 행위를 제한(Deed Restrictions,

1857)해 상호 견제 하에 개발을 규제하면서 마을의 물리적 정체성을 보존해 오고 있다.

또한 생산 체계가 도시의 특성을 결정하듯이, 마을의 특성도 주민의 주거 활동보다 생산 활동으로 결정된다. 생산(상공업)과 주거가 함께 섞여 기능해 왔던 전통적인 도시마을이 조용한 주거지로 변화하기 시작한 건 20세기 초다. 이때부터 직주 분리의 가치를 따라 주거 기능만 지닌 '조용한 주택지'가 등장하기 시작했고, 1960년대부터 자동차 보급이 보편화되고 교외지 개발이 활성화되면서 이러한 트렌드는 확산되었다. 그러나 1990년대부터 다시 직주 근접의 가치가 부상하면서 도시마을의 가치는 새로운 차원을 맞는다.

이러한 배경 위에서 도시마을은 창작, 저술, 교육 활동에 종사하며 도시 중심부에 거주하는 작가, 예술가, 지식인, 교육인 등의 무형 콘텐츠 생산자라는 새로운 직업군의 탄생을 유도하여 그 활동의 중심지로 성장했다. 이러한 특성은 런던의 블룸스버리와 뉴욕의 그리니치빌리지에서 관찰된다. 예컨대 그리니치빌리지에 거주하던 이들은 출판사, 미술관, 실험극장, 예술학교, 스튜디오를 중심으로 활동하면서 그리니치빌리지는 물론 미국 문화의 성장을 이끌었다. 특히 이들은 1960년대 뉴욕시민그룹과 마을 주민들과 연대해 외부의 개발 압력에 저항하며 옛 마을의 보전에 헌신했다. 이들의 저항은 미드타운과 다운타운의 고층 아파트들과 차별화된 마을 경관에 나름의 가치를 부여하고, 그 정체성을 지키며 그리니치빌리지의 영혼으로 자리매김했다.

셋째, 전문 개발업자의 개입으로 현대의 도시 개발에 대규모 투자 자본이 집중되었고 나날이 진보하는 기술은 마을 건축물의 대형화와 고층화를 견인했다. 이 과정에서 도시마을의 소규모 필지들은 합필되어 대규모 재건축 단지 속으로 흡수되곤 한다. 예컨대 서울의 여러 도시마을 사례를 보면, 노후 주택들은 대규모로 합필되고, 교외 신도시들처럼 슈퍼블록 기반의 아파트 또는 주상복합 단지가 들어서 배타적인 환경으로 변해버린 것이 다반사다. 오래된 저층 건물과 신축된 고층 건물이 어떻게 기능적·경관적으로 조화롭게 연계되는가가 마을의 핵심 이슈가 될 수밖에 없는 이유다. 이러한 상황에서 제인 제이콥스가 평가한 필라델피아의 리튼하우스 네이버후드Rittenhouse Neighborhood는 저층 건물과 고층 건물을 공원과 공공시설 중심으로 어떻게 하나의 직주 근접 마을로 변화시킬 수 있는가에 관한 방향성을 제시한다.

리튼하우스 네이버후드는 18세기와 21세기 건축이 공존하는 도시마을이다. 1850년대 필라델피아 건설 붐과 함께 상류층 주택지로 처음 개발되었고, 1920년대부터 20층 내외의 고층 주거 타워가 건축되어 최근까지 스퀘어와 주변 배후 블록에 30층 이상의 콘도, 아파트, 호텔, 오피스 빌딩들이 다수 들어섰다. 이러한 건설 붐은 2000년을 전후로 교외지에서 거주해 오던 베이비부머세대가 노령화되어, 보행권 안에서 일상생활이 가능한 구도심으로 회귀해 가속화되었다. 리튼하우스 네이버후드의 고층 빌딩들은 스퀘어 주변의 경관을 고층으로 바꾸고, 부동산 가치를 높였으며, 교외지 통근자와 마을 거주자의 주차 공간 수요를 급증시켰다. 그럼에도 리튼하우스 네이버후드는 저층 로우하우스 블록들과 고층 주거 타워들을 스퀘어 중심으로 연결하고, 인접한 공공 문화예술 거점과 업무·상업 구역을 보행체계로 연결해 직주 근접의 대표적인 도시마을로 기능해 왔다.

제1부
격자 블록과 세장細長 필지에 그려진
모던 유토피아

제 1 장

보스턴의
비컨힐-백베이

1. 다운타운 확장과 비컨힐 개발

다운타운 확장과 해안 하천 간척

1822년 대서양의 항구 보스턴은 매사추세츠주Commonwealth of Massachusetts로부터 도시 자치 행정권charter을 획득하며 '타운town'에서 '도시city'로 격상된다. 동시에 중계 무역항에서 산업 생산 거점으로 빠르게 변화했다. 카리브해 지역으로부터 사탕수수와 과일을 수입해, 럼·당밀·과자 등을 제조하여 유럽에 수출했으며, 뒤이어 담배, 설탕, 소금 그리고 의류와 기계들을 생산하면서 20세기 초까지 세계에서 가장 부유한 항구들 중 하나로 성장했다.

이 시기 보스턴은 운하를 통해 외곽 하천 변에 위치한 공장과 제분소가 항구로 연결되어 도시 전체가 거대한 공장으로 기능했다. 내륙의 메리맥강Merrimack River과 연결된 미들섹스운하(Middlesex Canal, 길이 44km, 너비 9m)가 개통되어 북쪽의 공장 거점인 로엘Lowell부터 콩코드Concord, 우번Wuburn, 소머빌Sommerville, 보스턴까지 연결했다. 이 미들섹스운하의 기능은 1850년대부터 철도로 대체된다.

보스턴이 사회문화적으로 미국의 엘리트 도시로 등장한 게 이 무렵이다. 인구는 1780년 약 1만 명에서, 1800년 약 2만 5천 명, 1820년 약 4만 3천 명이 되었고, 1820년대부터 유럽 이민자를 받아들이면서 문화적으로도 다양해졌다. 뒤이어 보스턴은 '아일랜드 대기근'(1845~1849) 직후 아일랜드 이민자를 받아 들였고, 19세기 후반 중국인, 동유럽 유대인, 독일인, 레바논인, 시리아인, 캐나다인 등이 차례로 들어왔다.

보스턴은 1820년대부터 물리적으로도 빠르게 확장했다. 찰스강 북쪽 케임브리지가 다리로 연결되었고, 찰스강 하천 변과 인접한 보스턴 항구 주변의 해안이 매립되었다. 보스턴 서부와 케임브리지 구도심을 연결하는 웨스트보스턴다리(West Boston Bridge, 현 Longfellow Bridge, 1793)가 민간 개발사업으로 개통되면서 보스턴의 새로운 경제활동 거점들을 성장시켰다. 이 다리는 케임브리지 포트Cambridge Port와 이스트 케임브리지East Cambridge의 중심 도로를 연결하며, 주변의 건설 붐과 찰스강 수변 매립을 유도했다.

이렇게 매립과 간척의 역사로 바라볼 때 보스턴은 그 핵심이 분명히 파악된다. 특히 보스턴의 확장은 그 형성부터 현재까지 쇼멋반도Shawmut Peninsula[1]의 해안선 매립을 통해 이루어졌다. 1631년부터 1890년까지 매립에 의한 도시 면적 증가 폭은 세 배에 이른다. 사실 이런 대규모 매립은 현재 생태환경의 보전 가치와 환경 규제 아래서는 불가능했을 것이다.

보스턴 수변 매립은 당시 전염병의 온상으로 지적된 오염 습지의 제거라는 목적하에 추진되었다. 흥미롭게도 이 매립을 통해 뉴잉글랜드에서 가장 고급스러운 주거지가 순차적으로 조성되었다. 1820년대부터 1900년대까지 진행된 수변지 매립으로 보스턴을 대표하는 도시 주거지인 백베이와 사우스엔드, 웨스트엔드, 펜웨이-켄모어Fenway-Kenmore 그리고 상업 및 업무 중심부인 파이낸셜 디스트릭트Financial District, 차이나타운Chinatown, 최근의 사우스보스턴 워터프론트South Boston Waterfront 등이 조성되었다.

백베이 매립 전 지도(1806)
매립 후 조성된 백베이(1936)

Ruggles
Lechmeres Pt
CHARLES TOWN
Ferry
Hudsons Pt
Barton Pt
North Battery
Mill Pond
Little Cove
Hancocks Wharfs
Long Wharf
Powder House
BOSTON
Fox Hill Isl.
South Battery
Rowes Wharf
Windmill Pt
Floating Battery
Dorchester Flats
Block Ho.
BOSTON NECK
Roxbury Brook
George Tavern
Roxbury
Nooks Hill Battery
Gun Battery
Heights

비컨힐

백베이는 그 동쪽 구릉 경사지 위에 먼저 주거지로 형성되었던 비컨힐 Beacon Hill에서부터 이해를 시작해야 한다. 백베이의 초기 형성과 성장 과정에서 비컨힐 주민 다수가 인접한 백베이로 이주해 정착하기 시작했고, 물리적 건축 환경 역시 비컨힐의 영향 속에서 그와 차별화를 기해온 결과이기 때문이다.

비컨힐은 보스턴 원도심 항구인 쇼멋반도 중심에 위치한 구릉으로 매사추세츠주 청사(Massachusetts State House, 1798)가 있는 주거지다. 과거 이곳은 주변에 펨버톤힐Pemberton Hill과 마운트버논힐Mount Vernon Hill과 함께 트리몽드(Trimount, Tremont)로 불렸다. 하지만 펨버톤힐과 마운트버논힐은 주변 해안 매립을 위해 해체되어 평지화되었다.

비컨힐이 보스턴의 대표 주거지로 개발되기 시작한 시점은 19세기 초다. 당시 이곳엔 주 청사가 건축가 찰스 불핀치(Charles Bulfinch, 1763~ 1844)의 설계로 건축되어 있었고, 번잡한 다운타운의 부족한 주거지를 대신할 북쪽 구릉지가 대안 주거지로 등장하던 무렵이다. 비컨힐 북쪽의 노스 코브만(North Cove, Mill Pond)이 1808년부터 불핀치의 계획에 따라 현재 북쪽 철도역 앞 불핀치 트라이앵글(Bulfinch Triangle; 현 Haymarket Square, 1830)로 매립되었다. 불핀치 트라이앵글의 매립으로 보스턴의 당시 면적은 약 150% 정도 증가했지만,[2] 매립 토사를 확보하기 위해 깎여나간 결과 비컨힐의 표고는 1807년 138피트에서 1832년 80피트로 약 60피트(18m) 정도 낮아졌다.

매사추세츠주 청사(2017)

사우스 슬로프, 루이버그스퀘어

비컨힐은 서쪽으로 찰스강, 동북쪽으로 대서양을 면한 항구를 두고 구릉지에 형성된 배후 도시마을이다. 구릉 지형의 경사면을 따라 남쪽 경사지인 사우스 슬로프South Slope, 북쪽 경사지인 노스 슬로프North Slope, 서쪽으로 찰스강을 따라 형성된 플랫힐Flat of the Hill로 나뉜다.

사우스 슬로프는 1820년대에 조성된 루이스버그스퀘어Louisburg Square와 마운트버논도로Mt. Vernon Street, 체스트넛도로Chestnut Street를 따라 형성된 보스턴 초기 상류층의 맨션 주거지였다. 사우스 슬로프의 서쪽에는 조지안 콜로니얼 건축 양식을 가진 제삼침례교회(Charles Street Meeting House, 1804; 70 Charles Street)가 플랫힐의 중심부를 구성하고, 그 주변에 마차장이 위치했다. 반면 노스 슬로프에는 흑인제일침례교회(African Meeting House, 1805, First African Baptist Church, 8 Smith Court; 현 Museum of African American History)를 중심으로 흑인, 선원, 동남부 유럽 이주자들이 거주했다.

비컨힐 초기 거주자들은 쇼멋반도의 북서쪽 끝의 웨스트엔드에서 이주해 정착한 부유한 상인과 변호사 등으로, '보스턴 브라민Boston Brahmins'[3]으로 불리던 상류층이었다. 초기 영국 식민주의자이자 백인 앵글로색슨 프로테스탄트의 후손들이었다. 이들은 라틴스쿨과 하버드대학을 졸업하고 성장해 정치가, 언론인, 변호사, 의사, 건축가 등으로 활동했고, 특히 비컨힐에서 지식인 살롱과 출판사를 거점으로 활동하면서 새로운 앵글로 아메리칸의 전통을 만들어갔다. 대표적인 인물로는 내무부 장관을 역임한 다니엘 웹스터(Daniel Webster, 1782~1852), 『월든Walden』의 작가 헨리 소로우(Henry Thoreau, 1817~1862), 보스턴 초대 시장인 존 필립스(John Phillips, 1770~1823)의 아들이자 노예제 폐지를 주장한 변호사 웬델 필립스(Wendell Phillips, 1811~1884) 등이 있다.

보스턴 브라민들은 웨스트엔드가 항구로 개발되면서 인접한 비컨힐로 주거지를 옮겨 사우스 슬로프의 비콘도로와 케임브리지도로를 따라

마운트버논도로로변 비컨힐 주택(2010, ⓒ한광야)

정착했다. 당시 비컨힐의 보스턴 아테네움Athenaeum은 이들의 사교활동의 중심지였다. 19세기 초에 건축된 비컨힐의 초기 주택은 맨션과 맞벽구조의 연립주택인 로우하우스row house 형태로 개발되었다. 이후 1830년대부터는 부유층 맨션들이 체스트넛도로와 마운트버논도로를 따라 건축되었다.

이 시기 비컨힐의 다수 주택들은 '식민지 부흥Colonial Revival', '그리스 부흥Greek Revival', '연방Federal' 건축 양식들로 건축되었다. 미국 1세대 건축가로 평가되는 보스턴 출신의 찰스 불핀치는 이러한 맨션 주택의 대표

적인 설계자였다. 그는 내과의사 아버지에 보스턴 라틴스쿨과 하버드대
학을 졸업한 재원이었다. 유럽의 여러 도시들을 방문하면서 안드레아 팔
라디오Andrea Palladio, 크리스토퍼 렌Christopher Wren, 존 우드John Wood 등
의 고전 건축 양식에서 영감을 받아 귀국 후 설계에 집중했다.

그는 1790년대부터 1800년대 초까지 비컨힐을 중심으로 주 청사와 사
업가이자 변호사였던 해리슨 오티스(Harrison Gray Otis, 1765~1848)의 주택들
을 설계했다. 정원을 갖춘 그의 대형 벽돌 주택들은 보스턴에서 큰 인기
를 누렸다. 해리슨 오티스의 세 주택은 당시 보스턴 브라민의 생활 반경
을 잘 보여준다. 첫 번째 주택(1796, 141 Cambridge Street)은 케임브리지도로
에, 두 번째 주택(1802, 85 Mount Vernon Street)은 마운트버논도로에 3층 규모
의 벽돌 구조로 마당을 포함해 지어진 연방 건축 양식의 맨션이다. 세 번
째 주택(1806, 45 Beacon Street; 현 American Meteorological Society)은 비콘도로에
4층 규모로 다섯 개 베이bay를 가진 연방 건축 양식으로 지어졌다. 덧붙
여 보스턴 태생으로 파리 보자르미술학교에서 수학한 조경가 로즈 니콜
스(Rose Standish Nichols, 1872~1960)의 주택(Rose Standish Nichols House, 1804, 현
Nichols House Museum, 1804; 55 Mt. Vernon Street)도 불핀치가 연방 건축 양식으
로 설계한 주택이다.

역사가 윌리엄 프레스콧(William Hickling Prescott, 1796~1859)의 연방 건축
양식의 주택(William H. Prescott House, 1808; 55 Beacon Street, 현재 박물관)은 비콘도
로를 따라 위치했다. 이 주택은 원래 상인인 제임스 콜번James Smith Colburn
이 당시 해리슨 오티스가 찰스 불핀치 등과 사우스 슬로프 부동산 개발
을 위해 설립한 마운트버논개발사(Mount Vernon Proprietors, 1795)로부터 토
지를 매입한 뒤 건축가 애셔 벤자민Asher Benjamin에게 설계를 맡겨 지은
것이다.

특히 비컨힐의 대표적인 주택지이자 상징적인 중심부인 루이스버그
스퀘어Louisburg Square는 당시 마운트버논개발사가 존 코플리(John Singleton
Copley, 1738~1815)가 소유했던 비컨힐의 목초지 약 18.5에이커75,000㎡를 매

오티스의 세 번째 주택(2024, ⓒ이영민)

입해 개발된 사례다. 이 주변에 일군의 그리스 부흥 건축 양식의 로우하우스들이 들어섰고, 불핀치를 비롯해 당대 정치·외교·경제·예술·언론 분야의 저명인사들이 거주했다. 『월간 애틀랜틱Atlantic Monthly』과 『하퍼스 매거진Harper's Magazine』의 편집자이자 작가로 노예제 폐지를 주장한 윌리엄 호엘(William Dean Howells, 1837~1920), 미국 식민지 시대 대표적인 초상화 화가로 부를 축적한 존 코플리가 그 일원이었다.

존 코플리가 소유했던 보스턴 커먼 북면 필지(39-40 Beacon Street)는 이후 직물 제조업으로 부자가 된 네이션 애플턴(Nathan Appleton, 1779~1861)이

루이스버그스퀘어(2019)

매입해 애플턴-파커 주택(Appleton-Parker House, 1821) 두 채를 신축하고 거주했다. 이곳은 불핀치 이후 보스턴의 대표적인 건축가로서 퀸시마켓(Quincy Market, 1826)을 설계한 알렉산더 패리스Alexander Parris의 작품이다. 벽돌로 시공된 3층 규모의 쌍둥이 타운하우스(townhouse, 도심연립주택)로, 세 개의 베이를 두고 대문은 파사드 중앙에 위치했으며, 1870년대에 4층을 증축되었다.

노스 슬로프, 플랫힐

비컨힐 사우스 슬로프 반대편, 찰스강이 바다로 합류하는 하구에 면한 노스 슬로프에는 흑인제일침례교회를 중심으로 밸크냅도로(Belknap Street; 현 Joy Street)를 따라 흑인, 선원, 동남부 유럽 이주자의 커뮤니티가 형성되었다. 비컨힐 서쪽 찰스강변 플랫힐Flat of the Hill에는 찰스도로Charles Street를 따라 지상층에 상점, 음식점, 목공소, 구두점 등이 자리 잡은 로우하우스들이 들어섰다. 찰스도로에는 제삼침례교회 중심의 커뮤니티가 형성되었으며, 여기서 시작된 노예제 폐지운동은 남북전쟁의 도화선이 되었다.

원래 웨스트엔드에 위치해 있던 보스턴 빈민구호소(Boston Almshouse, 1801)는 비컨힐 비콘도로에서 북쪽 찰스강과 보스턴 항구가 보이는 레버렛도로Leverett Street로 이전해 왔고,[4] 여기에 인접해 현재 보스턴학교Boston Children's School가 위치했다. 이후 보스턴 빈민구호소 남쪽에 매스종합병원(Massachusetts General Hospital, 1825)이 개원했다. 당시 부유층은 왕진 치료를 받았기 때문에, 19세기에 개원한 병원의 환자는 빈약 계층에 속했다. 병원은 사고나 이민자가 많은 항구와 구호소 옆에 자리 잡았고, 철도역 주변에도 세워지면서 병원의 입지적 특성이 만들어졌다.

이후 케임브리지 캠퍼스Harvard Hall과 Holden Chapel에서 개교한 하버드

의과대학(Harvard Medical School, 1782)[5]은 1810년 남쪽 다운타운의 워싱턴
도로 쪽으로 이전해 하버드매사추세츠 의과대학(Massachusetts Medical
College of Harvard University, 1816)으로 개명하며 보스턴 커먼 동쪽 메이슨도
로Mason Street에 위치했으며, 다시 1847년 매스종합병원 남쪽 입구의 그로
브도로Grove Street로 이전해 1883년까지 위치했다. 이후 하버드 의과대학
은 보스턴 시립도서관에 인접한 엑세터도로Exeter Street 부지에 잠시 위치
했다가 1906년 롱우드 의학캠퍼스Longwood Medical and Academic Area로 이
전했다.

　매스종합병원과 하버드 의과대학이 비컨힐에 인접했던 이유는 무엇
보다 의료용 약재를 재배했던 보스턴 퍼블릭가든(Boston Public Garden,
1837) 및 보스턴 커먼과의 물리적 근접성 때문일 것이다. 보스턴 퍼블릭
가든은 비컨힐 마운트버논Mount Vernon 언덕의 토사로 습지를 메우고,
1824년 보스턴시가 토지를 매입해 1837년 미국의 첫 식물원botanical garden
으로 조성된 곳으로, 이후 시민들을 위한 도시공원으로 기능했다.

사우스엔드와 레지덴셜스퀘어

비컨힐의 노스 슬로프에 거주했던 흑인들은 미국 남북전쟁 이후 새롭게
매립되어 개발된 교외지인 사우스엔드와 록스버리Roxbury로 이주해 나갔
다. 이후 비컨힐의 빈자리엔 19세기 후반 이주해 온 아일랜드인, 유대인
등의 이민자들이 정착했다. 이에 따라 당시 아프리칸 미팅하우스가 유대
인교회로 전환되어 1975년까지 이용되었다. 또한 19세기 초 노스 슬로프
에 세워진 벽돌과 목재 주택들은 해체되고, 벽돌 아파트나 임대주택
tenement으로 재건축되었다.

　새로운 교외 주거지로 개발된 사우스엔드와 록스버리는 보스턴 넥
Boston Neck이라 불리던 좁고 긴 선형의 워싱턴도로Washington Street와 이

와 평행하게 개통된 트레몽도로Tremont Street를 통해 보스턴 원도심 항구
와 다운타운으로 연결되었다. 보스턴시는 19세기 초부터 다운타운과 비
컨힐이 과밀화되면서 도시를 확장하고, 보다 크고 안정적인 세원 확보를
위해 매립을 통한 새로운 교외 주거지로 사우스엔드를 조성했다. 이곳은
1830년대부터 1870년대까지 사우스코브기업South Cove Corporation 주도로
보스턴 넥 양쪽의 사우스코브 습지를 매립하는 계획에 따라 개발된 주거
지다.

당시 사우스엔드는 18세기 영국의 마을들을 동경한 찰스 불핀치의 계
획에 따라 레지덴셜스퀘어residential square를 중심으로 일군의 타운하우
스를 집중시키며 보스턴의 중류층 커뮤니티로 개발되었다. 이곳에는 불
핀치가 레지덴셜스퀘어의 사례로 제안한 콜럼비아스퀘어(Columbia
Square; 현 Franklin Square and Blackstone Square)와 도로를 따라 길고 좁게 형성
된 선형의 유니언파크Union Park, 보체스터스퀘어Worcester Square, 러틀랜
드스퀘어Rutland Square 등 총 11개의 다양한 레지덴셜스퀘어가 현재까지
위치한다.

찰스 불핀치의 제안에 따라 1850년대 레지덴셜스퀘어를 중심으로
들어선 주택들은 3-4층의 벽돌이나 브라운스톤으로 지어진 빅토리안
타운하우스로서 맨사드 지붕과 베이를 가진 로우하우스bow-fronted row
house나 베이 없는 벽돌 파사드를 가진 로우하우스flat-fronted row house들
이었다. 이후 1880년대까지 다양한 건축 양식이 혼합되었는데, 보우bow
나 베이를 가진 이탈리안 양식Italianate, 벽기둥Pilaster 장식을 가진 그리스
부흥 양식Greek Revival, 대칭형에 대형 장식을 가진 르네상스 부흥 양식
Renai-ssance Revival, 대칭형에 현관 돌출부가 추가된 제2제국형 양식Second
Empire 등 네 가지 건축 유형의 건축들이 집중적으로 시공되었다.[6]

사우스엔드가 세련된 도시마을로 조성되면서 당시 젊은 중류층 사업
가, 보스턴 시장市長, 은행가, 산업인들이 이사해 왔다. 하지만 앵글로색
슨 프로테스탄트 백인들은 1870년대[7]와 1880년대 불황을 지나며 새롭게

개발되는 주변의 백베이와 록스버리로 이주해 나갔다. 결국 사우스엔드 주민은 아일랜드계 가톨릭 이민자 등으로 대체되었다.

1860년대 보스턴 철도가 개통되면서 사우스엔드는 철도 기업 풀만(Pullman Company, 1862~1968)에 고용된 다수의 노동자들Pullman Porters의 중심 주거지이자 중류층 흑인의 거주지로 변화되었다. 특히 19세기 말부터는 임대주택 주거지로 변해갔는데, 1960년대까지도 이러한 기조가 이어져 보스턴에서 사회·경제적으로 가장 다양한 구성원을 가진 대표적인 도시마을로 기능했다.

2. 비컨도로의 아테네움과
코플리스퀘어의 시립도서관-미술관

비컨힐이 보스턴을 대표하는 도시마을이자 상류 사회의 중심부로 형성된 시점은 주 청사가 신축된 직후인 19세기 초다. 다운타운에서 비컨힐 고지로 이전해 신축된 매사추세츠 주 청사는 당시 보스턴 세력가와 지식인들이 그 주변으로 이주해 올 만큼 충분히 매력적이었다.

이 시기에 비컨힐의 중심 공간은 지식인 클럽하우스이자 민간 도서관으로 기능한 보스턴 아테네움(Boston Athenaeum, 1807)이다. 이곳은 마을에 거주하는 자본가와 지식인의 활동 거점이자 보스턴 시민들의 지식 욕구를 충족시키는 시립도서관 개관을 촉진했다. 또한 정기적인 지식인 모임이 파커하우스를 중심으로 운영되어 영향력 있는 잡지인 『월간 애틀랜틱The Atlantic Monthly』 발행을 유도했다는 점에서 큰 의미를 갖는다.

보스턴 아테네움

보스턴 아테네움은 앤솔로지클럽(Anthology Club, 1804~1811)에 의해 1807년 비콘도로 10½번지10½ Beacon Street에 세워진 미국에서 가장 오래된 민간 도서관이다. 현재 후원자 기부와 아테네움 서비스 사용료로 운영되며, 도서와 자료 열람, 전시, 포럼, 강의 등의 마을 장소로서 기능해 왔다.

보스턴 아테네움의 시작은 잡지와 연관이 깊다. 데이비드 프란시스(David Francis, 1779~1853)와 에드문드 먼로Edmund Monroe가 피니어스 애덤스Phineas Adams의 잡지『앤솔로지(Anthology, Magazine of Polite Literature, 1803)』를 인수해『월간 앤솔로지-보스턴리뷰(Monthly Anthology and Boston Review, 1804 ~1811)』로 재발행을 시작하고, 앤솔로지소사이어티(Anthology Society, 1805)를 함께 설립하면서부터다.

이 둘은 영국 리버풀의 민간 클럽이자 도서관인 아테네움(Liverpool Athe-naeum and Lyceum, 1797; 현 건물, 1924)을 모델로 보스턴 아테네움을 설립한다. 보스턴 아테네움은 런던 아테네움(London Athenaeum, 1824; 107 Pall Mall)보다도 설립이 빠르다. 당시 보스턴 아테네움이 내세운 비전은 영어와 외국어로 출간된 모든 주제의 서적이 비치된 지식인들의 도서관, 미술 작품들의 전시 공간, 연구소였다. 개관 첫해 연회비는 10달러였고, 회원만 입장 가능했으며, 책 대여는 불가능했다.

보스턴 아테네움은 첫해 비콘도로 10½번지 건물 공간을 임대해 사용했지만, 이후 1809년 킹스 채플 묘지(King's Chapel Burying Ground, 1630)에 인접한 작은 주택을 매입해 사용했다. 이후 1822년 다운타운 펄도로Pearl Street의 맨션으로 자리를 옮겨 강의와 전시 공간을 갖추게 되었고, 1830년부터는 소장 도서를 한 번에 네 권까지 대여하는 게 가능해졌다.

자체 건물을 신축한 시기는 1840년대 비컨힐 비콘도로에 부지를 매입하면서다. 신축 건물은 인접한 그래너리 묘지Granary Burial Ground에서 영감을 받아 아치를 제안한 보스턴 태생의 건축가 에드워드 카봇(Edward

Clarke Cabot, 1818~1901)의 설계안에 따라 네오 팔라디오Neo Palladian 건축의 파사드와 노란색의 페터슨 사암Patterson Sandstone으로 시공되었다.

이렇게 신축 개관한 보스턴 아테네움은 이후 보스턴의 주요 문화예술 시설들을 잉태했다. 1층엔 갤러리가, 2층엔 보스턴 시립도서관 개관을 촉진한 도서관(Boston Public Library, 1848)이 위치했다. 3층엔 보스턴 예술박물관Boston Museum of Fine Arts이 위치해 갤러리로 사용되면서 1876년 코플리 스퀘어에 지어질 신축 건물 개관을 준비했다.

토요일클럽과 파커하우스

1849년 마침내 보스턴 아테네움이 개관하면서 주변 지식인들의 정기 모임이 활성화되었다. 토요일클럽(Saturday Club, 1855)은 19세기 중엽에 활동한 작가, 과학자, 철학자, 역사가, 사상가들이 달마다 비콘도로와 트레몽도로의 교차지에 위치한 알비온하우스호텔Albion House에 모이면서 시작된 모임이다. 변호사이자 출판인이었던 호라티오 우드맨Horatio Woodman의 제안으로 잡담과 음식을 나누던 것이 계기가 되었다. 1856년부터는 7, 8, 9월을 제외한 매달 네 번째 토요일에 파커하우스호텔(Parker House, 1855; 재건축 1927; 현 Omni Parker House)에서 저녁 식사로 진행되면서 체계화되었다. 파커하우스는 메인주State of Maine 태생으로 호텔 지배인으로 활동한 하비 파커Harvey D. Parker가 개업한 호텔로, 숙박과 식사를 분리해 경영한 미국의 첫 번째 유럽식 호텔로 알려져 있다.

당시 파커하우스는 1812~1844년 보스턴 라틴스쿨(Boston Latin School, 1635)이 위치했던 자리에 건축가 윌리엄 워시번(William Washburn, 1808~1890)의 계획에 따라 대리석으로 장식되어 신축되었다. 1635년 4월 23일 설립된 보스턴 라틴스쿨은 보스턴 타운Town of Boston이 시험으로 신입생을 선발한 최초의 공립학교로서 현재까지도 미국에서 가장 오래된 학교로 통

한다. 영국 보스턴 초등학교(Free Grammar School of Boston, 1555)가 그 모델로, 잉글랜드 태생의 목사 존 코튼(John Cotton, 1585~1652)에 의해 남학교로 설립되었다. 당시 남자 교사만을 고용했지만, 1967년 두 명의 여성 교사가 처음 채용되었고, 1972년 남녀공학이 되었다.

런던의 대표적 도시마을인 블룸스버리에 거주했던 작가 찰스 디킨스(Charles John Huffam Dickens, 1812~1870)가 1867~1868년 사이 파커하우스에 머물렀고, 존 케네디(John F. Kennedy, 1917~1963)도 1946년 이곳에서 상원의원 출마를 선언했다. 또 1860년대부터 독일 빵을 구워 팔며 반달 모양의

파커하우스(1927)

파커하우스 롤Parker House Roll을 개발한 곳이며, 베트남 독립의 아버지이자 초대 주석을 지낸 호치민(Ho Chí Minh, 재임기 1945~1969)이 1912~1913년 사이 제빵 아르바이트를 한 곳이다.

파커하우스 모임은 『월간 아틀란틱』 창간으로 이어졌다. 잡지명은 호텔 근처에 살던 의사이자 시인인 클럽 회원 올리버 홈스(Oliver Wendell Holmes Sr., 1809~1894)의 제안이었다. 이러한 지식인 커뮤니티 활동은 보스턴 상류 사회로 입장하는 관례가 되었다. 잡지 창간 회원은 우드맨을 포함해, 하버드대학 생물학 교수였던 루이 아가시(Louis Agassiz, 1807~1873), 정치가이자 작가로 활동한 리처드 다나(Richard Henry Dana Jr., 1815~1882), 법무장관을 지낸 이베네제르 호어(Judge Ebenezer Rock-wood Hoar, 1816~1895), 상원의원 조지 호어(Senator George Frisbee Hoar, 1826 ~1904), 노예제 폐지를 주장한 시인이자 보스턴 브라민을 대표하는 로웰 가문의 후손인 제임스 로웰(James Russell Lowell, 1819~1891) 등이었고, 이후 올리버 홈스, 하버드대학 총장 코르넬리우스 펠톤(Cornelius Conway Felton, 1807~1862), 하버드대학 교수이자 시인인 헨리 롱펠로우(Henry Wadsworth Longfellow, 1807~1882), 스페인사 전공의 윌리엄 프레스콧(William Hickling Prescott, 1796~1859) 등도 합류했다.

코플리스퀘어, 시립도서관, 시립미술관

백베이가 도심 주거지로서 형성되어 지속적으로 성장할 수 있었던 건 보일스턴도로 남쪽에 면한 코플리스퀘어Copley Square 덕분이었다. 이곳은 보스턴 아테네움의 기능을 이어받아, 19세기 중엽부터 보스턴의 위상[8]에 걸맞은 문화적 성장을 기대하는 시민의식과 사회적 가치가 집중된 결과이기도 하다.

이러한 배경에서 19세기 말 코플리스퀘어에 트리니티교회(Trinity Church,

코플리스퀘어(2014)

1877)와 보스턴 시립도서관(Boston Public Library, 1차 1848, 2차 1852~1858, 3차 맥킴빌딩, 1858~1895; 신관 존슨 빌딩, 1972), 보스턴 미술관(Museum of Fine Arts, 1870, 이전 1909)이 모두 들어서면서 보스턴과 백베이의 상징적 중심부를 완성했다.

이러한 코플리스퀘어 주변에는 교육·문화시설이 다수 입지했다. 뉴잉글랜드 자연사박물관(New England Museum of Natural History; 현 Museum of Science)과 MIT공과대학Massachusetts Institute of Technology, 하버드의학교 Harvard Medical School, 예술과학아카데미American Academy of Arts and Sciences, 매사추세츠 미술학교(Massachusetts Normal Art School, 1873; 현 Massachusetts College of Art and Design), 호레이스 만 청각장애인학교Horace Mann School for the Deaf, 보스턴대학교Boston University, 보스턴연극예술학교(Boston Conservatory of Elocution, Oratory, and Dramatic Art, 1880; 현 Emerson College) 등이다.

보스턴 시립도서관 설립은 1826년 보스턴 아테네움 재단 이사이자 하버드대학 교수였던 조지 틱너(George Ticknor, 1791~1871)의 공공도서관 설립 제안에서 출발했다. 그러나 당시 이것이 반향을 불러일으키진 못했다. 이후 1839년 파리 태생의 알렉상드르 바테마레(Alexandre Vattemare, 1796~1864)가 대중을 위해 보스턴 도서관들이 소유한 소장품을 하나로 통합해야 한다고 주장했지만, 사정은 마찬가지였다. 하지만 그의 꾸준한 노력 덕택에 파리에서 책이 입수되어 들어오면서 공공도서관 설립 필요성은 증폭되어 갔다.

보스턴 시장 조시아 퀸시(Josiah Quincy, Jr., 1802~1882)가 도서관 신축을 위해 5만 달러를 기부했고, 사업가 존 애스터John Jacob Astor도 도서관 설립을 지지했다. 애스터 사망 후 그의 유산이 뉴욕에 기부되면서 뉴욕과 보스턴의 경쟁 관계 속에서 도서관 설립 논쟁이 불붙었다. 이후 매사추세츠 고등법원이 1848년 보스턴 도서관 설립법을 인용했고, 보스턴시 조례에 맞추어 1852년 보스턴 시립도서관이 설립되었다. 초대 관장에는 에드워드 카펜Edward Capen이 임명되었다.

보스턴 시립도서관(2006)
보스턴 시립도서관 코트야드(2015)

THE PUBLIC LIBRARY OF THE CITY OF BOSTON BUILT BY THE PEOPLE AND DEDICATED TO THE ADVANCEMENT OF LEARNING

보스턴 시립도서관의 첫 건물은 메이슨도로Mason Street의 옛 학교 건물을 매입해 1852년 세워졌다. 두 번째 건물은 1858년 보일스톤도로 Boylston Street에 이탈리안 건축 양식으로 신축 이전한 것이었다. 뒤이어 확장 필요성이 대두되면서 1880년 시의회에서 신축이 승인되었고, 1895 년 파리 판테온광장에 인접한 르네상스 건축 양식의 생트-제네비에브 도서관(Bibliothèque Sainte-Geneviève, 1843~1850)[9]을 모델로 건축되었다. 건물은 파리 보자르미술학교에서 건축을 공부하고 귀국해 19세기 말부터 보스턴과 뉴욕에서 건축가로 활동하고 있던 찰스 맥킴(Charles Follen McKim, 1847~1909)의 설계안에 따라 보자르Beaux-Arts 건축 양식으로 지어졌다. 그의 이름을 따서 세 번째 보스턴 시립도서관 건물은 맥킴빌딩(1895)으로 불린다.

코플리스퀘어에 면한 도서관 건물 동쪽 파사드에 "보스턴 시립도서관은 교육 발전을 위해 시민이 설립했다(THE PUBLIC LIBRARY OF THE CITY OF BOSTON, BUILT BY THE PEOPLE AND DEDICATED TO THE ADVANCEMENT OF LEARNING)"라고 각인되어 있으며, 보일스턴도로에 면한 북쪽 파사드에는 "공공복리는 시민의 교육으로 가능하다(THE COMMONWEALTH REQUIRES THE EDUCATION OF THE PEOPLE)"라고 새겨져 있다.

보스턴 시립도서관은 맥킴빌딩이라 불리는 구관, 그리고 보일스턴도로를 따라 그 서쪽에 인접해 세워진 신관(1972)과의 건축적 조화와 연결로 특징지어진다. 구관은 앞서 언급했듯이 생트-제네비에브 도서관을 모델 삼은 것이며, 신관은 포스트모던 건축가인 필립 존슨(Philip Johnson, 1906~2005)의 설계에 의해 보일스턴도로를 따라 구관과 같은 규모로 지어졌다. 구관과 유사한 코트야드를 가진 사각형 형태의 건물로서 핑크빛 밀포드 화강석Milford Pink Granite을 썼으며, 구관 파사드의 아치를 적극적으로 흡수해 보스턴 도서관의 정체성을 극대화했다.

보스턴 미술관은 1870년 보스턴 아테네움 최고층에 개관했으며, 1876년 코플리플라자호텔(Copley Plaza Hotel, 1912; 현 Fairmont Copley Plaza Hotel)

자리에 신축 건물로 이전해 왔다. 존 스터기스(John Hubbard Sturgis, 1834~ 1888)와 찰스 브리검(Charles Brigham, 184~1925)이 설계했으며, 매우 장식적인 브릭-테라코타 이용해 3층 규모로 신축한 고딕 부흥 양식의 건축물이었다. 이후 건축가 기 로웰(Guy Lowell, 1870~1927)의 설계로 펜웨이Fenway의 이사벨라가드너박물관(Isabella Stewart Gardner Museum, 1903) 주변에 보자르 건축 양식으로 거대한 로툰다를 가진 화강석 파사드로 지어진 현재의 신관으로 다시 이전해 나왔다.

미술관이 이전해 나간 코플리스퀘어 부지에는 코플리플라자호텔이 신축되었다. 코플리플라자호텔은 럿거스대학 소유 가문의 후손이자 호텔과 아파트 전문 설계가였던 네덜란드계 헨리 하덴버그(Henry Janeway Hardenbergh, 1847~1918)가 설계했다. 7층 높이에 'E'자 형태로 라임스톤과 버프 벽돌 외장재를 사용해 지어진 보자르 양식의 건축물이다. 하덴버그는 뉴욕 센트럴파크 남동쪽 입구의 그랜드아미플라자(Grand Army Plaza, 1916) 서쪽에 위치한 플라자호텔(Plaza Hotel New York City, 1907)을 설계하기도 했다.

코플리스퀘어는 보스턴 미술관이 개관하고, 그 북쪽이 개발되면서 아트스퀘어로 불렸다. 코플리스퀘어라는 명칭은 1883년 보스턴시가 이 부지를 매입하면서 명명한 것이다. 당시 코플리스퀘어 서쪽 트리니티교회 앞에는 트리니티 트라이앵글이라 불린 부지에 6층짜리 민간 아파트 개발이 진행 중이었는데, 1885년 보스턴 시의회가 이곳 부지를 매입하며 아파트 개발이 무산되었다.

이후 코플리스퀘어 부지 상부의 헌팅턴애비뉴 구간이 해체된 것은 1968년이 되어서다. 보스턴시는 1966년 설계 현상공모를 추진했고, 선큰 테라스플라자로 주변 도로의 소음과 번잡함으로부터 보행자 분리를 제안한 사사키·도손·드메이 설계사무소(Sasaki, Dawson, DeMay)의 설계안이 당선되었다. 하지만 이로 인해 지상부로부터 낮게 조성된 스퀘어가 인접한 주변부로 분리되어 존재감이 떨어진다는 비난을 받았다. 이후 1983년 코플리스퀘어 100주년 기념위원회Copley Square Centennial Committee가 발족되어 새로운 디자인을 공모했다. 이를 통해 스퀘어를 다시 지상부로 높이자는 제안을 낸 뉴욕의 딘 애봇Dean Abbott의 설계가 당선되어 실행되었다. 이와 함께 스퀘어에 잔디와 나무가 식재되고 분수도 재정비되었지만, 결과는 찬반이 엇갈렸다. 2021년 다시 스퀘어 재단장의 필요성이 부각되었고, 사사키 설계사무소의 제안으로 나무가 더해지고 분수의 안전성을 높이며 관리 운영에 용의하도록 재단장되었다.

매사추세츠 미술학교는 백베이의 보스턴 커먼 북동쪽 트래몽도로와 서머셋도로 사이 펨버톤스퀘어(Pemberton Square, 1835)를 중심으로 그 주변의 디콘하우스Deacon House Mansion 공간을 임대해 개교했으며, 공립학교 미술 교사, 보스턴 예술가, 디자이너, 건축 전문가 등을 교육했다. 첫 건물은 1886년 뉴버리도로와 엑스터도로Exeter Street 교차지에 세워졌으며, 1929년 롱우드애비뉴와 브룩클라인애비뉴가 교차하면서 캠퍼스를 이전했고, 1983년 보스턴 스테잇칼리지의 옛 캠퍼스로 이전했다.

보스턴대학교, 에머슨칼리지

백베이와 비컨힐에 잠시 위치했던 보스턴대학교는 전신이 신학교로, 버몬트주 뉴버리에서 뉴버리신학연구소(Newbury Biblical Institute, 1839)로 시작했다. 1847년에는 뉴햄프셔주 콩코드Concord로 이주해 와 뉴햄프셔주 인가증charter을 받고 콩코드신학연구소Methodist General Biblical Institute로 기능했다. 1867년에는 비컨힐 핑크니도로23 Pinkney Street로 이전해 매사추세츠주 인가증을 획득한 뒤 보스턴신학교Boston Theological Seminary로 개칭했다. 1869년에는 드디어 보스턴대학교 인가증을 받았으며, 보스턴신학교는 1871년 보스턴대학교 신학대학BU School of Theology으로 흡수되었다.

이후 발생한 보스턴 대화재(Great Boston Fire, 1872)는 백베이의 성장을 도왔다. 대학의 새로운 기능이 비컨힐의 여러 장소에 분산되었다. 자유전공대학(College of Liberal Arts; 현 College of Arts & Sciences)은 현재 보스턴 공공도서관 신관이 있는 보일스턴도로와 코플리스퀘어에 이전해 와 1930년대에 새로운 캠퍼스를 조성할 때까지 기능했다.

백베이에 보스턴연극예술학교가 개교한 시점도 이즈음이다. 목사이자 펜실베이니아대학에서 의학을 공부한 찰스 에머슨(Charles Wesley Emerson, 1837~1908)에 의해 설립되어 현재 다운타운의 시청 서쪽에 위치한 펨버튼스퀘어에서 개교했다. 이후 사우스엔드와 백베이를 중심으로 여러 건물을 임대해 기숙사와 교사로 이용했다. 1908년 전후로는 코플리스퀘어광장 중심의 건물30 Huntington Avenue과 백베이 건물들(373 Commonwealth Avenue, 150 Beacon Street)을 임대해 기숙사와 교육 스튜디오(130 Beacon Street, 128 Beacon Street, 132~134 Beacon Street)로 사용했다. 1939년에는 에머슨칼리지로 개칭한다.

에머슨칼리지는 1990년대에 백베이에서 시어터 구역Theater District으로 캠퍼스를 이전했다. 현재 백베이로부터 보스턴 커먼 건너편 보일스톤도로와 트래몽도로의 교차로를 중심으로 한 일군의 건물들에 도시 블록형 캠퍼스를 구성하고 있다. 특히 1990년대 초부터 보스턴 에디슨기업이 소유했던 14층 규모의 안신빌딩(Ansin Building, 180 Tremont Street)을 매입해 시각-미디어 예술연구소Visual & Media Arts labs와 온라인 라디오방송(ETIN, Emerson's Talk and Information Network)을 개소하고, 구舊 유니온뱅크빌딩(Union Bank Building, 216 Tremont Street)을 매입해 빌보디극장Bill Bordy Theater and Auditorium과 학생회관, 로빈스 언어센터(Robbins Speech, Language and Hearing Center)를 운영하고 있다. 보일스톤도로의 워커빌딩(Walker Building, 120 Boylston Street)에는 공연예술학과의 텔레비전 스튜디오, 공연예술극장, 갤러리Huret and Spector Gallery 등을 조성했다.

에머슨칼리지는 2000년 전후로 보스턴 커먼 남쪽 시어터 구역에 캠퍼

스를 집중적으로 형성하고 있다. 2006년 콜로니얼극장(Colonial Theatre, 1903, 106 Boylston Street)을 매입해 극장 건물을 보전하고, 상부에는 기숙사(372룸 규모)를 지었다. 2005년에는 1,700명을 수용할 수 있는 파라마운트극장(Paramount Theatre, 1932; 555 Washington Street)을 매입해 공연 극장과 연구소Performance Development Center, 상부 기숙사로 리모델링해 사용하고 있다. 이용하고 있다. 이와 함께 리틀빌딩(Little Building, 80 Boylston Street)을 기숙사(750명)로 리모델링해 사용 중이며, 18층 규모의 보일스턴플레이스빌딩(2 Boylston Place, 375명)을 신축해 기숙사로 사용하고 있다.

비컨힐 주민의 백베이 이주

비컨힐의 변화에 큰 영향을 미친 사건은 무엇보다 남북전쟁(American Civil War, 1861~1865)이었다. 이 전쟁이 종료되면서 백베이 매립(1859~1900)이 빨라졌다. 때맞춰 비컨힐 주민들도 새롭게 조성된 주거지인 백베이로 이주를 서둘렀다.

비컨힐 부유층이 사우스 슬로프에서 백베이로 이주하기 시작한 건 1860년대 말부터다. 이들은 영국 건축 양식을 모델로 좁고 밀도 높게 형성된 비컨힐을 떠나 마치 파리의 도시경관을 연상시키듯 가로수가 늘어선 블러바드와 이를 중심으로 맨사드 지붕을 얹은 채 자리 잡고 늘어선 로우하우스로 이사해 왔다. 맨사드 지붕은 다락 층의 실내를 넓히고, 채광 좋고 환기 잘되는 백베이의 신축 주택 양식으로 인기를 얻었다. 백베이의 새로운 주거환경은 기존 비컨힐의 환경과 대조적이었다.

이 시기의 대표적인 이주 사례로 면직물 교역으로 부를 축적한 찰스 깁슨Charles Gibson 가문을 꼽을 수 있다. 미망인 캐서린 깁슨Catherine Hammond Gibson은 1859년 백베이에 필지를 구입하고, 주택(Gibson House, 1860; 137 Beacon Street)을 신축해 이사했다. 그녀는 이곳에서 아들, 며느리

와 함께 거주했다. 이후 함께 거주하던 손자 찰스 깁슨(Charles Hammond Gibson, Jr. 1874~1954)은 사망 전에 이 건물의 보전을 결정하고, 깁슨소사이어티Gibson Society를 설립해 그 운영을 담당했다.

깁슨하우스는 보스턴 아테네움을 설계한 에드워드 카봇Edward Clarke Cabot에 의해 이탈리아 르네상스 건축 양식에 브라운스톤과 붉은 벽돌 외장재로 건축되었다.[10] 또한 빅토리아 시대에 유행했던 동서양 디자인 모티브, 맨사드 지붕의 프랑스 건축 양식, 브라운스톤 아치를 이용한 이탈리아 건축의 창문 장식, 1954년 이후 일본 가죽을 이용한 현관 벽체의 도배지와 내부 모습 등을 보전하고 있다. 깁슨하우스가 19세기 유행한 보스턴 주택의 대표적 사례로 평가되는 이유가 여기에 있다.

또한 건물 파사드 중앙에 현관이 위치하며, 대문은 두 겹의 호두나무walnut 목재 뒤에 환기 설비를 갖추고 높은 층고를 두어 당대의 타운하우스와 차별화되었다. 이러한 건축구조는 자연 채광을 허용하되 더운 실내 공기를 상부로 끌어올려 순환시키는[11] 기능을 했다. 뒤로는 거대한 마호가니 식탁이 다이닝 공간을 완성했고, 검은색 호두나무 계단 손잡이가 상부로 이어졌다. 손님들은 식사 후 2층 사무실의 서재를 중심으로 각각 분리된 남성과 여성 공간으로 초대되었다. 3층에는 욕실을 공유한 두 개의 침실을 두었고,[12] 좁은 복도는 하인들의 동선으로 부엌으로 연결되며 옆문을 통해 큰 복도로 이어졌다.[13]

한편 비컨힐 주민들은 20세기 초부터 비컨힐협회(Beacon Hill Association, 1922)를 설립해 비컨힐의 물리적 건축 환경을 보전하는 노력을 해왔다. 때마침 지하철 레드라인(MBTA Red Line, 1912)의 찰스서클역(Charles Circle, 1932; 현 Charles/MGH station) 개통은 비컨힐에 큰 변화를 가져왔는데, 특히 1940년을 전후로 은행과 식당이 비컨힐의 플랫힐을 중심으로 늘어나기 시작했다. 이에 보스턴시는 벽돌 보도를 콘크리트 보도로 대체하는 계획을 수립했지만, 주민들이 이에 반발했다.

뒤이어 비컨힐 주민들은 1950년대 연방정부가 추진한 대규모의 재개

백베이 로우하우스 블록(2008)
깁슨하우스(2024, ⓒ이영민)

발도 반대했다. 이들은 비컨힐의 역사적 중요성을 대외적으로 알리고 그 위상을 확보하기 위해 역사적 건물들의 재개발을 막았다. 결국 매사추세츠주 주법(Chapter 616)에 따라 비컨힐 역사 구역이 지정되었고, 이와 함께 비컨힐 건축위원회(Beacon Hill Architectural Commission, 1955)가 설립되어 건물의 개발과 리모델링을 감시하고 있다. 비컨힐은 1962년 국가역사랜드마크National Historic Landmark로 지정되었다.

3. 백베이의 매립과 격자 블록의 로우하우스

찰스강 매립

보스턴은 19세기 중엽부터 찰스강 수변 매립을 통해 도시를 확장했다. 매립과 개발에 대한 관심은 이미 1800년대 초부터 등장했다. 보스턴-록스버리 밀 기업Boston and Roxbury Mill Corporation이 1814년 매사추세츠주로부터 약 430에이커의 찰스강 습지에 밀 댐(Mill Dam, 현 Beacon Street, 1821) 건설 사업권을 획득해 1857년부터 1900년까지 갯벌이 매립되고, 그 부지에 도시 주거지인 백베이가 조성됨으로써 현재 찰스강 수변이 완성되었다.

보스턴 백베이는 원래 찰스강 하구 갯벌로서, 비컨힐 서쪽에 밀 댐이 건설된 후 만조 때 밀물에 잠기던 침수지였다. 자연 배수가 불가능한 저수지로 바뀌면서 심각한 오염원으로 부각되었다. 1830년대 전후로 대도시에서 콜레라가 창궐하기 시작했고, 1849년 미국행 잉글랜드 이민자 선박을 통해 콜레라가 보스턴으로 전파되면서 백베이 매립에 대한 사회적 여론이 비등했다. "과연 매립이 필요한가, 얼마나 오래 걸릴 것인가"가

쟁점이었다.[14]

1850년경 매사추세츠주가 백베이 매립과 개발안을 수립하기 시작한다. 악취와 오염의 대상이었던 밀 댐의 저수 공간을 없애고, 도심의 주택 문제를 해결해 대규모 주거지를 건설한다는 목적이었다. 이렇게 조성된 도심 주거지는 당시 유행이던 부유층의 교외 이주를 막고, 반대로 도심 인구 유입을 유도했다. 1856년 매사추세츠주, 보스턴시, 보스턴-록스버리 밀 기업이 매립된 토지의 분할 조건에 합의하면서 이 계획은 실행되었다.

백베이 매립은 동서 방향으로 장기간에 걸쳐 단계별로 진행되었다. 1차 매립은 보스턴 퍼블릭랜드 위원회(State Commissioners on Public Land, 이전 Commissioners on Boston Harbor and Back Bay Lands) 소속 찰스 해일(Charles Hale, 1831~1882)의 주도로 1857년 9월 시작되어 1882년 버클리도로Berkeley Street까지 완료되었다. 2차 매립은 1860년에 클라렌든도로Clarendon Street, 1870년에 엑스터도로Exeter Street, 1882년에 찰스게이트 이스트Charlesgate East까지 단계적으로 완료되었다. 이후 추가 매립은 서쪽으로 진행되어 1890년에 켄모스퀘어광장Kenmore Square, 그리고 최종 매립은 1900년에 백베이펜스Back Bay Fens까지 완료되었다.

백베이 격자 블록 주거지 개발

백베이는 이렇게 찰스강 남쪽 하천 변 매립을 통해 동서로 긴 약 40개의 직사각형 도시 블록으로 개발되었다. 경계는 북쪽으로 찰스강과 찰스강 산책로Esplanade부터 남쪽으로 보일스턴도로까지, 서쪽으로 매스애비뉴Massachusetts Avenue부터 동쪽 퍼블릭가든까지다. 동서 방향으로 약 1.5km, 남북 방향으로 약 600m이며, 총 면적 약 185에이커(750,000㎡)의 매립지에 약 16,200명(2020년 기준)이 거주한다. 주변부와의 기능적 연결을 고려하면,

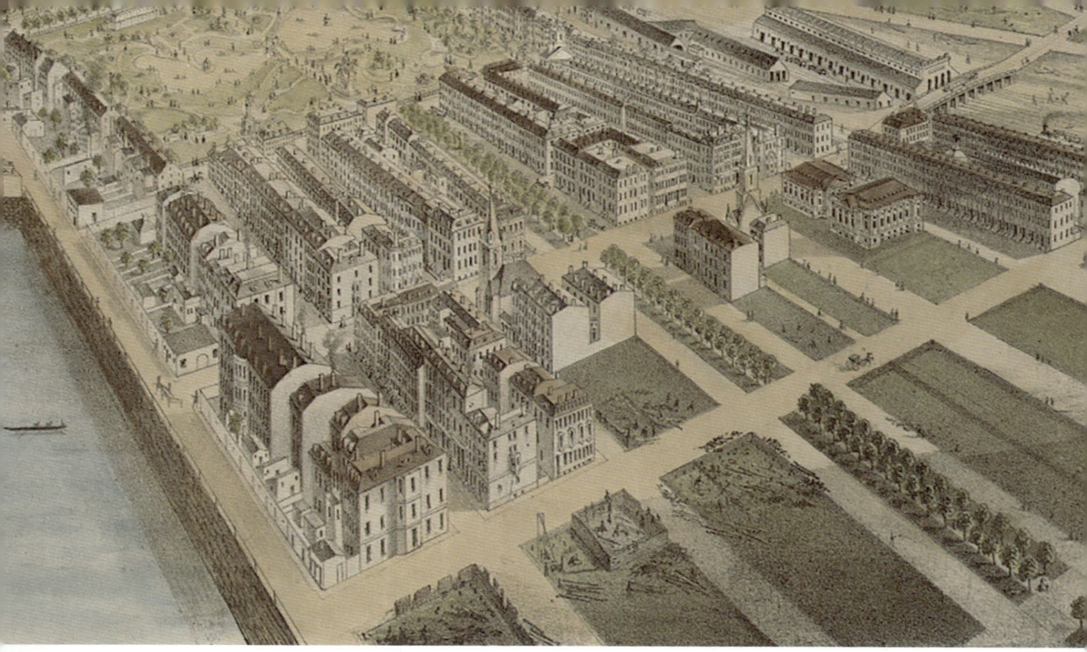

남쪽으로 고속도로 턴파이크Turnpike, 동쪽으로 파크스퀘어Park Square 너머 비컨힐, 서쪽으로 찰스게이트 이스트와 켄모스퀘어까지 확장된다.

여기서 도시 블록urban block이란 도로로 정의되고 경계되는 일반적인 도시 개발 단위로서 주거, 상업, 공공 용도의 건물이나 오픈스페이스를 조성하는 개별 건축 행위가 일어나는 필지plot들로 구성된다. 일반적 형태는 정사각형, 직사각형, 원형이며, 크기는 물리적 조건과 사회적 가치에 따라 다양해서 해당 도시와 마을의 특징을 결정한다. 예컨대 백배이의 블록은 동서방향의 직사각형(80×195m), 바르셀로나의 블록은 정사각형(약 113×113m)이며, 맨해튼 미드타운의 블록은 동서로 긴 직사각형(약 80×275m), 도쿄 긴자의 블록은 남북으로 긴 직사각형(약 40×120m), 서울 강남의 블록은 슈퍼 블록(약 500×600m)이다.

백베이의 개발은 주 청사 설계에 참여했던 아서 길만(Arthur Gilman, 1821~1882)에 의해 계획되었다. 그 핵심은 백베이 중앙을 관통하는 커먼웰스 애비뉴Commonwealth Avenue다. 1853~1870년 사이 파리 도시 개조를 주도

커먼웰스애비뉴 격자블록 개발(1870)

했던 조주르외젠 오스만(Georges-Eugène Haussmann, 1809~1891)이 철도역과 주요 거점들을 연결하는 데 활용했던 블러바드로부터 큰 영향을 받았다. 길만은 블러바드를 중심에 두고 백베이를 격자형 주거 블록 조합으로 구상했다. 이를 통해 북쪽 찰스강 산책로 수변 공간과 도시 중심부 그리고 동쪽 퍼블릭가든의 녹색 공간을 연결하는 쾌적한 보행체계를 완성했다.

백베이는 일반적 개발 행위를 규제하는 용도지역제가 제도화되기 이전부터 통일된 형태의 공간을 완성하기 위해 토지 및 건물 소유자의 필지 단위 건축 행위를 제한(Deed Restrictions, 1857)했다. 마을의 일관된 경관을 위해, 건물 높이 최소 3층, 벽돌 조적조 시공, 도로와 평행한 가로 환경 조성 등을 준수해야 할 내용으로 삼았다. 흥미롭게도 당시는 건물의 최고 높이를 규제하지 않았다. 이는 공공건물에 엘리베이터가 보급되기 전이기 때문이었고, 일반적으로 최고층은 5층이었다. 대체로 관리자가 2층에 거주했고, 피고용인들이 상층에 거주했다. 이후 자치기구인 백베이협의체(Neighborhood Association of the Back Bay, 1955)의 활동을 통해 높이, 후퇴, 마감재 등 도심 주거 환경에 대해 자발적인 질적 관리가 이뤄졌다.

조성 후 현재까지 150년간 백베이는 시대 변화에 따라 주거, 상업, 혼합, 공공 용도의 건축적 형태 변경을 수용하되, 초기 계획인 격자형 주거 블록을 보존하면서 보스턴을 대표하는 도시마을의 정체성을 유지해왔다. 특히 도시 블록은 다른 대도시의 그것과 차별화된 모습으로, 주거 공간과 오픈스페이스, 공공시설과 기타 인접 시설 등이 일체화된 보행 친화적 환경을 유지하고 있다. 그 특징을 다음 네 가지 관점에서 이해해 볼 수 있다.

첫째, 백베이 블록은 찰스강을 따라 동서 축으로 20도 기울어져 배치되어 있으며, 연중 남동 방향으로 충분한 일조를 확보하기 위해, 블록의 길이(121~203m) 대비 너비(50, 80, 85m)가 2:1 이상의 비율을 유지하는 장방형의 구조다. 이는 바르셀로나 블록이 1:1, 맨해튼의 블록이 1:3인 것과 차별된다.[15] 또한 블록 내에 주요 보행 동선과 분리된 퍼블릭앨리public alley를 두어 주차 및 서비스 동선을 해결함으로써 도로 보행체계의 연속성을 확보했다. 여기서 개별 블록들은 퍼블릭앨리를 기준으로 남북으로 나뉘어 총 32~42개의 연속 필지들로 구성되어 있다. 개별 필지의 너비는 일반적으로 5.6~8.7m, 길이는 33~37m이며, 필지 내 건물의 가로 길이는 5.5~7m, 세로 길이는 16~23m, 높이는 4~5층이다. 즉, 필지의 가로 너비 대 세로 길이의 비가 1 : 3 이상으로 좁고 긴 세장細長비를 보여준다.[16]

둘째, 백베이의 도로는 다섯 개의 동서 도로, 아홉 개의 남북 도로가 격자형으로 계획되어, 보행 환경에서 시야 확보와 신속한 이동이 가능하다. 동서 방향으로 두 개 블록의 길이가 약 400m로 5분 보행 거리이며, 백베이를 동서 방향으로 횡단할 때 약 20분이 걸린다. 특히 퍼블릭가든과 백베이펜스를 연결하는 동서 방향의 중심 보행체계로서 커먼웰스애비뉴가 백베이의 정체성을 완성한다. 너비 60m의 이 대로는 중앙의 가로수 녹지 양쪽으로 3차선 차로(양 방향으로 10.8m씩)와 보행로(양 방향으로 5.2m씩)로 구성된다. 이 대로의 너비(60m)과 주택들의 높이(28m)가 단면 공간에서 약 2 : 1의 비율이며, 차로의 너비(22m)[17]과 주택들의 높이(28m)도 약 1 : 1의 비율을 유지하고 있다.

셋째, 백베이 일반 주택들은 측벽을 공유하는 4~5층 규모의 타운하우스 형태다. 주택 필지와 건물의 가로 너비는 5.5~7m, 세로 길이는 20~22m, 층고는 3~4m이다. 지상 1층은 전면 가로의 지면보다 반 층(1.5~2m)만 높아 계단을 통해 가로와 연결되며, 현관, 메인홀, 식당으로 구성된다. 주택의 지상 1층은 가로로 계단실(1.5~2m), 복도(1.5m), 식당(2.5~4m)이 놓이고, 세로로 전면 가로에 면한 침실 또는 거실(5~7m), 계단(8m), 블록야드에 면한 침실 또는 서재(7m)가 놓인다.[18] 주택의 주 출입 동선은 전면 도로와 건물 전면부인 조경 공간을 지나 계단을 통해 지상 1층과 연결되며, 서비스 동선은 블록야드의 주차장, 개인 정원과 연계된 반지하층을 통해 연결된다. 이는 주거 블록과 통합된 가로 환경과 기능적·시각적 연계성을 만들어낸다. 건물 최저층은 반지하층 형태로 내부에 세탁실, 창고, 부엌을 두고 있다. 지상 2~5층은 계단실을 기준으로 두 공간으로 나뉘어 침실, 서재, 가족실을 두고 있다. 과거에 하인들이 거주했던 5층은 임대 주거 공간이나 창고로 사용되고 있다.

넷째, 백베이에는 약 800개의 주택들이 폭넓게 위치하는데, 그중 약 700개가 임대용(apartment, 한국식 월세 기반 임대주택)이고, 약 100개가 1~3가구 주거용(1~3 family residential, 한국식 다가구 주택)이다. 여기에 복수의 소유주가 단일 건물 내에 함께 주거하는 콘도(한국식 다세대 공동 주택 또는 아파트)가 더해진다.[19] 특히 임대 주거 건물은 보일스턴도로 직면 블록을 제외한 백베이의 모든 블록에 고루 퍼져 분포한다. 1928년 이전에 건축된 1~3가구 주거 건물이 대공황(1928) 이후 대부분 임대 주거로 변화되었기 때문이다.[20]

캘리포니아대학(버클리) 도시 전공 교수인 마이클 사우스워스Michael Southworth와 수잔 사우스워스Susan Southworth[21]는 "미국 대공황 이후 대부분의 건물주가 대형 1~3가구 주거의 운영에 경제적 부담을 느끼게 되었고, 이에 따라 당시 개발업자들이 1~3가구 주거를 매입해 아파트인 임대 주거로 리모델링했다"라고 주장한다. 특히 엑세터도로와 다트마우스도로에 인접한 네 개의 대형 임대 주거 건물은 원래 호텔 건물(Hotel Vendome, Hotel Agassiz, Hotel Royal, Hotel Victoria)이었고, 미국 대공황으로 공실률이 증가하면서 개발업자에게 소유권을 이전 또는 임대해 임대 주거 건물로 리모델링한 것이다.

커먼웰스애비뉴, 뉴버리도로, 보일스턴도로

백베이의 시각적 중심부이자 보행체계의 중추를 맡는 도로는 찰스강을 따라 동서로 항구와 다운타운 및 그 배후와 연결하는 커먼웰스애비뉴, 뉴버리도로 그리고 보일스턴도로이다. 이 도로들은 보행체계 기능은 물론,

가로수와 주요 건축물들과 함께 백베이의 물리적인 도시 건축적 정체성을 정의한다.

커먼웰스애비뉴Commonwealth Avenue Mall는 조주르외젠 오스만의 파리 블러바드에 비유되며, 보스턴 서쪽의 퍼블릭가든과 백베이를 관통해 찰스강을 따라 동서 방향으로 백베이펜과 캔모스퀘어를 연결하는 녹색 회랑Green Corridor이다. 건축가 아서 길만이 제안했으며, 조경가 프레데릭 옴스테드(Frederick Law Olmsted, 1822~1903)는 뉴턴 구간을 맡아 설계했다. 도로는 에베랄드 넥레이스 녹지체계Emerald Necklace Park System의 일부로

커먼웰스애비뉴(2010, ⓒ한광야)

흡수되었다.

커먼웰스애비뉴 남쪽에 평행하게 위치한 뉴버리도로Newbury Street[22]는 백베이의 정체성을 가장 잘 정의해온 상업 도로다. 여기에 면한 대다수 타운하우스 주택들의 지상층과 반지하층이 상업 용도로 변했다. 이 도로에는 퍼블릭가든 측면의 고급upscale 상가들에서부터 서쪽에 보헤미안 스타일의 상점들과 커피숍, 음식점, 갤러리, 사무실, 의원, 미용실 등이 집중되어 있다. 이 도로와 보행 기반 상업체계는 보일스턴도로에 위치한 고층 빌딩 내부의 쇼핑센터와 다른 차별화된 경쟁력을 보여준다.

그런데 흥미롭게도 미국건축사자격협의회NCARB 회장을 지낸 윌리엄 게디스William J. Geddis는 뉴버리도로를 백베이에서 가장 인기 없는 도로로 평가했다. 하지만 이 도로는 시간이 지나면서 상업화를 통해 백베이를 대표하는 장소로 변화해 왔다. 캘리포니아대학(버클리) 도시건축 전공 교수 돈린 린돈Donlyn Lyndon에 따르면, 뉴버리도로에서 클라렌든도로의 서쪽 구간은 독특한 캐릭터를 통해 가장 세련된 쇼핑 구역을 완성한다. 특히 이 도로를 따라 지상부 타운하우스 베이를 통째로 채운 유리창들은 독특한 가로 경관을 만들어낸다. 린돈은 건물주와 임차인들이 건물과 보도 사이 전면 공간에 보도 매대, 전시 공간, 녹지 등을 조성하고, 지상부보다 반 층 높은 1층부와 반 층 낮은 지하부의 샵과 갤러리를 연결하는 계단 가는 꽃과 패션 아이템을 동원한 전시 공간으로 꾸며 독창적인 공간을 만들어내고 있다고 평가한다.[23]

뉴버리도로의 첫 번째 상업화는 1905년을 전후로 시작되었고, 1920년대 후반까지 서쪽 뉴버리도로 구간은 부유층을 위한 공간으로 자리매김했다. 특히 주니어리그(Junior League of Boston, 1907)가 성장하면서, 패션 의류 가게들이 성장했다. 1911년을 전후해서는 뉴버리도로 24번지24 Newbury Street에 사교댄스를 위한 살롱들이 입지했다.[24] 이후 다수의 상점들이 유입되면서 저층부 베이의 쇼윈도를 통해 고가품들이 선보이기 시작했다. 1950년대 후반부터 패션 부티크들이 입점했고, 이후 서적과 음반을 판매하는 뉴버리코믹(Newbury Comics, 1978)과 브룩스브러더스샵(Brooks Brothers Department Store)이 각각 서쪽과 동쪽에 오픈했다. 뉴버리도로가 본격적인 쇼핑 지대가 된 건 1960년대 말부터다. 프루덴셜센터 콤플렉스(Prudential Center Complex, 1964, 1986), 존핸콕타워(John Hancock Tower, 1976), 코플리플레이스 쇼핑센터(1983)와 하인즈컨벤션센터(Hynes Convention Center, 1988) 등 대형 콤플렉스가 개발되면서 백베이 유동 인구와 방문객이 증가했다. 이때부터 1990년대 말까지 동쪽 로우어 뉴버리도로에는 갤러리들이 들어섰으며, 토요일 오후 갤러리 오프닝과 함께 와인과 치즈를 즐기는 힙스터들이 등장했다.

프루덴셜센터, 하인즈컨벤션센터

도시마을 백베이에 상업 기능이 유입되면서 그 남쪽이 상업 중심부로 변화하기 시작한 건 두 단계의 계기가 있었다. 첫째로 1890년대 보일스턴도로를 따라 개통된 대중교통체계, 둘째로 1960년대에 다시 보일스턴도로에 조성된 복합 시설 프루덴셜센터 콤플렉스와 하인즈컨벤션센터, 당시 최고 높이 60층의 오피스 타워인 존헨콕타워 개발 영향이다.

백베이 남쪽 경계인 보일스턴도로[25]는 1891년부터 노면 전차가 운행되고, 이후 그 기능을 대신한 보스턴 지하철 그린라인(MBTA Green Line, 1897)이 운행되면서 일군의 지하철역(Boylston, Arlington, Copley, Hynes Convention Center), 그리고 백베이철도역(Back Bay Station, 1928, 1899; 신축 1987)[26]과 함께 핵심적인 동서 교통체계로 기능해 왔다. 이후 지하철역에 인접한 보일스턴도로변은 상업 용도로 전환되었다.

그러나 무엇보다 백베이가 본격적으로 상업 기능을 흡수하며 중심부로 변화하기 시작한 건 1960년대에 보스턴-알바니 철도기업(Boston and Albany Railroad, 1867~1961) 철도정비창 부지에 거대한 백베이 프루덴셜센터 콤플렉스가 조성되면서부터다.

이 초대형 콤플렉스는 프루덴셜보험기업의 본사인 프루덴셜타워(Prudential Tower, 1964, 52층)를 중심으로 주거, 호텔, 쇼핑 등 혼합 용도로 개발되었다. 이를 통해 보스턴은 구도심의 스카이라인과 거대한 주차장을 확보하면서 지상부에 상업 중심부를 조성했고, 인접 백베이는 상업화가 진행되기 시작했다. 콤플렉스 개발 후, 그 서쪽에 기존의 하인즈기념강당(John B. Hynes Memorial Auditorium, 1963)이 해체되고 하인즈컨벤션센터가 세워졌다.

프루덴셜 콤플렉스는 부지를 관통하는 도로 위에 콘크리트 플랫폼 기반으로 덮고, 그 위에 프루덴셜타워, 아발론 아파트Avalon Residence Apartment, 벨비데레 아파트Belvidere Residences Apartment, 만다린오리엔탈호텔Mandarin Oriental Hotel 등을 세웠으며, 니먼마커스백화점Nieman Marcus과 삭스피프스애비뉴백화점Saks Fifth Avenue 중심의 저층부 쇼핑몰, 헌팅턴애비뉴 상부의 스카이브리지를 통해 인접한 코플리플레이스(Copley Place Shopping Mall, 1983), 오피스 타워(101 Huntington Avenue, 111 Huntington Avenue, 2002), 쉐라톤호텔Sheraton Boston Hotel, 하인즈컨벤션센터를 연결하고 있다.

프루덴셜 콤플렉스는 콘크리트 위에 조성되어 보행 기준층이 주변 지상층보다 약 2층 이상 높아 보행 연결 문제를 갖고 있었다. 이를 해결하고자 1991년 쇼핑몰과 보일스톤도로, 헌팅턴 애비뉴, 달톤도로를 모두 연결하는 계획이 제안되었다. 1993년 쇼핑몰 아케이드Shops at Prudential Center가 플랫폼 위에 조성됨으로써 외부 조건과 상관없는 보행 연결을 유도하고 있다.

4. 주택의 공공·상업화
   그리고 공공건물의 민간 주택화

백베이는 형성 이후 최근까지 남쪽으로 인접한 코플리스퀘어, 보스턴컨
벤션센터, 프루덴셜센터, 보일스턴도로의 동쪽 끝에서 대규모 재개발이
진행되었고 센트럴아터리의 지상 공원화, 그리고 교외지 개발로 거주민
의 전입과 전출이 지속되면서 블록의 필지, 건축물, 가로 전면부 등이 점
진적인 용도 변경과 물리적 변화를 겪었다. 백베이의 기능과 형태 변화
과정은 민간 주택의 공공 용도화 및 혼합 용도화, 공공건물의 상업 용도
화 및 주택화, 민간 호텔의 콘도-아파트화 등 다섯 가지 유형으로 구분될
수 있다.

민간 주택의 공공 용도화와 이사벨라 스튜어트 타운하우스

백베이에서 관찰되는 대표적인 변화는 민간 주택의 공공 용도화와 혼합
용도화다. 특히 민간 주택의 공공 용도화는 백베이의 중심 도로인 보일
스턴도로의 지하철역과 주변 배후의 뉴버리도로와 비콘도로에 면한 대
형 주택들이 지역경제 불황 속에 문화예술 시설이나 학교 건물 등으로 변
화하면 진행되었다. 사실 이러한 변화는 시정부 차원의 세원 확보가 어
렵고, 기존 주민을 이주시키거나 새로운 주민의 유입을 막는 부정적 측
면이 있다. 그럼에도 백베이에서 진행된 주택의 공공 용도화는 대상 건
물의 역사성을 보전하며 정체성을 제고시켰다는 의미를 갖는다.

　　대표적인 사례는 비콘도로 126번지 타운하우스(126 Beacon, 1862; 이후 152
번지로 변경되고 인접한 150번지 주택과 통합되어 박물관이 됨, 1880; Draper Mansion 신축,
1905; 6채 콘도로 리모델링, 2000)다. 이곳은 주택 건축부터 리모델링을 통한 박

물관으로의 변화 과정까지[27] 보여준다. 20세기 초에 소유권이 이전되어 다시 주택으로 신축되었고, 2000년 여섯 채의 콘도 주택으로 리모델링되었다.

이곳은 미국의 대표적인 미술품 수집가이자 후원자였던 이사벨라 스튜어트(Isabella Stewart Gardner, 1840~1924) 소유였다. 그녀는 파리와 밀라노에서 성장했으며, 1862년 보스턴 태생의 존 잭 가드너John Lowell Gardner와 결혼해 보스턴 백베이에서 신혼 생활을 시작했다. 그녀의 아버지는 뉴욕에서 아일랜드 및 스코틀랜드 린넨 교역으로 부를 축적한 데이비드 스튜

뉴버리도로변 주택들(2004, ⓒ한광야)

드레이퍼 맨션(2024, ⓒ이영민)

어트(David Stewart, 1810~1891)로,[28] 보스턴으로 혼인 후 이주해 오는 딸을 위해 백베이에 타운하우스를 건축했다.

이사벨라는 이집트, 튀르키에, 극동 지역 미술품을 비롯해 다양한 예술품들을 수집했다. 기존 백베이 타운하우스의 박물관(구舊 Isabella Stewart Gardner Museum)만으로는 전시 공간이 부족해지자 그녀의 남편은 인접 주택(150 Beacon Street)을 매입했고, 두 타운하우스를 연결해 하나의 미술관으로 활용했다.

이사벨라는 남편 사망 뒤 펜웨이에 토지를 매입해 맨션(Fenway Court, 현 Isabella Stewart Gardner Museum)을 지었고, 1899년 백베이 타운하우스를 매사추세즈 주지사를 지낸 사업가 에벤 드레이퍼Eben Sumner Draper[29]에게 매각했다. 1904년 이사벨라 스튜어트의 타운하우스 해체 후 드레이퍼 맨션(Draper Mansion, 1905)이 지어졌다. 맨션은 한 필지(48×150ft) 위에 단독 주택으로 신축되었으나 이후 2000년 여섯 채의 콘도로 리모델링되었다.

민간 주택의 혼합 용도화와 하던홀

백베이 중심 도로인 보일스턴도로와 뉴버리도로, 노면 전차가 운행되었던 다트마우스도로와 패어필드도로에 면한 주택들은 복합적인 상업 개발을 통해 업무 시설로 변화했다. 대표적인 사례가 하던홀(Haddon Hall, 1894; 29 Commonwealth Avenue)이다. 커먼웰스애비뉴와 버클리도로의 교차점에 백베이 최고 높이로 세워졌다. 백베이의 고도 규제에 큰 변화를 초래했다는 점에서 의미가 있는 건축물이다. 1894년 주택들이 해체되고 복수의 필지들이 합필된 뒤, 당시 유행을 쫓아 한 층을 모두 사용floor-through flat하 11층의 프랑스식 아파트French flat 개념으로 건축되었다. 이후 1928년 경기 침체 여파로 아파트에서 업무 시설로 개조되었다가 2020년 다시 주거용 콘도로 리모델링되었다. 건축 당시 최고의 편의시설을 갖춰 보스

HADDON HALL
NEW ENGLAND
COOLING TOWERS, INC.

턴 유명 인사들이 다수 입주했다.

하던홀은 윌리엄 뉴먼William Newman과 건축가 존 퍼트남(John Pickering Putnam, 1847~1917)에 의해 층별로 독립된 총 26개 유닛과 교류를 위한 식당dining room, 응접실parlor를 갖춰 설계되었다. 부지는 원래 세 채의 타운하우스(29-30-31 Commonwealth Avenue)가 지어진 세 개의 개별 필지였다. 이후 주변의 일곱 개 필지들과 함께 건축가 그리들리 브라이언트Gridley J. Fox Bryant와 아더 길만Arthur T. Gilman의 설계로 1863~1873년 사이 동일한 건축 양식을 갖춘 총 10개의 타운하우스가 이곳에 들어섰다. 이 건축물들은 1892년까지 그대로 유지되다가 뉴먼이 경매를 통해 커먼웰스애비뉴 29번지를 매입함으로써 본격적인 하던홀 건축 계획이 진수된다. 당시 이 필지(너비 22ft, 길이 104ft)는 백베이의 대부분 필지와 유사하게 좁고 길어 실내 환기와 배관에 문제점을 갖고 있었고, 뉴먼은 건축가의 디자인 특허를 통해 이를 해결한 후 새로운 건축물을 지으려 했다.

무엇보다 하던홀은 백베이 최고층 건축물로서 주변 건축물과 큰 차이를 보인다. 건축 당시 백베이에 적용되었던 토지·건축물 소유자의 필지단위 건축행위 제한(Deed Restrictions, 1857)은 통일된 마을 경관을 위해, 최고 높이 3층, 벽돌 조적조, 건축선 유지를 통해 도로와 나란한 가로 환경 조성 등을 골자로 삼고 있었다. 엘리베이터가 보급되기 전인 당시 건축물의 최고 높이는 일반적으로 5층이었다. 백베이 주민들 또한 '21세기클럽(Twentieth Century Club of Boston, 1894~1964)' 등의 지원 아래 하던홀 건축 반대에 나서기도 했는데, 이를 통해 원래 80ft(26m)이던 고도 제한이 65ft(21m)로 강화되기도 했다. 현재 백베이 고층 건물 구역의 고도 제한 높이는 125ft(38m)로 건물 약 10~11층 높이다.

하던홀(2024, ⓒ이영민)

공공건물의 민간 상업·업무 용도화와 뉴잉글랜드 라이프보험 빌딩

백베이의 초기 공공건물은 이후 민간 기업에 매각되어 상업 용도로 변화되기도 했다. 이는 1891년 노면 전차가 개통되고, 1914년부터는 노면 전차를 대신해 지하철이 운행되면서 보일스턴도로 지하철역 주변의 공공건물들에서 확인된다. 뉴잉글랜드 라이프보험 빌딩(New England Life Insurance Building, 1941; 497 Boylston Street)이 그 대표적 사례다.

이 빌딩의 필지는 원래 매사추세츠 공과대학MIT의 두 개 건물 가운데 윌리엄 프레스톤(William G. Preston, 1842~1910)이 설계한 동쪽의 로저스빌딩 (Rogers Building, 1866~1939; 491 Boylston Street) 자리였으며, 이후 서쪽의 워커빌딩(Walker Building, 1883) 자리가 더해졌다. MIT가 1910년 케임브리지의 새 캠퍼스로 이사하기 전까지 대학 본부로 사용한 건물이다. 이 자리에 1939년 세워진 뉴잉글랜드 라이프보험 빌딩은 당시 MIT의 건축과 소속의 랄프 애덤스 클램(Ralph Adams Cram, 1863~1942)의 설계에 따라 화강암 파사드 외장을 갖추고 기존 건물 세배 높이인 10층 규모로 건축되었다.

공공건물의 민간 주택화와 프린스스쿨

백베이에는 엑세터도로, 다트마우스도로, 클래렌든도로에 면한 일곱 개의 학교들이 있었다. 이 가운데 커먼웰스애비뉴에 인접한 네 학교(Horace Mann School, May School, Normal Art School, Prince School)가 임대주택으로 변화했다. 또한 대학 건물 두 개(Wellesley College, Massachusetts School of Podiatry)와 마운트버논교회Mt. Vernon Church도 임대주택으로 바뀌었다. 주택들의 상업 용도화와 취학 아동 감소에 따른 결과였다.

특히 뉴버리도로와 엑세터도로의 교차점에 위치했던 프린스스쿨 초등학교(Prince School, 1875~1975; 201 Newbury Street)는 1985년 콘도를 포함하

는 혼합 용도The Prince of Newbury로 리모델링되었다. 현재 이곳은 스튜디오, 1·2·3룸 유닛, 펜트하우스 등으로 구성된 총 36개의 콘도를 보유 중이다. 프린스스쿨이 콘도로 바뀌면서 큰 물리적 변화는 없었지만, 내부에 계단실이 생기고, 출입구 수가 늘었으며, 건물 전면부의 식재와 바닥 포장이 개조되었다.

프린스스쿨 초등학교(2010, ⓒ한광야)

민간 호텔의 콘도-아파트화와 벵돔호텔

백베이의 커먼웰스애비뉴에는 노면 전차가 운행되던 다트마우스도로를
중심으로 상업 호텔들이 주로 들어서 있었다. 그러다 다트마우스도로와
엑세터도로의 사이 블록에 입지해 있던 네 호텔(Hotel Vendome, Hotel Agassiz,
Hotel Royal, Hotel Victoria)이
콘도-임대주택으로 바뀌
었다. 이는 대공황 등 불
황에 따르는 공실률 증가
의 여파였다. 결국 상업
용도의 입지가 점차 축소
되고 주택이 증가하면서
기존의 타운하우스와 연
계된 가로 중심의 주거 환
경이 견고하게 조성되어
갔다.

대표적인 사례는 커먼
웰스애비뉴와 다트마우스
도로 교차점에 위치한 벵
돔호텔(Hotel Vendome, 1871;
160 Commonwealth Avenue)의
변화이다. 이 호텔은 백베
이 초기 개발 당시 다트마
우스도로변에 4층짜리 콘
도-아파트로 건축되었으
나, 주변 필지들이 합필되
어 규모 6층의 확장동이

벵돔호텔(2024, ⓒ이영민)

추가되면서 전체가 호텔로 개조되었다. 이후 1970년대를 지나 지상부에 상업 기능을 갖춘 콘도로 다시 리모델링되었다.

처음 호텔은 부동산 개발업자인 찰스 우드Charles Austin Wood의 의뢰로 하버드대학과 보자르미술학교에서 수학한 건축가 윌리엄 프레스톤William G. Preston의 설계에 따라 건축되었다. 벵돔호텔의 초기 건물은 다트마우스도로에 면한 필지(너비 74ft)에 4층 규모의 이탈리안 대리석 파사드로 지어져 듀플렉스로 설계된 네 개 주택과 16개 아파트를 갖고 있었다.

1879년 찰스 위트니Charles Whitney가 찰스 우드로부터 이 건물을 매입했다. 이후 1880년에 서쪽으로 인접한 다섯 개의 필지들(커먼웰스애비뉴 160, 162, 164, 166, 168번지)을 모두 매입해 합필한 후, 6층 높이의 증축동(1882)을 건축했다. 이를 통해 벵돔 콘도-아파트는 총 70개 객실의 벵돔호텔을 추가해 개업하기에 이른다.

벵돔호텔은 보스턴에서 첫 번째로 전기가 들어온 상업용 건물로 유명세를 얻었고, 특히 야외 야간 조명은 백색 대리석의 호텔을 커먼웰스애비뉴의 명물로 만들었다. 당시 벵돔호텔은 중앙난방 시스템을 갖추고 두 개의 승객 엘리베이터를 두었으며, 1층에는 5개의 식당, 파티장, 유리 천장이 달린 대형 식당 등을 갖췄다. 1882년에는 찰스 위트니 부부가 인접한 다트마우스 306번지306 Dartmouth Street에서 벵돔호텔로 이사해왔다. 이후 벵돔호텔의 소유권은 지속적으로 이전되었다.

아울러 벵돔호텔은 1960년대에 네 번의 작은 화재를 겪었다. 1970년대 초 프란치 개발사Franchi Development Trust가 벵돔호텔을 매입해 상부층 호텔 객실을 총 124채 아파트로 리모델링했으며, 지상부는 벵돔 카페와 쇼핑몰로 리모델링했다. 이후 다시 화재가 발생해 1975년 110채의 콘도와 27개 상점으로 재차 리모델링되었다.

제 2 장

바르셀로나의 드레타 데 레이삼플레

1. 시우타트 벨라의 도성 해체와
   레이삼플레의 개발

도성의 해체와 도시의 확장

로마의 바르시노Colonia Faventia Julia Augusta Pia Barcino라 불리던 바르셀로나[1]가 지중해의 중심 항구로 성장해 부를 축적하기 시작한 시기는 18세기 초부터다. 이후 잠시 프랑스 지배기[2]를 거치며 직물 생산과 교역 활동으로 세를 키웠고, 주변 카탈루냐 지역의 노동력까지 흡수해갔다. 바르셀로나 인구는 1801년 약 115,000명에서 1850년 약 175,000명으로 크게 증가했다. 급증한 인구 탓에 중세 도성 안 주거지의 환경은 열악해질 수밖에 없었다. 마차 운행도 늘어나 도로 체증은 물론, 오물 증가로 하수시설마저 최악으로 치닫고 있었다.

이러한 문제점들은 도성해체위원회Junta de Derribo가 발표한 '바르셀로나 도성의 해체(Junta de derribo de las murallas de Barcelona, bando 1843)'에 자세히 기술되어 있다. 특히 낮 동안 주로 집 밖에서 생활하는 지중해 지역의 생활 방식은 도성 내 저소득층과 노동자 사이에 전염병 발생을 촉진했다. 당시 전염병이 빈번하게 창궐하면서 바르셀로나 인구의 약 3%가 사

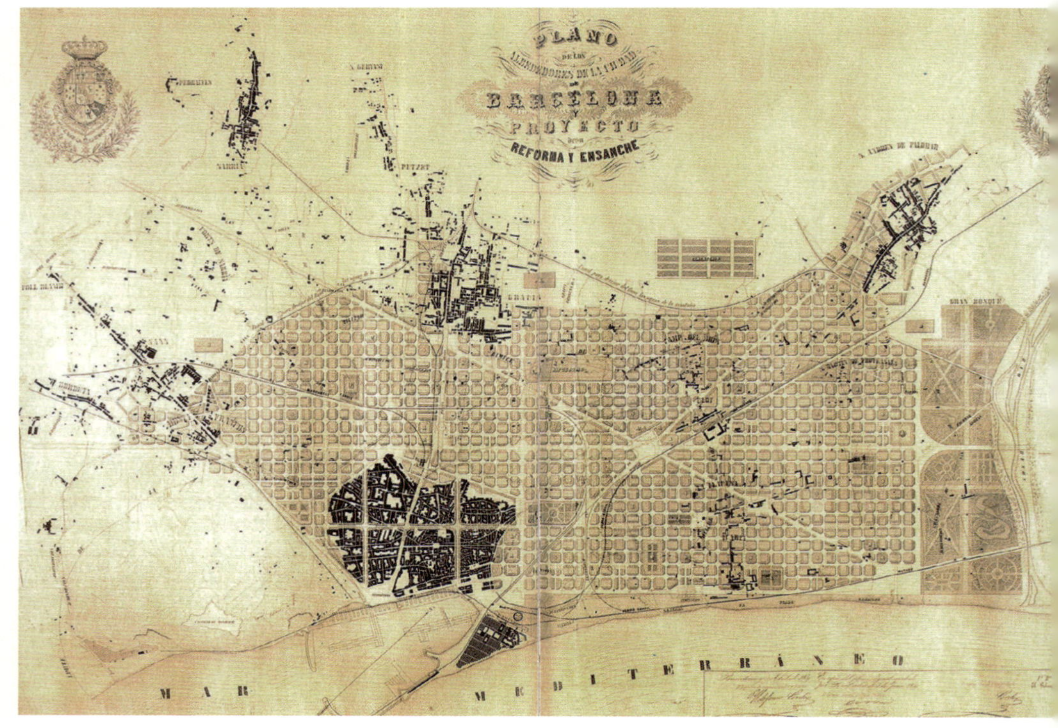

망했다는 보고가 있다.[3]

결국 1854년 바르셀로나시 정부Ajuntament de Barcelona는 카탈루냐 지역의 급격한 성장에 따르는 사회적 요구에 대응하고 인구 과밀 문제를 해결하기 위해 도시 확장을 결정했다. 이에 1854~1856년 바르셀로나 중세 도성이 해체되고,[4] 그 내부의 중세 도시구역인 시우타트 벨라Ciutat Vella 주변의 농지와 공장지였던 레이샴플레가 새롭게 개발되기 시작했다.

현상 공모와 도시 확장 제안

1855년 스페인 정부 도시개발부는 카탈루냐 토목기사 일데폰스 세르다(Ildefons Cerdà, 1815~1875)와 계약해 새로운 개발지를 계획했다. 하지만 바

바르셀로나와 주변 지형(1855)

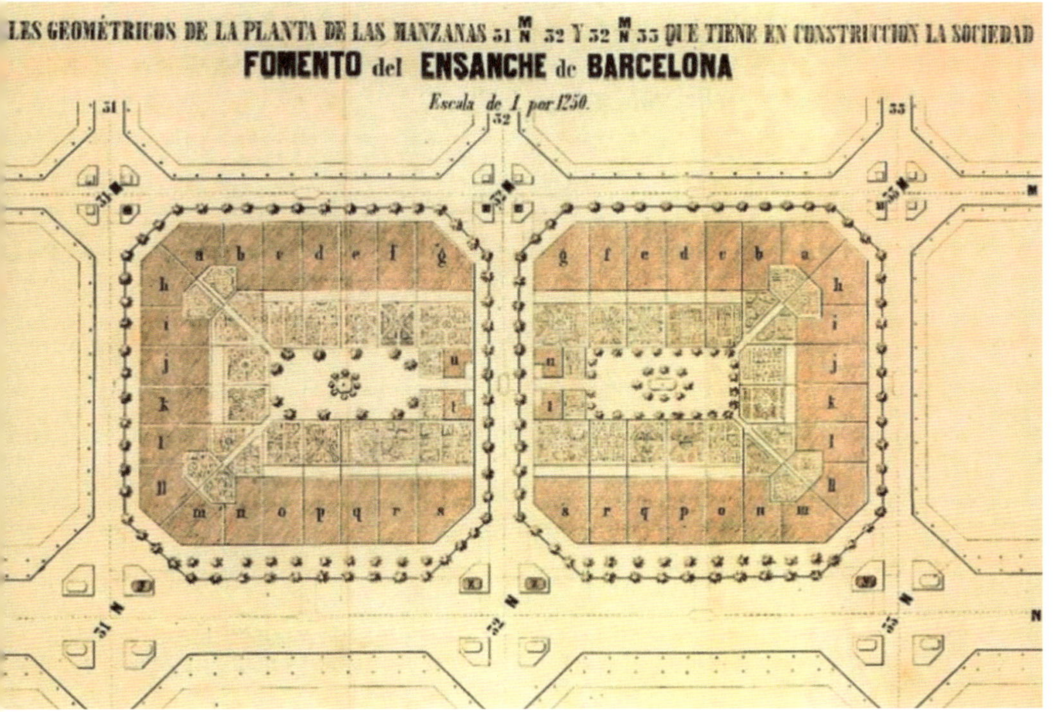

르셀로나 정부는 그의 제안을 받아들이지 않았고, 이에 카탈루냐 정부 Ajuntament de Catalunya는 1859년 신도시 계획 공모전을 개최했다.

이 공모전에서는 바르셀로나 정부가 지지하는 바르셀로나 태생의 카탈루냐 도시계획가인 안토니 로비라 트리아스(Antoni Rovira i Trias, 1816~1889)의 제안이 선정되었다. 그는 시우타트 벨라를 중심에 두고 그 외곽으로 방사형 도시가 확장되어 나가는 개발 계획을 제안했다. 반면 일데폰스 세르다는 바르셀로나 주변 교외지 전체를 균일한 정사각형 도시 블록으로 제안했다. 이 제안은 사회주의적 접근이라는 비난 속에 공모에서 탈락했지만, 끝내 스페인 중앙 정부의 정치적 지원을 얻어냈다. 일데폰스 세르다의 제안은 이후 40여년 간 바르셀로나의 도시 확장과 교외지 개발의 기반이 되었다.

일데폰스 세르다의 정사각형 도시 블록 제안(1863)

레이삼플레와 드레타 데 레이삼플레의 개발

일데폰스 세르다의 바르셀로나 도시계획안에 따라 부정형不定形의 중세 도시 시우타트 벨라 주변으로 격자형 그리드에 맞춰 약 520여 개 도시 블록으로 구성된 레이삼플레L'Eixample가 개발되었다. 세르다의 도시계획안은 바르셀로나에 기하학적 질서를 부여했고, 그 블록 체계 위에 오픈 스페이스와 대중교통을 수용했다. 이 블록들은 동서 축에서 45도로 기울어진 배치를 통해 과다한 일사량을 피할 수 있었다.

레이삼플레는 시우타트 벨라 북쪽 그라시아Villa de Gràcia5로 연결된 남북 방향의 그라시아도로Passeig de Gràcia를 따라 바르셀로나의 새로운 중심부로 성장할 드레타 데 레이삼플레Dretade l'Eixample를 두었다. 드레타 데 레이삼플레는 레이삼플레의 동부東部, 즉 발메스도로Carrer de Balmes의 동부를 의미한다. 이곳은 19세기 중엽 도성에 둘러싸여 있던 바르셀로나가 이를 해체하고 어떻게 모던 도시로 탈바꿈했는가를 알려준다는 차원에서 큰 의미가 있다. 무엇보다 조성 후 지금까지 약 160년간 양질의 주거 환경을 제공하고, 적극적으로 시대 변화를 수용하면서 복합 용도의 물리적 변화를 잘 보여주는 도시마을의 전형이 되었다.

드레타 데 레이삼플레는 카탈루냐광장을 통해 남쪽으로는 고딕 구역Barri Gòtic, 북쪽으로는 그라시아Gràcia, 서쪽으로는 라발El Raval, 동남쪽으로는 본El Born과 연결되며, 멀리 교외지는 산마르티Sant Martí, 산츠Sants, 몬주익Montjuïc 등의 교외지로 둘러싸여 있다. 북서-남동 방향의 발메스도로와 산주안도로Passeig de Sant Joan 사이 너비는 8개 블록(약 1.2km)이고, 디아고날애비뉴Avenue Diagonal로부터 시우타트 벨라 북쪽 경계인 그란비아Gran via de les Corts Catalanes까지는 9개 블록 길이(약 1.1km)다. 특히 발메스도로는 과거 바르셀로나와 산티아고 순례길Camino de Santiago의 시작점인 사리아Sarria를 연결했던 바르셀로나-사리아 철도선이 지나던 길이다. 또한 산주안도로는 일데폰스 세르다의 도시계획안에서 산과 바다를 연결

그라시아도로(2007)

하는 도로 가운데 하나로서, 테투안광장Plaça de Tetuan과 해안의 시우타델라공원Parc de la Ciutadella으로 연결된다.

일데폰스 세르다 도시계획안을 기반으로 시작된 드레타 데 레이샴플레의 초기 개발은 시우타트 벨라의 카탈루냐광장과 람블라스가로Las Ramblas와 그라시아를 연결했던 옛길에 조성된 그라시아도로를 따라 이뤄졌다. 그라시아도로는 가로수로 정의되는 블러바드이자 상업 활동의 중심부로 성장했다. 또한 드레타 데 레이샴플레의 주택 개발은 가르시아도로와 직각으로 만나는 남서-북동 방향의 콘셀데센트도로Carrer del Consell de Cent를 중심으로 진행되었다. 도로명은 '백 명의 의회'라는 뜻의 행정기관 콘셀데센트(Consell de Cent, 1249)[6]에서 온 것이다. 가르시아도로를 중심으로 서쪽에는 디스코디아 블록 주택이, 동쪽에는 로저드루리아도로Carrer de Roger de Llúria 교차지에 아이구아 주택(Casa de l'Aigua, 1864; 현 Hotel Catalonia Eixample, 1864, 2003; Carrer de Roger de Llúria 60)이 위치했다.

특히 그라시아도로 35~43번지 주택들이 위치한 디스코디아 블록(Illa de la Discòrdia, Manzana de la Discordia, Block of Discord)은 1897년을 전후로 등장하는 바르셀로나 카탈루냐 모더니즘Catalan Art Nouveau, Modernisme의 탄생지다. 바르셀로나 부르주아 계급은 이 블록에서 경쟁적으로 기존 주택을 확장하고 카탈루냐 모더니즘 건축 양식으로 리모델링했다. 뒤이어 그라시아도로 배후의 로저드루리아도로와 발메스도로 사이 주거 블록이 상업 구역으로 대체되며 바르셀로나의 얼굴이 되었다.

디스코디아 블록의 탄생을 알렸던 첫 주택은 1860년대 건축법에 근거해 평범하게 지어진 아마트예르 주택(Casa Amatller, 1875; 리모델링, 1900; Passeigde Gracia 41)으로, 요제프 푸이그 이 카다팔치(Josep Puig i Cadafalch, 1867~1956)에 의해 플레미쉬 고딕 건축 양식의 계단식 지붕, 타일, 동물 조각상을 갖췄다. 또한 1906년엔 블록 남쪽 모서리 필지에 루이스 도메네크 이 몬타네르(Lluís Domènech i Montaner, 1850~1923)가 지은 예오모레라 주택(Casa Lleó Morera, 1864; 리모델링, 1906; Passeig de Gràcia 35)이 타일 장식으로 리모델링되

었다. 이후 엔리크 사그니에르(Enric Sagnier, 1858~1931)가 신고전주의와 로코코 건축 양식의 로지아를 더해 무레라스 주택(Casa Mulleras, 1868; 리모델링, 1911; Passeig de Gracia 37)을 완성했다.

뒤이어 이 블록에서 가장 독특한 바트요 주택(Casa Batlló, 1877; Passeig de Gràcia 43)이 안토니 가우디(Antoni Gaudí, 1852~1926)에 의해 기존 주택(1877)이 리모델링되면서 완성되었다. 그리고 가르시아도로 반대편에는 주상복합 아파트인 밀라 주택(Casa Mila, 1912; Passeig de Gràcia 92)이 역시 가우디에 의해 신축되었다. 마지막으로 기존 토루엘라 주택Casa Torruella이 마르

람블라스가로(2007, ©한광야)

셀리아노 코키야트(Marceliano Coquillat, 1865~1924)에 의해 카탈루냐 모더니즘을 다시 부정하며 네오바로크 건축 양식의 보넷 주택(Casa Bonet, 1887, 1915; Passeig de Gràcia 39)으로 리모델링되었다.

이러한 드레타 데 레이삼플레 구역은 초기 개발 이후 현재까지 바르셀로나의 필지조례(Ordenança de Parcel, Plot Ordinance, 1860~1890), 블록조례(Ordenança de Blocs, Block Ordinance, 1891~1940), 도시혼잡조례(Ordenança de Congestio, Conges-tion Ordinance, 1940~1975), 메트로폴리탄 플랜(Pla General-Metropolita, General Metro-politan Plan, 1976)의 네 번의 도시개발 조례Zoning Resolution 개정으로 블록의 형태와 특성이 변화되었다. 그러나 드레타 데 레이삼플레는 일데폰스 세르다의 1859년 도시계획안에 따라 계획된 초기의 형태적 정체성과 도심 주거 환경의 질을 효과적으로 유지하며, 근현대 주거 및 상업 건축이 공존하는 대표적인 도시마을로 자리 잡았다.

드레타 데 레이삼플레 블록의 특성

드레타 데 레이삼플레는 자연 발생적이거나 오래된 시간대에서 개발이 점진적으로 중첩되어 형성된 마을과 달리 단일한 도시계획안을 근거로 한 번에 개발되었다. 따라서 공공 기능과 민간 주택의 지리적 분포와 건축적 특성이 상대적으로 명확히 구별된다. 특히 블록의 형태와 조합, 필지와 건물의 형태, 블록 내부의 야드, 인접 가로와의 관계 차원에서 독특하고 차별화된 특성이 있다.

먼저 도시 블록은 다른 도시와 달리 필지 확장과 블록 조합이 상대적으로 수월했다. 다른 도시에서 관찰하기 어려운 복수의 블록 조합이 독특한 도시 환경을 조성했기 때문이다. 결국 주거지 주변으로 병원, 대학, 시장 등의 공공시설과 오픈스페이스가 조성된 다양한 블록 조합을 형성했다.

공공 기능이 입지하는 블록은 여러 블록을 통합해 대형 블록을 구성했고, 마을시장이 입지하는 블록은 커뮤니티 중심부에 입지했다. 학교와 기타 마을 시설들은 단일 블록으로 함께 기능했다. 이러한 블록들은 격자형 구조에 도로와 일체화된 도시 환경을 조성하는 데 효과적이었다. 도시 블록 내부의 블록야드와 연계된 도로는 드레타 데 레이샴플레 전체의 일관된 보행체계를 형성했다.

드레타 데 레이샴플레의 단일 블록은 일데폰스 세르다가 주장한 가장 이상적 길이인 $113 \times 113m^7$의 정방 형태로 '너비와 길이'의 비가 1:1이다. 이는 대표적인 장방형 도시 블록인 보스턴 백베이 블록의 그것(2:1, 195×80m)과 뉴욕 미드타운 맨해튼 블록의 그것(1:3, 80×275m)과 상당한 차이가 있다. 따라서 드레타 데 레이샴플레 블록은 그 중앙에 오픈스페이스인 블록야드(57×57m)를 두어 주거 건물 내 채광과 통풍 문제를 해결하려 했다. 하지만 이 블록야드는 초기 의도와 달리 도로에 위치한 건물의 창고나 확장부, 주차장 등으로 사용되어 왔다.

드레타 데 레이샴플레의 단일 블록은 일반적으로 14개(이면 구획), 19개(삼면 구획), 24개(사면 구획) 필지로 구획되어 있다. 단일 필지 너비는 18.5m(일반 필지), 36m(모서리 필지)이며, 길이는 25m(일반 필지), 18m(모서리 필지)다. 단일 필지 내 건물의 너비는 18.5m(일반 필지), 36m(모서리 필지)이고, 길이는 20m(일반 필지), 18m(모서리 필지)이며, 일반적으로 4~5층 높이다.

2. 카탈루냐 모더니즘과 디스코디아 블록 주택

드레타 데 레이삼플레는 일데폰스 세르다의 도시계획안에 따라 모서리가 깎인 정사각형 도시 블록을 기반으로 개발되었다. 1860-1870년대 민간 건설 붐에 맞춰 주거 블록에는 필지 구획에 따라 주택들이 신축되었고, 1900년을 전후해 이 초기 주택들이 리모델링되었다. 이 과정에서 주거 블록은 시대적 · 사회적 요구에 맞춰 필지와 건물의 규모가 커지고, 층별 프로그램과 거주자들이 달라졌으며, 전면 가로와 블록야드의 물리적 공간이 창의적으로 변화했다. 이는 민간 개발을 규제해온 네 차례의 조례 개정에 따르는 신축 · 증축, 건축 공간 및 요소 변화의 종합적 결과였다. 이러한 특성들은 다음의 구체적 사례에서 확인된다.

그라시아도로와 콘셀데센트도로 교차지의 주거 블록

드레타 데 레이삼플레의 일반적인 주거 블록 변화는 시우타트 벨라로부터 500m 떨어진 그라시아도로에 면한 블록에서 관찰된다. 이곳은 개발 초기 주거 블록의 형태를 유지하면서도 이후 점진적인 상업 기능의 수용과 이에 따른 건축적 변화를 잘 보여준다. 특히 그라시아도로에 한 면이 면한 주거 블록들이 그렇다. 주거 기능을 유지하되 지상층과 블록야드 내에 차례로 상업 용도를 수용했다. 그러니까 초기 계획 모델이던 주거 전용에서, 이후 지상층에 상업 용도 수용, 그다음 블록야드에 상업 용도 수용 등 일련의 과정을 거쳤다. 이때 건물의 길이와 높이가 늘어나고, 층별 프로그램과 거주자가 달라졌으며, 블록야드의 기능도 변화했다.

그 대표적 사례가 남북으로 그라시아도로와 파우클라리스도로Carrer del Pauclaris, 동서로 콘셀데센트도로Carrer del Consell de Cent와 디푸타시오

모서리가 깍인 레이샴플레 교차로 사례(2007, ⓒ김환)

도로Carrer de Diputacio로 정의된 블록(16,000㎡, 138×114m)과 주거 건물들이다. 이곳은 네 차례의 바르셀로나시 조례 개정[8]에 따라 건폐율, 건축물의 높이와 길이, 블록야드 내 건물 높이의 상향 및 하향 제한 등에 반응한 민간 개발의 결과이기도 하다.

이곳의 초기 개발 단계(1859~1863)에선 그라시아도로(폭 60m)와 파우클라리스도로(폭 20m)를 따라 필지가 분할되고, 5층 높이의 주거 건축물이 세워졌으며, 블록야드가 외부로 개방되었다. 이후 1단계 변화 과정(1890~1932)에선 디푸타시오도로(폭 20m)와 콘셀데센트도로(폭 20m)를 따라 필지가 새로 구획되고, 이에 따라 블록의 네 면이 건축되었다. 도로변 지상부에 '지상층 상업 용도 수용'이 진행된 것이 이때다. 2단계 변화 과정(1933~1975)에선 남동쪽 모서리의 빈 필지가 마지막으로 건축되고, 블록야드가 주차장으로 변했으며, 이후 쇼핑센터 등 상업 용도 수용이 진행되었다. 또 도로에 면한 모든 건물들이 2층으로 증축되고, 지하 1층이 개발되었다.

이러한 블록 변화 과정에서 필지 너비와 길이가 다양해지고, 건물 폭과 높이도 증가되었다. 개발 초기 16m였던 필지 너비는 8~36m로, 길이는 44~58m에서 30~64m로 변했다. 개발 초기 16m였던 건물 폭도 8~36m로 늘어났고, 길이는 18~20m에서 18~26m와 28m로 늘어났다. 건물 층수와 높이 역시 5층(20m)에서 7층(24m)과 9층(30m)로 단계적으로 커졌다. 층별 프로그램이 다양해지는 건 자연스러웠다. 개발 초기엔 1~5층 모두 주거 용도였지만, 1단계 변화에서 1층은 상업용, 2층은 주거 또는 상업용, 3~7층은 주거용으로 바뀌었다. 2단계 변화에선 1~2층은 상업용, 3~7층은 주거 또는 오피스용, 8~9층은 펜트하우스로 보다 세분화되었다.

주거용의 상업화에 따르는 가장 큰 물리적 변화는 지상 1, 2층의 파사드 형태 변화였다. 이는 주거용과 상가 출입구 분리가 주요 원인이었다. 특히 지상층 파사드는 상가 상품 전시를 위해 대형 유리창으로 대체되었다. 파사드 변화는 주거 블록이 면한 도로의 종류에 따라 다양하게 진행되었다. 예를 들면, 블록 서쪽 그라시아도로에 면한 주거 건물의 지상층엔 호텔 로비, 오디오점, 화장품점, 의류점 등이 입지해 파사드 전면이 모두 상가의 파사드로 바뀌었다. 반면 블록 동쪽 파우그라리스도로에 면한 주거 건물의 지상층은 레스토랑, 은행, 편의점 등이 입지하거나, 상업화가 일어나지 않아 그라시아도로에 비해 상대적으로 소극적으로 변화했다.

발메스호텔

드레타 데 레이삼플레에서 1960년 이후 상업 기능의 수용으로 물리적 변화가 발생한 대표적 사례가 발메스호텔(Balmes Hotel, 1990; 객실 111개)의 신축과 개축이 진행된 블록이다. 발메스호텔의 블록(13,000㎡, 116×115m)은 그라시아도로로부터 서쪽으로 약 200m 떨어진 곳이다. 동서로 말로르카도로 Carrer de Mallorca와 발렌시아도로, 남북으로 발메스도로와 그라나도스도로 경계된다.

영국 기반의 더비호텔그룹(Derby Hotels and Collections, Barcelona, Madrid, London, Paris)이 운영하는 이 부티크호텔은 원래 연구소였으며 블록 중앙에 산업용 야드를 두고 있었다. 1990년 연구소는 주거용도로 리모델링되었다가 2003년 다시 호텔로 리모델링되었다. 현재 지상 7층, 지하 3층으로, 지상 2층 높이의 기단부 위에 5층의 타워를 두고 있다.

2003년 리모델링 당시 진행된 대표적 변화는 블록 내부의 블록야드 변화다. 원래 공장이 위치했던 곳에 주거 건물의 지상층 후면이 증축되었고, 수영장과 정원이 조성되었다. 블록야드는 호텔 로비를 통해 전면의 말로르카도로와 직접 연결되었다. 이로써 일데폰스 세르다의 도시계획안이 제안한 블록 내 오픈스페이스를 갖게 되었다. 또 지상 1~2층 기단부 길이가 블록야드를 향해 26m에서 37m로 증가되면서 블록야드에 지하층 레스토랑과 서비스 공간을 확보했다. 지상층 출입구는 지하 주차시설 출

입구(지하 1~3층)와 중앙 호텔 로비 출입구가 구분되면서 두 출입구 사이에
는 쇼윈도가 위치했다. 쇼윈도는 상부 메자닌과 연계되어 호텔 소유주의
아프리카 예술품을 전시하는 갤러리로 이용되고 있다.

발메스호텔(2007, ⓒ한광야)

디스코디아 블록과 카탈루냐 모더니즘 주택

드레타 데 레이삼플레는 19세기 말에서 20세기 초 바르셀로나 부르주아 계급의 주거지로서, 이들의 주택이 그라시아도로 중심부에 집중되어 있었다. 특히 카탈루냐 모더니즘 건축물이 집중된 디스코디아 블록(Illa de la Discòrdia, Mansana de la Discòrdia)에는 바트요 주택을 기점으로 남쪽으로 연달아 네 개의 주택이 서 있다.

카탈루냐 모더니즘(Catalan Art Nouveau, Modernisme)[9]은 19세기 말에서 20세기 초 바르셀로나를 중심으로 카탈루냐의 문화 정체성을 개발하고 형상화한 아르누보 양식을 지칭한다. 카탈루냐 애국주의로부터 발원해 "부르주아적 가치가 예술에 반反한다"라는 의식을 품고 있었다. 보헤미안의 자세를 견지하고 사회로부터 거리를 두었으며, 예술을 통해 사회를 개선한다는 신념이 있었다. 카탈루냐 모더니즘은 바르셀로나 세계박람회가 열린 1888년부터 카탈루냐 모더니즘의 대표 시인인 호안 마라갈 Joan Maragall이 사망한 1911년 사이 황금기를 거쳤다.

카탈루냐 모더니즘의 건축은 영국의 아트앤크래프트 운동과 고딕 부흥 운동에 비교될 수 있다. 대칭보다 비대칭, 직선 대신 곡선을 주로 사용해 동적 형태를 형상화하고, 유기적 모티브의 장식과 디테일을 추가했다. 이는 직선 위주의 격자형 블록에 곡선 효과가 극대화된 정체성을 확보하려는 건축적 시도로 이해될 수 있다. 대표적인 건축가로 안토니 가우디, 루이스 도메네크 이 몬타네르, 요제프 푸이그 이 카다팔치, 요제프 마리아 주졸(Josep Maria Jujol, 1879~1949), 라파엘 구아스타비노(Rafael Guastavino, 1842~1908), 엔리크 니에토(Enrique Nieto, 1880/1883~1954) 등이 꼽힌다.

아메트예르 주택

드레타 데 레이삼플레에서 카탈루냐 모더니즘의 첫 번째 주택은 요제프 푸이그 이 카다팔치가 설계한 아마트예르 주택(Casa Amatller, 1875; 리모델링, 1900; Passeig de Gracia 41)이다. 아마트예르 주택은 1875년 시공되었으나, 바르셀로나 태생의 초콜릿 기업(Chocolates Amatller, 1797)가 후손으로 고고학에 관심이 많았던 수집가 안토니 아마트예르(Antoni Amatller, 1851~1910)를 위해 1898 ~1900년에 주택으로 재설계되었다. 그가 사망한 1910년부터 주택은 딸 테라사 아마트예르(Teresa Amatller, 1873~1960)가 1960년 사망할 때까지 사용했다. 이 주택은 1900년대를 전후로 거주한 카탈루냐 부르주아의 생활양식을 잘 보전하고 있다.

예오모레라 주택

예오모레라 주택(Casa Lleó Morera, 1864; 리모델링, 1906; Passeig de Gràcia 35)은 원래 1864년 로카모라 주택(Casa Rocamora, 1864)으로 시공되었다. 호안 뭄브루Joan Mumbrú i Bordas와 아내인 루이사 사크리스탄Lluïsa Sacristán i Figueras 이 바르셀로나 건설 붐이 한창이던 1864년 레이삼플레개발기업Sociedad de Fomento del Ensanche으로부터 토지를 매입하고, 시공자 요아킴 시자스Joaquim Sitjas를 고용해 건축했다. 당시 주택은 반지하층, 지상층, 상부 두 층을 두었다. 로카모라 주택은 이후 한 층을 더 증축하고 주택 후면에 발코니가 추가되었다.

    뒤이어 푸에르토리코와 바르셀로나를 오가던 사업가 안토니 모레라 Antoni Morera i Busó가 1894년 이 주택을 매입해 거주했으며, 그의 사망 후 질녀 프란체스카 모레라Francesca Morera i Ortiz에게 소유권이 넘어갔다. 이후 그녀는 건축가 루이스 도메네크 이 몬타네르를 고용해 1906년 이 주

아메트예르 주택(2017)

택을 리모델링했다. 이 과정에서 주택은 1904년 프란체스카 모레라가 사망하면서, 그녀의 아들인 앨버트 예오모레라(Dr. Albert Lleó i Morera)의 이름을 따 예오모레라 주택으로 명명되었고, 내부 장식이 추가되었다. 모레라 가족은 1906년부터 지상층을 중심으로 삼대가 거주했으며, 그 외 상부층과 반지하층을 아파트로 임대했다.

예오모레라 주택은 건축물뿐 아니라 내부 모자이크, 조각, 타일, 가구, 장식 등도 유명하다. 특히 뽕나무라는 뜻의 '모레라Morera'에 주목해 파티오의 뽕나무를 심고 문손잡이에 그 장식을 새기면서 주택 구석구석에 해당 모티브들을 남겼다. 파사드와 지상층은 카탈루냐 모더니즘 장식과 조각의 전시장이었다.

이 주택은 1943년에는 빌바오 보험기업Sociedad Mercantil Bilbao Insurance에, 1983년에는 마드리드 사회복지기업Mutualidad General de Previsión Social de la Abogacía de Madrid에, 2005년에는 누네즈나바로그룹Grupo Núñez y Navarro에 매매되었다.[10]

무레라스 주택

무레라스 주택(Casa Mulleras, 1868; 리모델링, 1911; Passeig de Gracia 37)은 원래 카탈루냐 사업가 라몬 코마스가 파우 마르토렐Pau Martorell를 고용해 라몬 코마스 주택(Casa Ramon Comas, 1868)으로 시공되었다. 1906년 바르셀로나 방직공장 사업가인 라몬 무레라스Ramon Mulleras가 이 주택을 매입했고, 1906~1911년 바르셀로나 태생의 건축가 엔리크 사니에르(Enric Sagnier, 1858-1931)가 신고전 건축 양식의 파사드로 리모델링했다. 이 주택의 로코코 양식의 꽃 장식, 갤러리, 발코니를 추가해 인접 카탈루냐 모더니즘 건축물들과 대비되었다.

예오모레나 주택(2018)

바트요 주택

가르시아도로에 면한 바트요 주택(Casa Batlló, 1877; 리모델링, 1906; Passeig de Gràcia 43)은 1904년 안토니 가우디가 기존 주택을 재설계해 1906년 리모델링을 마친 결과다. 이 주택은 곡선 골격을 갖고 있는 듯 보여서 뼈대 주택(Casa dels Ossos, House of Bones)으로도 불린다. 원래 1877년 루이스 산체스Lluís Sala Sánchez가 지하, 지상층, 상부 네 개 층 그리고 건물 배후의 정원을 갖춘 평범한 건축물로 지었는데, 1903년 직물 생산으로 유명했던 바르셀로나 사업가 요제프 바트요(Josep Batlló i Casanovas, 1855~1934)가 이를 매

무레라스 주택(2016)

바트요 주택(2007, ⓒ한광야)

입했다. 주택 활용을 고려했다기보다는 입지상의 목적이 컸다. 당시 바트요 주택이 위치했던 그라시아도로 중심부는 20세기 초 바르셀로나 최고의 중심부였다. 바트요는 주택을 허문 뒤 재건축을 계획하면서 독특한 설계를 의도하며 가우디를 고용했다.

하지만 가우디는 설계 당시 재건축이 아니라 건물 중앙 코트야드를 확장시켜 채광을 늘린 아트리움과 새로운 층의 증축을 제안했고, 1906년 리모델링은 완료되었다. 바트요 주택은 바트요와 그의 부인이 사망한 뒤에는 후손에 의해 1954년까지 유지되었다. 뒤이어 보험기업 세구로스이베리아Seguros Iberia가 1954년 이 건물을 매입해 사용했고, 1993년 현재 소유자인 베르낫 가문Bernat Family이 매입해 건물 전체를 리모델링했다.

바트요 주택은 직선을 배제하고 곡선을 적극 활용한 것이 특징이다. 오직 직선만을 이용했던 일데폰스 세르다의 도시 블록에 대한 건축적 대응이며 도전이었다. 가우디 리모델링의 핵심은 주택 심부까지 채광을 투입하고 공기를 순환시키는 중앙 아트리움 공간에 있다. 그리고 이 아트리움 벽은 푸른색 타일로 장식되었다.

파사드 지상층에는 부정형의 타원 창문tracery을 두고 있으며, 전체 파사드 저층부는 몬주익 사암sandstone으로, 중간층부터 상층부까지는 골든 오렌지와 그린블루 톤의 세라믹 타일trencadís ceramics로 장식되었다. 상층부에는 발코니를 두고, 지붕층에는 용의 갈비뼈를 형상화한 60개의 아치가 백색 벽을 배경으로 배치되어 독특함을 더한다.

밀라 주택

드레타 데 레이삼플레 초기 주거 블록에는 1860~1870년대 건설 붐을 타고 신축 주택들이 들어섰고, 1900년에 접어들면서 리모델링이 전개되었다. 이때 필지는 합필되고, 건물 크기도 커졌다. 특히 지하 공간과 지상층 출입구에 변화가 생기면서 내부 중정, 지상층, 지하층이 기능적으로 통합된 경우가 확인된다. 이러한 변화를 보여주는 대표적 사례가 그라시아 도로와 프로벤카도로Carrer de Provenca 교차지의 블록에 입지한 밀라 주택(La Pedrera Casa Mila, 1912; Passeig de Gracia 92)이다.

밀라 주택은 바르셀로나 태생의 변호사이자 정치가인 페레 밀라(Pere Milà Camps, 1873~1940)와 부인 로제르 세기몬Roser Segimon이 1906년 안토니 가우디를 고용해 시공한 주택이다. 로제르 세기몬은 아메리카 식민지 사업가로 과테말라에서 커피 생산으로 부를 축적한 요제프 과디올라Josep Guardiola의 미망인이었다. 페레 밀라 또한 바르셀로나에서 약 2만 명 인

밀라 주택(2007, ⓒ김환)

원의 수용이 가능한 행사장(Plaça de Braus de la Monumental, 1914)을 소유한 재력가였다.

로제르 세기몬은 재혼과 함께 정원을 갖춘 넓은 주택(토지면적 1,835㎡)을 매입한 뒤, 가우디를 고용해 재건축을 진행했다. 기존 주택은 해체되고 밀라 주택이 신축되는 순간이었다. 밀라 부부는 1912년 이곳에 입주해 중심층에 거주했고, 상부층은 아파트로 임대했다. 페레 밀라 사망 후, 르제르 세기몬은 1964년 자신이 세상을 떠날 때까지 여기서 살았다. 이후 보험기업이 중심층을 매입했다. 밀라 주택은 이때(1953년) 프로벤카도로에 면한 1층 세탁실이 다섯 개의 아파트로 개조되면서 본모습을 잃었다. 이후 카이사카탈루냐은행Caixa Catalunya이 1986년 밀라 주택을 매입하고 부분 복원을 진행했다.

밀라 주택은 완공 당시 드레타 데 레이삼플레에서 가장 큰 규모의 근대적 공동 주택(아파트)으로 최초로 지하 주차시설까지 도입했다. 현재 대형 필지(1,620㎡)에 20개 주거유닛을 둔 9층 공동 주택이다. 두 개의 건물에 두 개의 내부 중정이 있으며, 지하층, 도로 지면층, 메자닌, 중심층(main-floor, noble floor), 상부 4층, 다락층으로 구성된다.

무엇보다 밀라 주택은 필지 및 건축물의 물리적 형태 변화를 그 대형화로 보여주는 사례다. 필지 너비는 60m로, 인접 주거 필지들(15m)에 비해 4배 길다. 단 필지 길이는 30m로 동일하며, 건물 높이는 28m로 인접 주거 건축물에 비해 4m 높다. 이 높이는 1927년 건축조례 기준을 초과해 지붕층 철거에 관한 많은 논쟁을 불러일으키기도 했다. 하지만 당시 건축주였던 페레 밀라는 바르셀로나 당국으로부터 특례 허가를 받았고, 결국 1940년부터 적용되는 건축조례에서 28m까지 허가해주는 계기까지 만들었다.

밀라 주택의 가장 독특한 특징은 주거 블록 중앙에 위치한 블록야드를 건물 내부로 흡수해 중정(필지 면적의 15%)으로 수용한 것이다. 이렇게 조성된 중정은 내부 채광과 통풍을 증가시키면서 건물의 길이를 28m로 확장시켰다. 인접 건축물(20~24m)보다 4~8m 더 긴 길이다. 중정의 채광을 통한 내부 공간 개선은 바트요 주택의 리모델링 과정에서도 확인했듯이, 안토니 가우디의 핵심 아이디어였다.

이 시기 주택 출입구는 일반적으로 전면 도로의 지면 높이보다 1.5m 높아 도로와는 계단으로 연결되었다. 따라서 전면 도로와 연계된 건물 내부로는 마차와 차량 출입이 불가능했다. 그러나 밀라 주택의 출입구는 전면 도로의 지면 높이와 일치시켰으며, 직접 마차 출입이 가능하도록 했다. 이로 인해 전면 도로에서 보행 동선과 마차 동선이 밀라 주택 출입구를 통해 주택 내부 중정까지 직접 연결되었다. 또한 보행 동선은 중정 계단을 통해 상부층 주거 유닛과 연결되고, 차량 동선은 중정 경사로를 통해 지하 주차시설과 창고로 연결되었다. 이러한 변화는 과거 중정 없는 주거 건물이 갖고 있던 도로와 외부 공간과의 단절 문제를 해결한 결과이다.

보넷 주택

보넷 주택(Casa Bonet, 1887; 리모델링, 1915; Passeig de Gràcia 39)은 원래 1887년 야우메 브로사Jaume Brossa에 의해 타운하우스인 토루엘라 주택Casa Torru-ella으로 시공되었다. 이후 델피나 보넷Delfina Bonet이 1915년 발렌시아 태생의 건축가 마르셀리아노 코키야트(Marceliano Coquillat, 1865~1924)를 고용해 이탈리아 네오바로크 건축 양식으로 리모델링했다. 전면부엔 상징성을 더하기 위해 발코니 같은 로지아loggia[11]를 갖추었고, 상부층 창틀에 네오바로크 장식을 추가하며 고전적인 파사드를 구축했다. 이는 카탈루냐 모더니즘 양식에 입각한 주변의 바트요 주택과 대조된다. 이곳엔 현재 바르셀로나 향수박물관(Museu del Perfum, 1961)이 위치해 있다.

3. 박람회와 대중교통, 병원과 대학교, 플라자와 공원 그리고 마을시장

드레타 데 레이삼플레에서 비주거 기능, 즉 공공시설들은 주변 레이삼플레로 범위를 확장해 그 특성을 확인할 수 있다. 바르셀로나의 공공시설들은 레이삼플레를 구성하는 마을barrio을 중심으로 도시 전체에 넓게 분포하며, 입지와 기능에 따라 차별화되어 있기 때문이다. 실제로 레이삼플레에 입지한 공공시설들은 시대적·사회적 요구에 따라 확장·통합·이전하며 변화해왔다.

먼저 병원과 대학은 대對 시민 기능을 갖추고, 그라시아도로를 기준으로 동서로 양분되어 2, 4, 6, 8, 9개의 블록들이 통합된 대형 블록 형태로 조성되었다. 반면 마을시장은 간선 도로로 나뉜 다섯 개 마을 중심부에 교육 시설과 함께 단일 블록을 완성하거나 주변부에 입지했다. 또한 공원과 광장은 도로 교차점에 원형·다각형 블록이나 공공건물과 함께 블록을 형성하면서 지하철역과 연계되는 보행체계와 지하 주차시설을 갖고 있다.

레이삼플레의 공공시설이 크게 변화한 계기는 두 차례의 국제박람회(Exposición Internacional de Barcelona, 1888, 1929)와 올림픽(Summer Olympic Games, 1992)이었다. 바르셀로나는 이 행사들을 준비하면서 공공시설과 보행 환경이 개선되고, 대중교통체계는 대대적으로 정비했다. 먼저 국제박람회를 연속 개최하면서 다수의 공공시설이 신축·이전·증축되었다. 이 과정에서 바르셀로나 시의 범위가 시우타델라공원Parc de la Ciutadella으로부터 동남쪽의 바르셀로네타La Barceloneta, 북서쪽의 에스파냐광장Plaça Espanya까지 확장되었다.

바르셀로나에 노면 마차(Barcelona-Gracia Line, 1872)가 개통된 시점은 1870년대로 이른 편이다. 하지만 그 이용이 레이삼플레 상류층 주민에 국한되어 있었다. 그러다 1899년부터 노면 전차로 대체되어 대중교통체계로서 기능하기 시작했고, 이후 자동차 및 버스와의 경쟁에서 뒤처지면서 1971년에 운행이 종료되었다. 뒤이어 유럽 도시들에서 노면 전차가 재개통되면서, 바르셀로나 노면 전차 역시 1997년 세 개의 전차선이 재개통되어 운영되고 있다.

특히 제2회 바르셀로나 국제박람회가 개최되기 직전 레이삼플레의 첫 번째 지하철선(L3, Línia Verda, 1924; L1, Línia Vermella, 1926)이 개통되었고, 주요 노면 전차 도로에는 건물이 신축되고, 교차점에는 공원이 조성되었다. 1960년대를 전후해서는 지하철선(L5, Línia Blava, 1959; L4, Línia Groga, 1973)이 추가되며 바르셀로나의 본격적인 대중교통으로 자리 잡았으며, 자동차가 보급되면서 건물 전면부에 주차 공간이 조성되었다. 이에 따라 공공시설 인접도로의 지하 공간이 지하철역이나 주차시설로 변화되었다. 또한 광장, 정원 같은 오픈스페이스가 위치한 블록의 지하 공간도 지하철역이나 지하 주차장과 연결되었다. 또한 바르셀로나 올림픽 개최가 확정된 1986년부터 도시 공공시설이 확충되고 광장과 공원이 조성되었으며, 공공건물 앞 전면 도로의 보행 환경이 전반적으로 개선되었다.

공원과 플라자

바르셀로나의 상징적 중심부는 무엇보다 시우타트 벨라와 드레타 데 레이삼플레의 연결공간인 카탈루냐광장(Plaça de Catalunya, 1902)과 드레타 데 레이삼플레의 동쪽 끝에 교통섬에서 공원으로 변화한 테투안광장(Plaça de Tetuan, 1860)이다. 특히 테투안광장을 중심으로 발렌시아도로Carrer de València와 카스도로Carrer de Casp 사이의 구간은 최근 바르셀로나에서 가장 핫한 보행자와 자전거 이용자를 위한 성지로 등장했다.

이러한 광장 공간들은 시민과 마을 주민의 공원과 모임의 공간을 제공하고 옥외 놀이터와 이벤트 공간으로 활용되며, 특히 인접한 주거지 사이에서 과도한 도로의 교통활동과 공공시설에서 발생하는 소음을 차단하고 주거 건물의 일조를 확보하는 완충공간으로 기능한다. 이들은 바르셀로나 시민을 위한 도시형 오픈스페이스로 마을 주민을 위해 성당, 대학, 시장, 도서관 등의 마을 공공시설과 연계된 공간으로 지하부를 통해 지하철과 공공 주차장을 연결시켜주고 있다.

카탈루냐광장

카탈루냐광장은 바르셀로나를 상징하는 중심 도로인 람블라스가로와 그라시아도로 연결점에 형성된 대표적인 도시형 광장이다. 카탈루냐광장의 사다리꼴 형태(면적 23,000㎡)는 과거 도성 정문이 위치했던 자리에서 비

카탈루냐광장(2007)

롯되었다. 남동쪽이 지중해를 연결하는 람블라스가로(길이 약 1,400m, 경사도 1.17%)의 시작점이며, 고도는 33m로 해안(Port Vell, 고도 16.6m)보다 약 16.4m가 높아 해안으로 향하는 람블라스가로의 경관을 지배하기에 충분하다. 또한 지상부와 지하부 모두가 버스, 지하철, 철도 등 바르셀로나 대중교통의 중심부이자 환승 거점으로 기능한다.

광장 조성 시기는 1차 바르셀로나 국제박람회 이후인 1902년이다. 당시 도시교통수단이 변화하면서 1929년부터 사이엔 노면 전차 교차로와 정거장으로 기능했고, 1960년대부터는 지하철역과 연계된 공공 광장으로 기능해왔다. 지하 공간은 2층으로 개발되어 지하철 1, 3, 6, 7호선 환승역, 공공 주차시설, 관광 안내소 등을 두고 있다. 광장 주변에 호텔과 코르테 잉그레스(El Corte Ingres, 1940), 트라이앵글El Triangle 등 쇼핑센터가 집중 입지해 바르셀로나의 상징적 중심부를 구성해왔다.

테투안광장

드레타 데 레이샴플레의 또 다른 대표 광장은 테투안광장(Placa de Tetuan, 1860)이다. 테투안광장은 그란비아도로Gran Via de les Corts Catalanes와 산주안도로Passeig de Sant Joan의 교차점에 입지해 있다. 이 광장은 반경 50m의 원형 플라자(면적 8,000㎡)로, 네 개의 블록들이 모여 하나의 광장을 정의하며, 광장 인접 블록에는 일군의 공공시설들이 들어서 있다. 동쪽 블록에는 재활시설Germanetes dels Pobres, 간병시설(Fraternidad, Center de Rehabilitacio), 드라마학교Escola de Doblatge de Barcelona, 직업학교Escuela de SEO 등이, 서쪽 블록에는 학교Sagrat Cor Diputació, 남쪽 블록에는 기술학교ITES Hub Audiovisual와 학교Escola MDP Bailèn School 등이 위치한다.

테투안광장은 1930~1988년 사이에 인접한 산주안 도로에 노면 전차가 운행되면서 노면 전차 교차로의 교통섬으로 기능했다. 이후 교통섬의

지상 공간은 나무가 식재된 조경 공간으로 변화되었으며, 조경 공간은 거주민을 위한 휴식 공간, 체육시설, 그리고 어린이 놀이터를 갖춘 테투안 광장으로 조성되었다. 또한 광장의 지하 공간에 지하철 테투안역과 공공 주차시설이 조성되었다. 광장 내 엘리베이터를 통해 지상과 지하 공간이 연결된다.

프로빈셜병원과 바르셀로나대학

드레타 데 레이삼플레의 대표적인 공공시설은 중심에 위치한 바르셀로나대학 부속 프로빈셜병원(Hospital Clinic I Provincial, 1906)과 동쪽 외곽에 위

테투안광장(2007, ©김환)

치한 산타크루병원(Hospital de la Santa Creu I de Sant Pau, 1930)이다. 이 두 병원은 그라시아도로를 기준으로 각각 서쪽과 동쪽에 나누어 입지하며, 로셀로도로(Carrer de Rossello, 동북쪽 일방향)와 프로벤카도로(Carrer de Provenca, 서남쪽 일방향)를 따라 운행했던 옛 노면 전차와 그 기능을 대신한 지하철 5호선(Horta Line, 1967)과 연결된다.

드레타 데 레이삼플레 서부에 위치한 프로빈셜병원은 이곳에 개원하기 전 라발의 부케리아시장(Mercat de Sant Josep de la Boqueria, 1853) 뒤편 호스피탈도로Calle de l'Hospital와 카르메도로Calle del Carme del Raval 사이에 위치한 구舊 산타크루병원(Hospital de la Santa Creu, 1401)에 기원을 두고 있다. 20세기 초 이 병원을 포함해 바르셀로나의 총 6개 병원이 통합되면서, 구조 조정된 병원 기능이 1930년 카사노바도로Carrer de Casanova에 면한 현

프로빈셜병원(2012)

위치로 이전해왔다. 이와 함께 바르셀로나대학교 의과대학(Universitat de Barcelona Facultat de Medicina, 1843)이 1926년 동쪽으로 400m 자리에 위치한 대학 본 캠퍼스인 레타멘티광장Placa del Dr. Letamendi에서 이전해왔다.

그 결과 1930년 바르셀로나 의과대학과 부속 프로빈셜병원이 남북으로 나란히 위치한 두 개 블록을 합친 하나의 직사각형 블록(면적 28,000㎡, 113×251m)에 개원했다. 이후 프로빈셜병원은 1960년대에 지하철 5호선 개통과 함께 지하 공간으로 지하철 5호선역과 연결되었고, 코르세가도로 Carrer de Corsega 및 프로벤카도로와 연계된 공공 주차시설을 두게 되었다. 1984년 바르셀로나 올림픽 유치 과정에서 바르셀로나 시정부Ajuntament de Barcelona 주도로 병원 블록 동쪽 전면에 반달 형태의 페레르카지갈광 장Placa del Doctor Ferrer i Cajigal이 조성되어 놀이터, 병원과 직접 연결된 지 하철역 출입구와 차량 및 보행자 출입구를 두게 되었다.

라발의 구舊 산타크루병원 건물에는 국립카탈루냐도서관(Biblioteca de Catalunya, 1907)이 개관했고, 그 일부였던 요양원(Casa de Convalescència, 1629) 에는 카탈루냐연구소Institut d'Estudis Catalans가 들어섰다. 두 개의 인접 정 원(Jardins del Doctor Fleming, Jardins de Rubió i Lluch)을 중심으로 미술학교Escola Massana와 바르셀로나시가 1879년 구舊 미니메스수도원Convent de les Mínimes 을 매입해 그 자리에 개교한 밀라폰타날스학교(Escola Milà i Fontanals, 1931) 가 위치한다.

드레타 데 레이삼플레 남쪽 끝 그란비아도로Gran Via de les Corts Catalanes 를 중심으로 발메스도로와 다리바우도로Carrer d'Aribau로 경계된 두 블록 에 바르셀로나대학(Universitat de Barcelona, 1450)이 위치해 있다. 드레타 데 레이삼플레의 바르셀로나대학 캠퍼스는 레이삼플레가 개발되기 직전인 1863년 일데폰스 세르다의 도시계획안을 기반으로 시우타트 벨라 외각에 지어진 첫 번째 공공건물로서, 동서로 나란한 두 블록(28,700㎡, 253×115m) 으로 완성되었다.

한편 바르셀로나대학 블록군 북쪽에는 총 6개 블록들이 보행체계를 중심으로 통합되어 하나의 대형 블록으로 기능하고 있다. 여기에는 카탈루냐신학대학Facultat de Teologia de Catalunya과 라몬룰대학교(Universitat Ramon Llull, 1990) 철학대학Facultat de Filosofia과 지질학박물관(Museo Geológico del Seminario de Barcelona, 1874)이 위치한다.

사실 개별적으로 건설된 6개 블록이 하나의 대형 블록으로 연결된 결정적 계기는 1984년 바르셀로나 올림픽 유치 과정에서 레타멘디광장이 정비되면서다. 이 광장은 마주보는 한 쌍의 삼각형 광장(면적 5,400㎡)으로 4개 블록의 중심부를 구성하며 인접한 교구성당Parròquia de Sant Gaietà을 포함해 바르셀로나대학과 카탈루냐신학대학을 보행체계로 연결한다. 광장은 다양한 수종으로 조경되어 인접 건물 지상층 상가와 연결되었고, 도로는 보도와 동일한 바닥재로 시공되어 자전거 도로와 자전거 주차시설을 갖게 되었다. 이후 중앙의 도로 공간은 2003년 프로레이삼플레 사업으로 신학대학 블록의 경계 담장이 철거되고, 조경 공간, 벤치, 테이블로 구성된 세미나리가든Seminary Gardens으로 조성되었다.

산타크루병원과 사그라다파밀리아광장

드레타 데 레이삼플레 동쪽에 인접한 사그라다파밀리아 마을Barrio de la Sagrada Família 북쪽의 산타크루병원(Hospital de la Santa Creu I de Sant Pau, 시공, 1901~1930)은 바르셀로나에서 가장 큰 병원으로, 총 9개 도시 블록이 통합된 거대한 정방형의 대형 블록(면적 140,000㎡, 350×400m)에 조성되었다. 산타크루병원은 사그라다파밀리아성당에서 시작되는 보행로인 가우디애비뉴Avinguda de Gaudi 북쪽 종점에 위치한다.

산타크루병원은 금융전문가 파우 길Pau Gil의 지원을 받아 라발의 구舊산타크루병원이 현재 위치에 산타크루병원으로 이전해 재개원했다. 1902년 바르셀로나 태생의 건축가이자 정치가인 루이스 도메네크 이 몬타네

산타크루병원(2007, ⓒ한광야
사크라다파밀리아 마을

산타크루병원에서 본 사크라다파밀리아성당(2007, ⓒ한광야)

르의 설계안으로 신축되었다. 그는 대형 블록 내 총 48개 건물들로 구성된 병원 콤플렉스를 제안했으며, 그중 27개가 카탈루냐 모더니즘과 아르누보 양식을 상징하는 대표 건축물로 시공되었다.

레이삼플레 동쪽에 위치한 병원 건물은 경사지를 이용해 등고선에 평행하게 배치되어, 전면 도로와는 45도로 만나고 있다. 개별 병원 건물들은 지상에서 공간적으로 분리되어 있으나 지하 공간을 통해 연결되며, 경사 지형과 계단은 지상과 지하를 연결하고 있다.

병원 진입부인 가우디애비뉴는 기존 차로가 보행 중심 도로로 바뀌면서 주변 블록들을 묶어주는 보행체계로 기능해오고 있다. 가우디애비뉴는 본래 1904년 노면 전차를 통해 사그라다파밀리아성당과 산타크루병원을 연결했지만, 1984년부터는 대성당과 병원을 연결하는 보행 공간으로 변화했다. 현재 가우디애비뉴는 폭이 24m로, 중앙 보행 공간(5m×2개), 양측 서비스 차량 도로(2.5m×2개), 양측 보행로(9m) 등을 두고 있으며, 지하 공간은 지하철 5호선과 연결되고 공공 주차시설을 두고 있다. 기존 도로는 바닥 포장이 구분된 중앙 보행 공간에 레스토랑과 카페 등이 위치하며, 주변에 일방통행 서비스 도로를 두고 있다.

가우디애비뉴 남쪽 시작점은 중앙의 사그라다파밀리아성당(Basílica de la Sagrada Família, 1882)[12]을 중심으로 총 3개 블록이 통합된 대형 블록군이다. 서편에는 산책로, 체육 시설, 놀이터를 갖춘 사그라다파밀리아광장Placa de la Sagrada Familia이, 동편에는 연못 중심의 정원을 가진 가우디광장이 위치해 있다. 이 블록들은 올림픽 유치 과정에서 1984년 가우디애비뉴의 보행 공간화와 함께 성당 경관을 조망할 수 있는 조경 공간으로 조성된 결과다.

마을시장과 교육 및 기타 공공시설

드레타 데 레이삼플레의 특징을 분명히 설명해주는 또 하나의 요소가 마을시장과 이를 중심으로 인접한 공공시설들이다. 그 대표적 사례가 컨셉시오시장(Mercat Concepcio, 1889; 리모델링, 2005), 산안토니시장(Mercat de Sant Antoni, 1882; 리모델링, 2018), 포트피엔크시장(Mercat de Fort Pienc, 2003), 사그라다파밀리아시장(Mercat de la Sagrada Familia, 1940s; 리모델링, 1993), 니노트시장(Mercat del Ninot, 1933; 리모델링, 2015) 등이다.

컨셉시오시장은 드레타 데 레이삼플레 마을들에 위치한 5개 마을시장들 가운데 가장 오래된 것으로, 브룩도로Carre del Bruc와 발렌시아도로Carre de Valencia의 교차점에 위치한다. 이곳은 18세기 중엽부터 최근까지 레이삼플레에서 가장 주거 밀도가 높았다. 이러한 환경에서 컨셉시오시장은 꽃, 과일, 채소, 고기, 생선, 음식 등을 판매하는 대표적인 마을시장이었다.

현재 이 시장의 철제구조는 1888년 바르셀로나시가 주최한 공모전에서 선정된 안토니 로비라 트리아스의 것이다. 그는 산안토니시장과 델보른시장Mercat del Born의 설계자이기도 하다. 시장은 1889년 개장해 2002~2005년 리모델링되었다.

시장 북쪽에는 바르셀로나 음악단(La Banda Municipal de Barcelona, 1886)이 설립한 바르셀로나 시립음악원(Conservatori Municipal de Música de Barcelona, 1886), 시립음악당Auditori Eduard Tolrà, 콘셉시오공립학교Escola de la Concepció, 놀이터Patio de Recreo de Escuela 등이 위치하며, 반경 400m 내에 마을 문화시설, 경찰서, 커뮤니티센터, 학교, 대학교, 공공도서관, 수영장 등 공공건물들이 함께 입지해 있다.

산안토니시장은 도성 외부 라발의 산파우도로Ronda de Sant Pau와 만소도로Carrer de Manso의 교차지에 위치한 단일 블록(13,800㎡)을 모두 차지하고 있다. 안토니 로비라 트리아스가 설계했으며, 십자형이다. 도성 외곽

에 지어진 첫 번째 시장으로서의 의미도 있다.

과거 산안토니 마을 중심부는 1433~1447년 사이 중세 도성 서부에 건설된 산안토니수도원-성당-병원 콤플렉스(Hospital, Abat i Esglesia de Sant Antoni, 15세기 중엽)가 구성하고 있었다. 하지만 이 콤플렉스는 재정 문제로 1806년 바르셀로나시에 매각되면서 학교로 개조되었다. 1880년대부터 중세 도성이 해체된 후 새로운 학교가 다시 건축되었고, 이때 일부 부지에 산안토니시장이 조성되었다. 과거 산안토니수도원의 3개 포인트 아치와 기둥을 가진 고딕 건축 양식의 파사드Porxo de Sant Antoni Abat 일부가 지금도 남아 있다. 이후 산안토니는 1929년 바르셀로나 국제박람회를 위한 도시 개발과 함께 노동자 마을로 성장했다.

포트피엔크시장은 2000년대부터 차이나타운으로 활성화되어온 포트피엔크 마을Barrio del Fort Pienc 중심부로서 인접한 공공도서관Biblioteca Fort Pienc, 학교Escola Fort Pienc, 유치원(Casal Infantil Fort Pienc, EBM el Tren de Fort Pienc) 등과 함께 조성되었다. 시장 남쪽 블록은 구舊 바르셀로나 북역(Estació del Nord de Barcelona, 1862~1972) 주변이다. 구 바르셀로나 북역은 철도역 기능이 나뉘어 이전해 나간 뒤, 바르셀로나 올림픽 경기장으로 이용된 스포츠센터(Poliesportiu Estació del Nord, 1992)와 버스터미널Estació d'Autobusos Barcelona Nord로 리모델링되었다.

포트피엔크 마을은 드레타 데 레이삼플레 동남부에 위치한다. 포트피엔크요새Fort Pienc가 해체되고 구舊 바르셀로나 북역이 개통되면서 성장해온 곳이다. 19세기까지 자리를 지키고 있던 포트피엔크요새는 1888년 1회 바르셀로나 국제박람회의 행사장(현 Parc de la Ciutadella)으로 이용되었고, 그 기념 관문으로 세워진 개선문(Arc de Triomf, 1888)은 마을의 상징이 되었다.

사그라다파밀리아 마을은 1860년대까지도 사람이 거주하지 않던 농경지였다. 시칠리아도로Carrer de Sicília의 벼룩시장이 구舊 제너럴모터스 General Moters 공장지로 이전해오면서 현재 사그라다파밀리아시장이 개장했다. 북서쪽으로 사크라다파밀리아성당과 공원을 두고 있다. 아울러 여기에 인접한 니노트시장도 교육시설과 공원을 보유하고 있다.

4. 블록야드의 공공 공간과 슈퍼 블록의 보행 환경

블록야드 공공 공간의 회복

1980년대 중반부터 드레타 데 레이삼플레에서는 주거 블록 내 블록야드의 공공 기능을 회복시키려는 사회운동이 활발하게 전개되었다. 당시까지도 건물들의 증축으로 블록야드는 본래 기능을 잃어가고 있었다. 이러한 노력이 주목받은 건 1980년대 후반이다. 1987년 바르셀로나대학에서 생물·심리·환경공학을 전공한 살바도르 루에다Salvador Rueda가 '수퍼일라superilla' 개념을 처음 제안했고, 이 개념이 1996년부터 바르셀로나 시 정부와 민간 개발사가 주도하는 주거 블록의 환경 개선 사업인 '프로레이삼플레Pro Eixample 운동'으로 실행되었다.

이 프로레이삼플레운동은 주거 블록 중앙의 블록야드에 공공 공간과 공공시설을 투입해 이를 전면 도로와 연결시키는 노력이다. 이를 통해 도로와 블록야드 간의 단절된 공간 관계를 회복하고, 이 공간을 바탕으로 커뮤니티 중심성을 확보함으로써 주거 블록 내 생활환경의 질적 향상을 추구했다. 이를 위해 프로레이삼플레기금Pro Eixample Capital으로 블록야드 부지를 매입하고, 새로운 공공시설이나 공공 공간을 (재)조성했다. 물론 조성 후 토지 매각으로 인한 수익금은 다시 자본금으로 확보했다.

프로레이삼플레운동의 대표적 사례로는 아구아스공원Parque de las Aguas과 인접 블록을 한 블록군으로 묶어 보행체계를 연결시킨 사업이 꼽

아구아스공원(2002)

힌다. 이 사업은 아구아스공원의 기존 후면을 확장하고, 블록야드 내부 시설들을 해체한 뒤, 여름에 수영장과 일반에게 개방되는 모래사장, 탈의시설, 샤워시설 등이 갖춰진 공원을 조성했다. 공원 전체 면적은 1,400 m²(30×40m)으로, 주거 블록 전체 면적(12,700㎡)의 12%를 차지한다. 때맞춰 인접한 급수탑(Torre de les Aigües de l'Eixample, 1867)은 박물관으로 개조되었다. 공원 블록은 서쪽 진입부를 통해 로저드유리아도로로 연결되어 다시 서쪽 블록 블록야드 중앙부를 관통하는 보행체계와 연결되었다.

또한 동쪽 디푸타치오도로Carrer de la Diputació와 바이렌도로Carrer de Bailen 경계지 블록에는 기존의 유스호스텔Mediterranean Youth Hostel과 인접

소피아바라트공공도서관(2007, ⓒ김환)

한 공공도서관(Biblioteca Sofia Barat, 1971)을 중심으로 블록야드에 소피아바라트가든Jardins de Sofia Barat이 조성되었다. 이 가든은 프로레이삼플레운동의 14번째 시행 사례로 1990년대에 조성되었으나 코로나 팬데믹 시기를 지나면서 현재 폐쇄된 상태다. 조성 당시 이 가든은 기존 블록야드의 후면 증축 건물이 철거되고, 그 자리에 도서관과 소규모 플라자가 들어섰다.

소피아바라트가든의 부지 면적은 약 $875\,m^2$(35×25m)로 주거 블록 전체 면적($12,700\,m^2$)의 7%를 차지한다. 조성 과정에서 전면 가로와 블록야드가 직접 연결되었고, 블록야드 내 공공 공간이 확보되었다. 이를 위해 인접 주거 건물 지상층 일부가 블록야드에 입지한 공공건물 출입을 위한 통로로 개조되어 블록 서쪽의 지로나도로Carrer de Girona와 연결되었다.

수퍼일라 프로젝트

레이삼플레에서 차량에 우선하는 지속 가능한 보행 환경을 갖춰 커뮤니티 활동이 증진되는 마을 구조 개선을 목표로 바르셀로나시는 2014년부터 '바르셀로나 슈퍼 블록Supermanzana Barcelona'[13] 프로젝트를 추진해왔다. 여기서 슈퍼 블록을 뜻하는 '수퍼일라Superilla'는 간선 도로를 경계로 보통 4~9개 블록들을 하나로 묶은 블록군을 말한다. 이는 바르셀로나시가 추진한 도시이동계획(Urban Mobility Plan of Barcelona, 2013~2018) 실행 사업 가운데 하나로 시 예산으로 바르셀로나 120개 교차로의 차량 매연을 줄이고자 시작되었다. 여기에 유럽개발은행European Investment Bank이 기후 변화 대응 시범 사업의 일환으로 9천5백만 유로를 지원해왔다.

수퍼일라 프로젝트의 배경에는 바르셀로나가 2010년부터 겪어오던 심각한 대기 오염, 부족한 녹지, 도시 소음, 교통 체증이라는 네 가지 도시 문제가 놓여 있었다.[14] 여기에 2000년대부터 급증한 저가 항공사, 숙

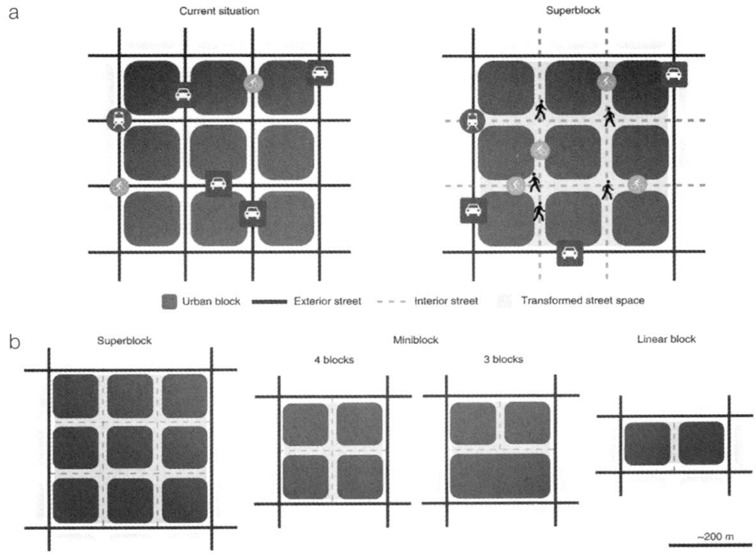

수퍼일라 프로젝트 블록 구성

박 공유 서비스의 부작용이 더해지고, 2010년대 유럽 재정 위기 이후 바르셀로나의 관광 의존도가 급증하면서 시민들의 주거 환경, 녹색 환경, 보행 환경 개선에 관한 요구가 지속적으로 증가했다. 하지만 반대로 상인들은 차량 접근을 막는 도로 보행화에 반대하고, 마을 공동체는 젠트리피케이션을 염려했다.

이러한 배경에서 바르셀로나시가 공포한 2024년 도시이동계획2024 Urban Mobility Plan은, 2024년까지 민간 차량 이용률은 26.04%에서 18.48%로 줄이고, 전 시민의 이동은 보행, 자전거, 대중교통 기반으로 그 비중을 80%까지 높이는 것을 목표로 두었다. 또한 2030년까지 시 전체 도로 가운데 3분의 1을 보행자 우선 도로와 공공 공간의 녹색 도로로 전환하고자 했다. 또한 2024년까지 보행 전용 도로 32km 연장, 3차선 이상 도로 시속 30km 제한, 자전거 네트워크 40% 증가 등의 계획도 포함되어 있다.

gruposbestours
Bici,
Córrer,
Nedar.
Triatló de
Barcelona.
Bici,
Córrer,
Nedar.

콘셀데센트도로 수퍼일라 프로젝트 환경(2023)

무엇보다 수퍼일라 프로젝트의 핵심은 복수 블록들을 하나의 대형 블록으로 묶고, 기존 교통 체계의 문제점들을 해결하며, 내부 도로와 주차 공간을 보행 전용화함으로써 공공 공간인 녹색 가로Green Street를 확보하고 블록 간 보행 활동을 활성화하는 것이다. 이를 위해 내부 도로를 자동차 통행 제한 구역으로 지정했으며, 보행자와 이용자에게 우선권을 부여했다. 물론 주민들의 기본적 차량 이용, 공공·응급·교통 약자의 차량 접근, 시속 10km 이하의 자전거와 스쿠터 이용은 허용된다.

2016년부터 총 다섯 개의 수퍼일라 프로젝트가 드레타 데 레이삼플레 동남쪽 해안 배후지의 오피스 타워인 아그바(Torre Agbar, 2004, 33층, 144.44m)가 위치한 옛 공장지 포블레누El Poblenou에서 진행되었다. 그 주요 내용은 무엇보다 격자형 블록의 도로체계를 재구성하는 것이었다. 포블레누는 바르셀로나에서 가장 오래된 공장지 가운데 하나로서 과거 방직 산업이 성행했다. 하지만 1960년대 제조업이 쇠퇴하면서 공장들이 대거 철수했고, 이로 인해 많은 폐공장과 창고가 남겨졌다.

바르셀로나 수퍼일라 프로젝트의 효과는 가시적이다. 바르셀로나 글로벌보건연구소Barcelona Institute for Global Health의 연구에 따르면, 전 시민의 차량 이용이 매주 약 230,000회 감소했으며, 대중교통, 보행, 자전거 이동으로 대체되었다. 녹색 공간과 공공 공간이 확보되면서 인접 부동산 가치도 상승했다. 현재 바르셀로나는 2030년까지 총 503개의 슈퍼 블록을 조성할 계획이며, 이와 더불어 주요 애비뉴를 보행화시킬 계획이다.[15] 이 프로젝트에 현재 빈, 베를린, 보고타 등 총 250개 도시가 관심을 표했다.

산안토니 수퍼일라 프로젝트

수퍼일라 프로젝트의 최근 사례지는 레이삼플레 남서쪽에 인접한 산안토니Barrio de Sant Antoni다. 이곳은 바르셀로나 도심에 입지해 주민 밀집도가 높았지만, 인접한 라발El Raval과 포블로섹El Poble Sec의 복잡하고 좁은 도로체계로 극심한 교통 체증을 겪어왔다. 특히 산안토니의 중심 도로인 북서-남동 방향의 콤테보렐도로Carrer del Comte Borrell와 남서-북동 방향의 타마리트도로Carrer de Tamarit는 대부분 도로와 주차 공간으로 활용되면서 보행자와 자전거 이용자들의 안전을 크게 위협해왔다.

이후 산안토니 수퍼일라 프로젝트가 추진되면서 차량 통행 제한 및 주차 공간 부족에 따른 상인 등 일부 주민들의 불만도 있었다. 그럼에도 이 프로젝트는 단시간 내에 슈퍼 블록 주변의 교통 체증을 감소시켰다. 또한 버스 노선이 확장되고 접근성을 개선해 대중교통 이용이 증가하고 개인 차량 이용 의존도가 낮아졌다. 도로에는 거주자 차량, 구급차 및 택배 차량 같은 공공 서비스 차량만 통행할 수 있게 되면서 주민들의 만족도가 높았다.

결국 슈퍼 블록 내부의 도로 공간에 보행자 전용 구역이 확보되고 녹색 도로가 확장되면서 인접 상권이 점차 활성화되었고, 주민들이 안전하고 편하게 쉴 수 있는 공간이 조성되었다. 무엇보다 노인과 아이를 위한 공간이 마련되어 궁극적으로 마을의 사회적 관계가 촉진되면서 주민 만족도가 높아졌다. 산안토니 수퍼일라 프로젝트의 실행 전후 1년을 비교하면, 교통사고는 79% 감소했고, 도로 소음도 주간 기준으로 4.3데시벨가량 감소했으며, 발암물질인 다이옥신 발생률은 33%가 줄었다. 결국 도시마을에 녹지 비율은 계속 높아지고 있다.

제 3 장

도쿄의
긴자-마루노우치

1. 에도마에지마 매립과 도산보리 상인 구역

토목 공사와 에도마에지마 매립

도쿄의 대표 상업 중심부인 긴자銀座는 과거 에도성 동쪽의 바다에 면한 습지였다. 도쿠가와 막부(江戶幕府, 1603~1867)의 지배가 시작되기 전까지 이곳은 '∩' 형태의 히비야이리에만日比谷入江灣으로, 그 동쪽은 에도마에지마江戶前島로 불렸다. 에도마에지마는 내륙에서 동해안으로 흐르는 칸다강(神田川, 24.6km)[1]과 스미다강隅田川에서 흘러내려온 토사 퇴적지로 마치 섬처럼 여겨진 곳이다.

도쿄의 옛 이름인 에도江戶가 지도에 처음 등장한 건 12세기다. 이 시기의 에도는 에도성(1457; 현 皇居)을 북쪽에서 동쪽으로 둘러싸며 동해안으로 흘렀던 칸다강의 주변지였다. 칸다강의 옛 이름인 히라카와강平川은 그 이름이 의미하듯 강의 범람이 심했으며 여기서 식수 구하기가 어려웠음을 드러낸다. 이 히라카와강을 따라 시바사키柴崎라고 불리던 어촌이 현재의 오테마치大手町에 위치해 있었고 그 중심부가 신사 칸다묘진(神田明神, 730-1603; 현재 자리로 이전, 1616)이다.

12세기 말부터 에도는 사무라이 에도 시게츠구江戶重継의 지배를 받았

다. 그는 사이타마현埼玉県 치치부秩父市를 기반으로 도쿄 서쪽의 무사시 지역(武蔵国 또는 武州)에서 동쪽의 히비야이리에만까지 지배했다. 에도 가문江戸氏은 현재 에도성 혼마루本丸와 니노마루二之丸 자리에 에도관江戸館을 두고 거처했다. 뒤이어 센고쿠 시대에 사무라이 우에스기모치토모(上杉持朝, 통치기 1433~1467)가 15세기 중엽에 에도관을 재건하고 현재 에도성 내호內濠 해자를 조성했다(1457).

이후 도쿠가와 이에야스(德川家康, 통치기 1603~1605)의 지역 통치와 뒤이은 막부 통치가 시작되면서 에도는 천하보정(天下普請, 1590~1602, 1603~1616,

칸다강 수원지인 이노카시라공원(2024, ⓒ한광야)

1619~1632) 공사의 중심부가 되었다. 이 공사는 도쿠가와 막부가 16세기 말부터 17세기 초까지 추진한 대규모 토목 및 건축 공사로, 이를 통해 에도성, 나고야성, 오사카성 등을 포함한 일군의 성·하천·사찰·사원의 보수 및 개수, 도로 개통과 매립 등이다.

천하보정 공사 첫 단계는 1590년대부터 도쿠가와 이에야스가 에도를 지역 거점으로 조성하기 위해 추진한 인프라 조성이었다. 이를 통해 성 완공 후 물자 운송을 위한 수로인 도산보리운하道三堀가 개통되었고, 뒤이어 막부 통치의 중심부인 혼마루고텐本丸御殿이 건설되고, 에도와 지방을 연결하는 고카이도(五街道, 1601~1772)도로가 개통(1603~1616)되었다.

두 번째 단계는 도쿠가와 이에야스 사후 시기(1619~1632)에 에도성 외호 外濠 해자 건설과 칸다산神田山을 깎아 조성한 매립지의 개발이었다. 이를 통해 에도성 북쪽 칸다산에서 남쪽으로 흘러내려오던 칸다강 수계가 동쪽으로 연장되어 스미다강으로 연결되었고, 깎아낸 흙으로 에도성 북동부에서 남동쪽으로 히비야이리에만이 매립되었다. 가장 먼저 현재 야에스와 니혼바시가 앞으로 매립되었고, 1613~1632년 긴자가 하초보리 운하까지, 츠키지와 아카시초明石町는 1670년에 이르러 스미다강까지 매립[2]되었다. 그리고 공사의 마지막 단계(1633~1651)로 스미다강과 도쿄만을 연결하는 에도성 서북부 수로가 건설되었다.

이렇게 통치 거점으로서 에도의 큰 구조가 1632년 완성되었다. 통치 행정의 중심부인 에도성, 이를 둘러싼 방어체계인 내호와 외호, 다이묘 거주지인 다이묘코지(大名小路, 현 丸の内), 상공인 주거지인 초닌지町人地, 에도와 지방을 연결하는 고카이도 체계가 완성되었다. 이 과정에서 주목할 만한 도시 개발 이슈는 두 가지다.

첫째, 에도성 주변 도산보리운하를 가로질러 뻗어나간 고카이도와 일군의 도로들[3]이 개통되고, 그 주변에 도쿠가와 막부 호위무사가 거주하는 다이묘코지와 다이묘 주택大名屋敷 주거지, 그 외곽으로는 서민 거주지인 초닌지가 조성되었다.[4]

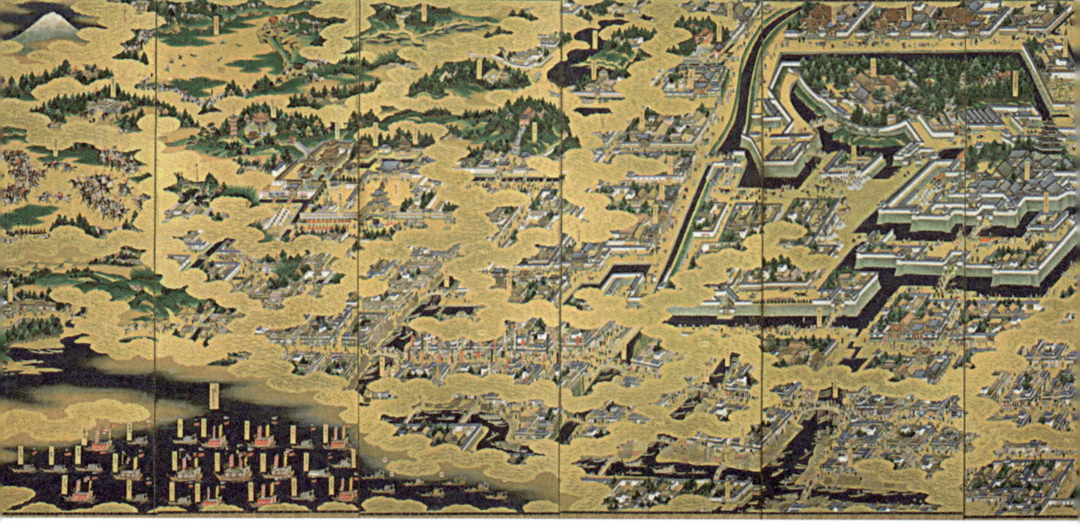

에도 지도(1849)
에도성 주변 다이묘 주택(17세기)

에도성 내호와 외호 사이에는 도쿠가와 이에야스의 호위 세력인 푸다이 다이묘譜代大名5와 그 아래 도자마 다이묘外様大名의 거주지인 다이묘코지가 위치했다. 이곳은 상대적으로 고지대에 위치해 야마노테山の手라 불렸다. 푸다이 다이묘의 주거지는 현재 마루노우치와 히비야에 위치했고, 그 주변 히비야이리에는 콘파루金春, 칸제観世, 호소宝生, 콘고金剛 가문들의 주거지였다.

다이묘코지는 고카이도와 함께 조성된 도로를 통해 지형에 순응한 격자형 필지(약 180×180m)들을 따라 위치했다. 이들은 내호를 두고 도성과 분리되었고, 동쪽으로는 외호를 두고 니혼바시-교바시-긴자-신바시와 분리되어 일반인의 접근이 금지되었다. 히비야이리에 동쪽으로 현재 니혼바시-교바시-긴자 일대의 에도마에지마는 다이묘코지와 달리 저지대로, 상인과 공인職人의 주거지인 초닌지 또는 시타마치下町로 불렸다.

둘째, 에도의 중심 도로체계인 고카이도의 다섯 가도들이 니혼바시다리(日本橋, 1603)에서 시작되어 매립된 에도마에지마를 관통하며 남쪽으로 에도, 시즈오카, 나고야, 교토, 오사카 등 주요 도시들과 북쪽의 우츠노미야宇都宮를 지나 도쿠가와 가문의 묘가 있는 니코日光와 간도 지역 경계인 시라가와白河를 연결했다.

오테마치 주변 도산보리운하는 물자 운송을 위한 수로로 기능했는데, 지방 각지 상인들이 고카이도를 이용하기 위해 이곳에 집중했다. 이에 니혼바시다리 주변은 에도의 상업 활동부터 생산, 금융의 중심부로서 성장했다. 특히 니혼바시에서 동쪽으로 하초보리까지 블록과 필지가 구획되어 교토, 오사카, 시즈오카에서 이주해온 공인과 상인의 초기 주거지가 조성되었다.

에도성을 중심으로 형성된 이러한 도시 형태는 16세기부터 지방에 등장하기 시작했던 전통적인 다이묘성 중심의 도시 구조와 다이묘성 주변 무사 주거지와 초닌 거주지로 구성된 도시 구역城下町과 유사했다. 다이묘大名, 사무라이侍, 농민農民 구성의 계급체계에서 상공인은 당시까지 농

도산보리운하와 니혼바시 하천(1922)

日本ノ三越呉服店ナ望ム
NIHONBASHI DORI TOKYO

민 아래 계급이었다. 상공인은 다이묘나 사무라이의 토지에서 생산된 쌀을 판매해 현금화하고, 이들이 필요로 하는 상품의 공급자로 활동했다. 이후 이들은 도쿠가와 막부 지배 하에서 17세기 말부터 부를 축적하며 니혼바시다리와 도산보리하천의 수변을 중심으로 에도의 변화를 이끌기 시작했다.

도산보리운하와 니혼바시다리

에도의 역사적인 첫 번째 도시 개발지는 오테마치 주변 도산보리운하다. 이 운하는 에도성 건축 후에 니혼바시다리와 함께 에도의 물자 운송을 위한 수로로 개통되었다. 이후 동쪽으로 스미다강까지 연장되어 호리카와강堀川으로도 불렸다. 나고야성과 나고야항구를 연결하는 길이 10km의 호리카와강이 개통(1610)된 것도 이즈음이다. 이어 도산보리운하 북쪽 히라카와강의 수계가 칸다산 굴착과 수로 조성으로 변경되어 스미다강으로 연결되면서 칸다강으로 불리게 되었다.

이렇게 조성된 도산보리운하를 통해 스미다강의 민항(1392~1457, 현 宝町駅 자리)에 정박한 대형 상선에서 쌀, 차, 생선 등의 식료품과 생활 물자를 소형 선박으로 옮겨 실어 니혼바시다리를 지나 이치코쿠다리─石橋까지 운송되었고, 외호의 고푸쿠바시문(呉服橋門, 현 도쿄역 북동쪽 주변)을 통해 에도성 내호의 와다쿠라문(和田倉門跡, 현 마루노우치 1번 도로)까지 연결되었다. 따라서 도산보리운하는 하천 주변에서 밧줄로 물품을 하역하는 중심 거점으로 기능하며 에도의 초기 개발의 중심지로 부상했다.

도산보리운하의 이러한 기능은 니혼바시다리가 개통되면서 빠르게 주변으로 확장했다. 니혼바시는 1604년부터 에도성과 시즈오카, 교토, 오사카, 닛코 등을 연결하는 고카이도(五街道, 1601~1772 건설)의 출발점이 되면서 개발이 가속화되었고, 이를 통해 전국 특산품을 독점적으로 판매하

는 상업 거점으로 성장했다. 이곳 상인들은 쇼군이나 주변 카미야시키 등에 거주하는 다이묘를 대상으로 상품을 판매하면서 니혼바시 중심의 사교와 여가 문화를 이끌었다.

그 대표적 사례는 니혼바시 남쪽에 시가현 태생의 히코타로 오무라(大村彦太郎, 1636~1689)가 개업한 목재·직물 상점인 시로키야상점(白木屋, 1662~1877; 시로키야백화점, 1903~1967; 도큐백화점, 1967)이다. 이어 니혼바시다리 북쪽에는 미에현 태생의 미쓰이 타카토시(1622~1694)가 교토 기모노 상점과 함께 직물 상점 에치고야(越後屋, 1673~1871; 현 미츠코시, 1872)를 개업했다.

또 니혼바시다리 동쪽으로 도산보리와 직접 연결된 쇼와도로(昭和道り, 1928) 동쪽의 카에데가와하천(楓川, 현 首都高速都心環状線)에는 스루가국駿河国 시즈오카현静岡県과 도토미국遠江国 출신의 목재상材木商人과 중개상材木問屋들이 혼자이모쿠초本材木町를 형성하고 카에데가와하천 서쪽 둑방에 거주했다. 도산보리운하 푸네초에는 운송업이 집중되었고, 요카이치초四日町, 야나기초柳町[6] 등에는 미에현 요카이치 상인들이 세력 거점을

형성했다.

　니혼바시다리와 에도바시다리 사이에는 오사카에서 이주해 온 마고에몬 모리 가문의 생선 상점이 개업하면서 에도의 첫 어시장(魚河岸, 1603~1935; 츠키지로 이전, 1935)을 형성했다. 그 배후의 니혼바시 혼초日本橋本町와 니혼바시 무로마치日本橋室町에는 교토에서 이주해온 포목상, 간사이 지역의 술Kudari Sake,[7] 기름, 약재, 술안주 등을 취급하는 오사카 기반의 상점과 시즈오카의 환전상이 집중된 료가에초両替町가 형성되었다. 또 니혼바시의 요시초吉町는 에도 게이샤芸者 구역으로, 이후 도쿄의 6대 하나마치(花街: 新橋, 赤坂, 浅草, 吉町, 神楽坂, 向島) 가운데 하나로 성장했다. 현재 푸쿠도쿠신사福徳神社 남쪽으로 니혼바시 혼초와 니혼바시 무로마치의 골목을 따라 집중 위치한 목재 건축물인 마치야町家들은 제2차 세계대전 종전 후 재건된 목재 건축들이지만, 이 시기의 모습들을 잘 재현해주고 있다.

　한편 1595년 니혼바시 서쪽에 금화를 주조하던 막부 기관인 킨자(金座,

니혼바시 어시장(1832)

1595~1869)가 현재 니혼바시혼고쿠초日本橋本石町의 일본은행 자리에 세워
졌다. 이는 니혼바시가 긴자 중심의 환전상과 금융상들이 개업하며 에도
의 상업 및 금융의 중심부로 성장하는 지렛대 역할을 했다. 이후 니혼바
시에는 메이지유신을 통해 니혼바시혼이시초日本橋本石町에 제일은행(第一
銀行, 1873)과 일본은행(日本銀行, 1896; 현 일본은행 본관)이 각각 설립되었고, 그
동쪽으로 니혼바시카부토초日本橋兜町에는 도쿄주식거래소(東京株式取引所,
1878; 현 東京証券取引所, 1943)가 개업했다.

초닌지, 교바시, 긴자, 히가시긴자, 신바시, 츠키지

현재 니혼바시-교바시-긴자 일대의 에도마에지마는 카에데가와하천을
중심으로 서쪽에 초닌지가 먼저 매립되어 형성되었고, 동쪽으로 항구 구
역인 츠키지築地가 조성되었다. 이후 초닌지 중앙을 관통하는 도카이도
도로가 북쪽의 칸다 스다초神田須田町와 남쪽의 니혼바시와 교바시京橋를
연결했다. 도산보리운하를 중심으로 북쪽의 칸다와 남쪽의 교바시는 에
도 상공인의 활동과 거주의 중심지로서 당시 헤이안쿄(平安, 현 교토)의 도
로체계를 모델로 삼아 도로(너비 4장(長), 약 12.1m)를 둘러싼 'ㅁ'자 형태의
블록(약 120×120m)에 주택들로 구성되었다.[8]

교바시는 에도성 외호와 연결된 교바시하천京橋川을 건너는 다리로, 현
재 교바시3초메와 긴자1초메 사이 도카이도도로(현 추오도로)에 석조 아치
형의 교바시다리(1875)가 건축되었다. 교바시다리는 교토로 향하는 첫 번
째 다리로 기둥 위가 기보시擬宝珠[9]로 장식되었다. 교바시하천은 1954년
부터 매립되어 그 위로 도쿄고속도로(東京高速道路, 1959)가 지난다. 현재 이
곳에는 교바시다리 기둥이 남아 있다.

교바시에는 남북을 연결하는 도카이도도로를 따라 많은 상공인이 상
점을 운영하며 거주했다. 특히 메이지야상점明治屋ホール 북쪽의 교바시

니혼바시(2022, ⓒ한광야)

1초메는 목재 장인의 마을이 형성되어 오가마치大賀町라고 불렸다. 교바시 남쪽의 긴자1초메에는 대나무 도매시장이 입지해 다케가시竹河岸라고 불렸고, 그 주변에 대나무 제품을 생산하던 장인 거주지竹川町가 위치했다.

한편 교바시의 남쪽은 현재 긴자로 불리는 구역이다. 긴자가 개발된 계기는 교바시다리 남쪽으로 긴자 지명의 기원이 된 은화 화폐국(銀座, 1612~1800s)이 도쿠가와 이에야스의 고향인 시즈오카의 순푸성駿府城에서 긴자2초메의 현재 티파니 상점Tiffany & Co. 자리로 이전해오면서다. 이로써 교바시하천 남쪽으로 긴자1초메와 2초메가 완성되었다. 긴자는 북쪽 교바시 구역과 남쪽 신바시 구역 사이 도카이도를 중심으로 형성되어 고카이도의 시작점이었다. 이렇게 긴자는 시즈오카의 순푸, 오사카, 교토 등에서 이주해온 상공인의 초닌지로 형성되기 시작했다.

이 시기 긴자는 약 120m(60켄(間), 1켄=약 1.8m) 길이의 정사각형 블록군으로 조성되었다. 긴자에는 도로通り에 면한 필지의 마치야 주택町家과 안쪽 골목길横丁에 면한 필지의 나가야 주택長屋이 지어지고, 블록 내부 중앙에는 공유지会所地를 두어 하나의 블록을 완성했다. 마치야 주택 표준 필지의 정면 너비間口는 5켄9m, 길이奥行는 20켄36m이었다. 대표적 사례로 제2차 세계대전 종전 후 현재 타카시마야백화점 배후에 장어 음식점으로 개업한 타마이(玉ゐ本店, 1953), 긴자 가부키좌 서쪽으로 1950년대 건축된 마치야에 입주한 후타바 스시(二葉鮨, 1877) 등이 있다.

긴자 동쪽의 히가시긴자東銀座는 카에데가와하천 목재 상점들의 배후지로 목수 거주지인 코비키초木挽町가 형성되었다. 에도성 건설에 참여했던 목수들이 에도만 매립이 종료된 후 이곳에 정착했다. 도쿠가와 막부가 1670년부터 극장 운영을 허가하면서 코비키초는 시바이고야芝居小屋, 카와라자키자(河原崎座, 1656~1877)와 모리타자(森田座, 1660~1923) 개관과 함께 가부키극 상영과 관련 비즈니스의 중심부가 되었다.

현재 긴자7-8초메에는 다이묘 콘파루金春氏 가문의 저택이 위치해 있었다. 1780년 이 가문이 에도성 서쪽 코지마치麹町로 이사해 나가면서 필

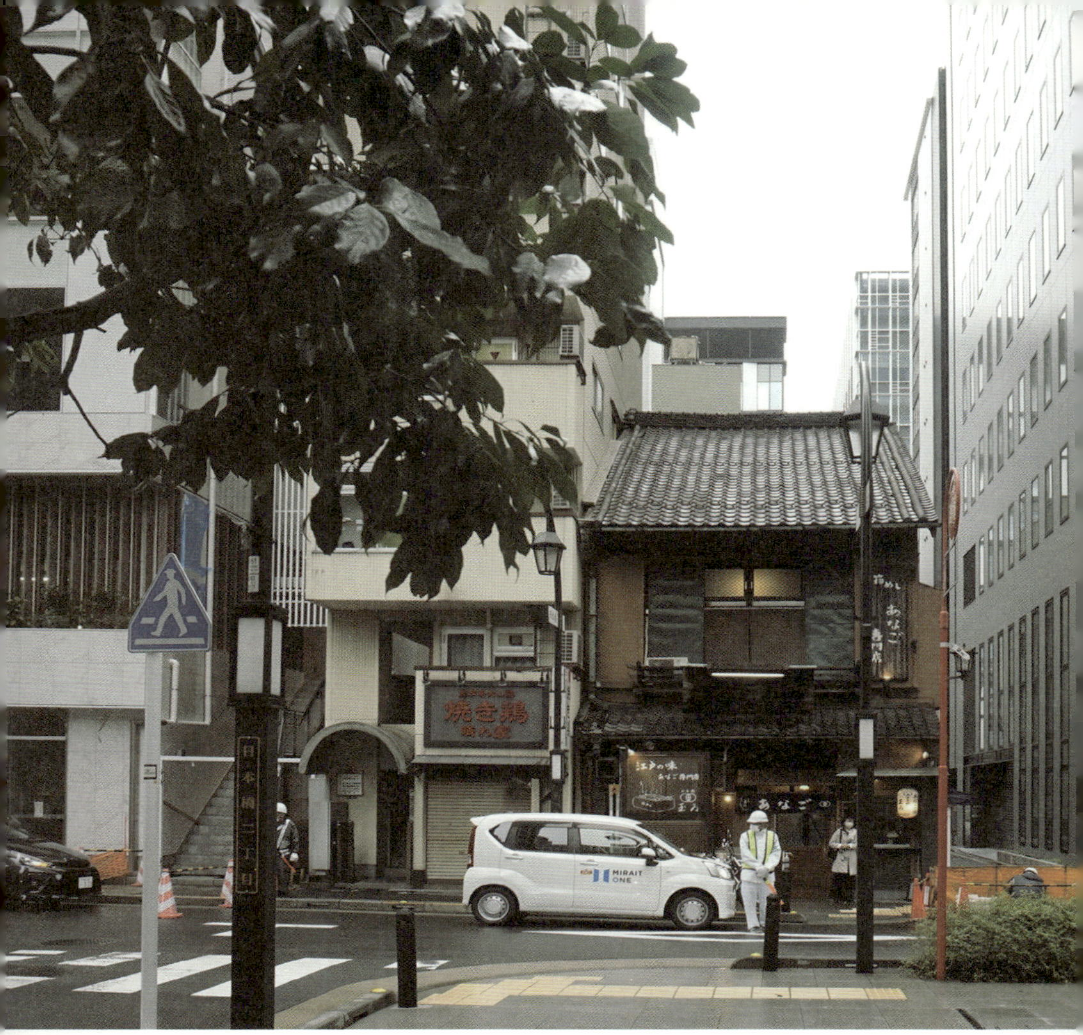
焼き鳥
江戸の味
あなご専門店
MIRAIT ONE

金春通り
KONPARU DORI ST.
CHUO CITY

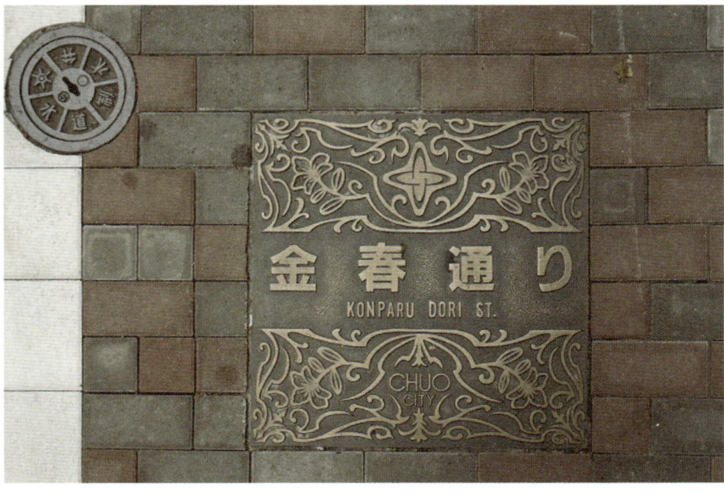

지가 재구획되어 노동자 주택지가 조성되었다. 이와 함께 신바시역과 인접한 콘파루도로金春通り가 긴자 게이샤 밀집지로 성장했다. 1965년부터 유곽은 해체되었고, 현재 콘파루목욕탕(金春湯, 1863; 신축, 1957)이 남아 그 명맥을 잇고 있다. 인접한 신바시역은 콘파루 게이샤들이 사용하던 청록색 염료를 상징하는 신바시색新橋色과 야나기 줄무늬柳縞로 장식되어 그 정체성을 보전하고 있다.

에도마에지마의 동쪽 구역은 매립으로 조성된 츠키지築地가 에도항의 항구 구역으로 기능했다. 이곳에선 외국인 거류지(築地居留地跡, 현 新富町駅)가 아카시초교明石小学校 주변에 조성되었고, 이에 인접하여 스코틀랜드 장로교United Presbyterian Church of Scotland의 츠키지병원(築地病院, 1875; 현 聖路加国際病院, 1901), 일본해군학교海軍兵學寮의 해군병원(海軍軍医学校, 1908~1945; 현 국립암센터, 1962~) 등이 들어서 붉은 벽돌 건물군을 이루었다. 또 니혼바시 북안의 어시장이 이곳으로 이전해와 츠키지시장(築地市場, 1935~2018)으로 재개장했다.

2. 긴자 대화재와 벽돌 건물,
   간토 대지진과 철근콘크리트 건물

메이지 정부의 육군 병영과 미쓰비시 벽돌 블럭

도쿠가와 막부가 해체되고 및 메이지유신(明治維新, 1869~1889)의 시작과 함께 에도성 동쪽으로 다이묘코지가 위치했던 히비야이리에와 에도마에지마(현 마루노우치)는 큰 변화를 겪었다. 먼저 에도성 동쪽으로 격자형 블록 위 다이묘 주택지는 메이지 정부(明治政府, 1868~1912)에 반납되었다. 이후

옛 목조 마치야에 입주한 타마이음식점(2023, ⓒ한광야)
콘파루도로 바닥(2023, ⓒ한광야)

메이지 정부 주도로 다이묘코지 자리엔 프랑스군영을 모델 삼은 일본 육
군성(陸軍省, 1872~1945)과 일본 육군 병영(大日本帝国陸軍, 1871~1945)이 조성되
었다.

메이지는 군사력 확장을 위해 1890년부터 육군성 및 육군 병영의 아
카사카 나가타초永田町 이전을 추진했다. 비용은 기존 토지의 매각을 통
해 확보했는데, 마루노우치 일대 16개 부지들을 매입한 주체가 미쓰비시
기업(三菱財閥, 1874)이었다. 이곳이 미쓰비시 가하라三菱ヶ原로 잠시 불리기
도 했던 이유가 여기에 있다.

벽돌 건물 도로(1877)

미쓰비시기업 2대 총수로 당시 토지 매입을 완료한 이와사키 야노스케(岩崎弥之助, 임기 1885~1893)는 이곳에 도쿄 금융 구역을 조성하려 했다. 런던의 금융 중심부로서 빅토리아 시대 붉은 벽돌 건물이 집중되어 있던 롬바드도로Lombard Street를 모델 삼는 계획이었다. 그리하여 마루노우치에 영국식 붉은 벽돌로 시공된 최초의 오피스 빌딩인 미쓰비시 1호관(三菱一号館, 1894-1968; 현재 Mitsubishi Ichigokan Museum, 2009)[10]이 세워졌다. 이를 중심으로 총 13개의 붉은 벽돌 건물들이[11] 마루노우치 3번 도로와 바바사키도로馬場先通り를 따라 들어섰는데, 이를 '잇쵸런던一丁倫敦'이라 불렀다.

미쓰비시 1호관은 당시 메이지 정부 영선국營繕局 고문으로 주로 관공서 설계를 맡았던 조시아 콘도르(Josiah Conder, 1852~1920)의 작품이다. 그는 퀸 앤 건축 양식Queen Anne style의 벽돌조로 이를 설계했다. 훗날 그는 미쓰비시 2호관(三菱二号館, 1895~1930; 현 메이지생명관(明治生命館), 1934)과 미쓰비시 3호관(三菱三号館, 1896)도 설계한다.

오테마치-가스미가세키, 마루노우치, 도쿄역

마루노우치의 벽돌 건물은 이후 고층화되며 점차 콘크리트 건물로 대체되었다.[12] 이즈음 신바시와 우에노를 연결하는 노면 마차가 개통되며 (1882) 도쿄 인구가 도시 중심부에 집중했다. 도쿄역 서편엔 8층 규모의 마루노우치빌딩(丸ノ内ビルヂング, 1923~1999; 보전과 재건축, 2002)을 시작으로 중앙우체국(東京中央郵便局, 1933~2007; 현 보전, 2012)이 세워지면서 철근 콘크리트 오피스 빌딩의 거점으로 변화했다.

마루노우치 서북쪽 오테마치大手町와 남서쪽 가스미가세키霞が関는 메이지 정부의 관청집중계획(官廳集中計劃, 1887) 실행지였다. 이에 따라 도쿄

니혼바시 주변 노면 마차들(1882)

중앙우체국과 배후의 JP타워
마루노우치 도쿄역(2023, ⓒ한광야)

시청(東京市廳, 1889~1943, 현 도쿄국제포럼 자리)과 제일은행(第一銀行, 1873~1943, 1943~1948 제국은행, 현 마루노우치센터빌딩 자리) 등이 세워졌다. 인접한 유라쿠조에는 언론사 니치니치신문(東京日日新聞, 1872~1942; 현 마이니치신문, 1942)과 아사히신문(朝日新聞 東京本社, 1888~1980, 현 위치 1980)이 자리 잡았다.

마루노우치의 대표적 붉은 벽돌 건물인 도쿄역(1914)은 규슈 출신의 건축가 타츠노 긴고(辰野金吾, 1854~1919)에 의해 3층 규모로 세워졌다. 그는 일본 근대 건축의 아버지라 불리는 영국인 조시아 콘도르의 제자로서 네오바로크 건축 양식의 일본은행 본관(1896)과 만세이바시역(万世橋駅, 1912) 그리고 서울의 조선은행(현 화폐박물관)을 설계하기도 했다. 도쿄역은 남북으로 긴 3층 콘크리트 구조물로, 서쪽 입면을 붉은 벽돌로 치장하고, 두 개의 돔을 가진 콩코스를 두었다. 도쿄역 초기 디자인은 암스테르담철도역(Amsterdam Centraal station, 1889)을 모델 삼았다는 주장도 있지만 확인된 사실은 아니다.

도쿄역은 제2차 세계대전 당시 폭격으로 파괴되었다가 1947년부터 재건을 시작해 서쪽 마루노우치 출입구와 동쪽 야에스 출입구가 차례로 조성되었다. 야에스 출입구는 1949년 화재로 소실되었지만, 1954년 다이마루백화점(大丸, 1954~2007; 현 야에스 그랑루프와 그란도쿄 자리)을 포함하는 철도회관빌딩(鉄道会館ビル, 1954~2007, 6층, 1954~1968; 12층으로 증축, 1968~2007)이 철도역, 상업시설, 행정 기능을 일체화하면서 도쿄역빌딩駅ビル으로 재건축되었다.

긴자 대화재, 긴자도로, 벽돌건물가로

마루노우치 배후 상업 구역으로 성장한 긴자가 현재 긴자도로를 중심으로 모습을 갖춘 계기는 19세기 말부터 20세기 초에 발생한 일련의 화재와 지진 피해를 줄이기 위해 추진된 도로 너비 확장 사업이었다. 메이지

유신 이후 도쿄가 겪은 긴자 대화재(銀座大火, 1872), 도쿄 지진(明治東京地震, 1894) 그리고 간토 대지진(関東大地震, 1923)은 긴자의 도로 경관과 건축을 한 번에 변화시켰다.

특히 긴자 대화재는 오테마치, 교바시, 긴자, 츠키지 일대의 목조 건물 대부분을 소실시켰다. 마루노우치와 달리 교바시와 긴자 초닌지의 건축물 대부분이 목조였다. 이후 메이지 정부는 초닌지 목조 주택을 유럽식 벽돌조 주택으로 재건축했다.

당시 메이지 정부가 추진한 시가지 불연화(市街地の不燃化, 1872) 사업은 긴자 대화재로 소실된 목조 주택의 재건을 목표로, 대장성(大蔵省, 1868~2001)이 자금을 제공하고, 도쿄부(東京府, 1868~1943)가 1872년 공사를 시작해 1878년 종료했다. 그러나 정부의 강압적 사업 추진, 도쿄부의 재정 부족 등이 원인이 되어 전체의 약 40%만 벽돌 건물로 대체되었고, 나머지는 내화성을 높이는 수준에서 회반죽 마감 또는 점토 벽 추가로 마무리되었다.

그 대표적 사례가 긴자에 벽돌건물도로(煉瓦街, 1877)를 조성하는 긴자 도시계획안(1872)의 수립과 실행이었다. 이러한 도로 확장 및 상업화 계획이 당시 상업·금융 중심지이자 번화가였던 니혼바시가 아니라 긴자도로에서 먼저 실행된 까닭은 이 도로가 도쿄 최초 철도역인 신바시철도역(新橋駅, 1872~1913)과 직접 연결되어 있었기 때문이다.

아일랜드 토목기사 토머스 워터스(Thomas James Waters, 1842~1898)[13]의 제안에 따라 긴자도로는 너비 7~8켄(약 12.6~14.4m)에서 15켄(27m)의 대로로 확장되었고, 차도(너비 8켄, 14.4m)와 가로수를 경계로 양쪽에 보도(너비 3.5켄, 6.3m)를 두었다. 긴자도로와 교차하는 동서 방향의 하루미도로晴海道り는 너비 10켄(18m), 그 외의 동서 방향 도로인 마츠야도로, 마로니에도로, 야나기도로, 미유키도로 등은 너비 8켄(14.4m), 나머지 도로는 너비 3켄(5.4m)으로 조성해 그 이름을 상징하는 가로수를 심었다.

긴자도로 양쪽 도로변에는 방화 기능이 부가된 2층 높이의 목조 나가

Lion

特選呉服の
江り菊

特選呉服の
江り菊

トリコロール 本店

야長屋 주택이 지상부에 벽으로 구분된 네댓 개 상점들을 두고 재건축되었다. 이 나가야 건물들은 외벽을 석고 도장으로 마감했으며, 너비 1켄(1.8m)의 아케이드 보행로 위로 2층 발코니를 두었다. 여기에 사용된 초기 긴자 벽돌들은 그 크기를 227×90×60.6mm로 규격화했다. 최근 표준화된 일본 벽돌의 크기는 190×90×57mm이다.

당시 긴자도로의 벽돌 건물은 영국의 조지안 건축 양식을 모델 삼았다. 이곳이 벽돌건물가로(銀座煉瓦街, 1878)로 불리며, 도쿄 서유럽 모더니티의 상징이자 중심 상업도로로 부상한 이유가 여기에 있다. 이후 긴자도로는 1904년부터 노면 마차를 대신한 노면 전차가 운행되면서 상업 중심지의 형태를 완비했다.

긴자의 대표 벽돌 건물은 긴자5초메의 트리콜로카페(Ginza Tricolore, 1936)와 마리아주프레레티숍Mariage Freres Store이 위치한 스즈란도로에서 확인된다. 또 긴자5초메의 아주마도로와 미하라도로 사이의 미하라코지 골목三原小路銀座에는 쇼와 시대에 방재를 위해 도입된 회반죽 마감 건축이 밀집해 식당가를 이루고 있다. 이 골목은 제2차 세계대전 이후 화재가 빈번했는데, 주변 상인들이 옛 신사 자리를 우연히 발견하고, 아주마이나리신사(吾妻稲荷神社)를 조성해 화재를 피하려 했다.

간토 대지진과 철근콘크리트 건물

마루노우치와 긴자 변화의 두 번째 요인은 간토 대지진이다. 1923년 9월 1일 정오부터 약 4분 50초간 혼슈 일대를 뒤흔든 간토 대지진(関東大地震, 1923, 진도 7.9)이 발생했다. 화재 피해로 약 10~15만 명(추산)의 사망자가 발생했다.

지진 발생 후 메이지 정부 주도 하에 제도부흥계획(帝都復興計画, 1923)[14]이 실행되었고, 1925년부터 도쿄도시계획법(都市計画法, 1919)과 시가지건

트리콜로카페(2023, ⓒ한광야)
미하라코지골목 식당가(2024, ⓒ한광야)

축물법(市街地建築物法, 1919)이 본격적으로 시행되었다. 지진 복구 과정에서 마루노우치와 긴자의 벽돌 건물들은 횡력에 취약한 조적조에서 철근이 보강된 철근콘크리트구조로 재건축되었다. 시가지건축물법에 따라 건축선, 건폐율, 고도 및 구조 제한 규제에 더해, 세계 최초로 수평 진도 0.1(Horizontal Seismic Intensity 0.1, 1924)에 맞춘 내진 설계법이 도입되기도 했다. 아울러 남북 방향의 쇼와도로, 동서 방향의 하루미도로가 개통되면서 토지구획정리사업土地区画整理事業에 따라 긴자 주변부인 히가시긴자東銀座와 츠키지築地 일대가 개발되었다.

최초의 도시계획법과 긴자의 상업 구역화

도쿄시(東京市, 1889~1943; 도쿄도 통합, 1943)의 첫 도시계획안이 준비된 시기는 1880년대다. 긴자 대화재와 도쿄 지진으로 도시재건과 시민들의 교외 이주가 추진되던 때다.

도쿄시 개발은 도쿄시구개정조례(東京市区改正計画, 1888)에 따른 첫 마스터플랜인 시구개정계획(市区改正計画(旧設計), 1889)을 통해 추진되었다. 당시 시장 미치유키 마츠다(松田道之, 재임 1879~1882)의 주로로 위생, 화재, 전염병, 교통 문제 해결까지 포함해 진행되었다. 그러나 이후 재정 문제로 사업이 축소되었다가 수정안(市区改正計画(新設計), 1903)이 수립되면서 재실행되었다. 당시 수정안의 골자는 도쿄 15구 전체의 도로, 하천, 교량, 철도, 상하수도, 공원, 화장장, 묘지 등의 정비 및 소방 목적의 긴자·니혼바시도로의 확장 등이었다.[15]

도쿄시는 뉴욕시 구역설정규제(Zoning Resolution, 1916)를 모델로, 도시계획법(都市計画法, 1919)[16]과 그 실현 계획인 시가지건축물법(市街地建築物法, 1919)을 공포하면서 기능에 따라 도시 구역을 특화시키고, 개발의 용도와 규모를 규제하기 시작했다. 무엇보다 화재나 자연재해로부터 주거지를

보호해야 한다는 명분이 크게 작용한 입법이었다. 여기에 제1차 세계대전 당시 폭격 방어의 목적이 부가되었다. 요컨대 주거 기능의 교외 이전, 천재지변 및 전시 재해로부터 인명 피해 최소화, 신속한 도시 재건 등으로 그 입법 취지가 요약된다.

이 법을 통해 도쿄는 거점별 기능이 특화되었고, 각 거점들을 철도로 연결한다는 계획이 추진되었다. 문화·상업 거점은 긴자(긴자역, 1934), 상업·은행 거점은 니혼바시, 주거 거점은 여전히 교바시, 교통 거점은 신바시, 쇼핑·박람회 거점은 우에노 등으로 도시의 각 거점 기능이 구역별로 정리되었다. 아울러 제2차 세계대전 종전 후 신속한 재건을 위해 도쿄메트로폴리탄도시계획안(1945)이 추진되었으며, 이를 근거로 철도 체계가 갖추어졌다. 그 결과 도쿄는 과거 에도시대의 직주일치에서 직주 분리의 가치에 따라 도쿄의 교외 확장이 빠르게 진행되기 시작했다.

법 시행이 본격화하면서 교바시와 긴자에 집중되었던 주거 기능은 우에노, 시부야, 신주쿠 등 당시 빠르게 개발되는 교외 주거지로 이전했고,

오쿠노아파트(2022, ⓒ한광야)

비워진 긴자는 주거기능이 없는 상업 구역으로 변화하기 시작했다. 현재 긴자에 남아 있는 주거 기능은 긴자1초메 야나기도로 주변의 초기 공동 주택인 오쿠노아파트(奥野ビル, 1932)에 있다. 너비 10켄(약 18m), 길이 7켄(약 12.6m)에, 최초로 엘리베이터가 설치된 도시 블록형 주거 아파트다. 이와 인접한 너비 7.5켄(13.5m), 길이 10켄(18m)의 요네이빌딩(Yonei Building, 1929) 은 콘크리트로 지어져 기업 본사로 사용되었다.

요네이빌딩(2023, ⓒ한광야)

3. 직주 분리의 노면 철도-지하철선,
　　신바시역, 긴자역 사거리

신바시역과 긴자 상점

긴자와 마루노우치의 변화에 영향을 준 건 무엇보다 인접해 개통된 도로와 이를 근거로 하는 대중교통체계다. 정리해보면, 신바시 철도역 개통 (1872), 긴자도로 개통(1878), 신바시-우에노 간 노면 마차 개통(1882), 노면 전차 개통(1903), 긴자도로 서쪽에서 도심을 관통하는 고가철도선 및 도쿄역 개통(1914), 지하철 긴자선(아사쿠사-우에노-긴자-오모테산도-시부야, 1927, 1934, 1953) 개통 등이다. 이에 따라 긴자와 빠르게 개발된 도쿄의 교외 주거지 및 일본의 주요 도시들이 연결되었다. 도쿄 인구는 메이지유신 직전 약 150만 명(1865)에서 이후 약 240만 명(1920)까지 증가했다.

　도쿄 최초로 개통된 철도는 신바시역과 그 남서쪽 25km 지점에 위치한 교역항 요코하마를 연결하는 철도선(1872)이다. 영국의 지원을 받은 메이지 정부 철도국(鉄道局, 1871~1890; 철도청, 1885~1890)이 주관했다. 뒤이어 북부 철도로 우에노와 사이타마의 오미야역(大宮駅, 1885)을 연결하는 도호쿠 본선(東北本線, 1891), 북부 철도와 남부 철도를 연결하는 중부 철도가 긴자를 서쪽으로 우회해 건설되었다. 당시 중부 철도의 우회는 고밀도로 조성된 도시 중심부를 관통하게 할 만큼의 자금과 기술력이 부족했기 때문이다. 중부 철도가 긴자 서쪽을 우회하는 고가철도로 개통된 것은 도쿄역(東京駅, 1914)과 우에노-신바시 노선(1914)이 건설되면서다.

　긴자 남쪽의 신바시역(1872)은 약 40년간 도쿄 중심부의 유일한 철도역으로 기능하면서 긴자의 상업화를 가속화했다. 특히 기존 철도선을 연장한 오사카-고베선(1874), 교토-오사카선(1877), 우에노-쿠마가야선(1883), 바시-고베선(1890) 등이 추가로 건설되어 신바시역과 지방 거점들이 연결됨

신바시 철도역(2023, ⓒ한광야)

에 따라 그에 인접한 긴자는 상인들이 몰려들어와 새롭게 구축되는 상업 생태계의 중심부로 성장했다. 긴자의 대표적인 상점들도 대부분 이 시기에 개업했다. 기모노 상점 구노야(くのや, 1837)와 오노야(大野屋, 1868), 단팥빵의 원조 기무라야(木村家, 1869), 양식당 렌가테이(煉瓦亭, 1895), 핸드드립 커피의 원조 파울리스타(Café Paulista, 1910)와 트리컬러(Tricolore Ginza, 1936) 등이다.

시세이도, 세이코, 미키모토

긴자에서 창업해 글로벌 브랜드로 성장한 시세이도(資生堂薬局, 1872), 세이코(セイコーエプソン株式会社, 1882), 미키모토진주(ミキモト真珠, 1899), 이토야문구(伊東屋, 1904) 등도 차례로 개업했다.

시세이도는 1872년 츠키지해군병원 소속의 약사 아리노부 후쿠하라(福原有信, 1848~1924)가 일본 최초의 서양식 민간 약국을 현재 시세이도팔

시세이도 본사(2023, ⓒ한광야)

Lash & Nail Salon

러(Shiseido Parlour, 1941) 위치에 개업한 것이 그 기원이다. 시세이도는 치약(福原衛生齒磨石鹼, 1888), 오이델민 화장수(Eudermin, 1897) 등을 대표 상품으로 개발하며 사업을 확장했으며, 이후 화장품 국제 기업의 기초를 닦아나갔다. 뒤이어 일본 최초로 탄산음료와 아이스크림을 제조·판매하는 소다파운틴(ソーダファウンテン, 1902)이 개업했으며, 이는 이후 시세이도팔러로 발전했다. 시세이도팔러는 서양식 과자를 제조·판매하는 기업으로서 카페와 서양식 레스토랑을 동시 운영해왔다. 이곳들은 상류층의 맞선 명소로도 유명해졌으며, 주요 고객은 인근 신바시 게이샤, 가부키 극장 배우, 작가 등 문화 산업 종사자들이었다.

세이코는 킨타로 핫토리(服部金太郎, 1860~1934)가 교바시京橋 우네메초采女町 인근에서 창업한 핫토리시계점(服部時計店, 1882)에 뿌리를 둔다. 요코하마, 고베 등 개항지에서 구입해온 수입 시계를 먼저 판매했으나, 1913년부터 일본 최초의 손목시계를 생산하기 시작했다. 1892년 혼쇼구本所区 이시하라초(石原町, 현 스미다구) 유휴지에 임시 공장을 운영하다가 1893년 야나기시마초柳島町로 공장을 이전했다. 제1차 세계대전을 계기로 수출량이 급증해 성장했으며, 1895년 긴자4초메의 현 와코백화점 자리에 위치한 아사노신문(朝野新聞, 1874~1893) 사옥을 매입해 16m짜리 시계탑을 설치하며 이전해왔다. 와코백화점은 간토 대지진 이후 1932년 재건된 건물이다. 핫토리시계점은 1905년 상하이, 홍콩에 대리점을 개설했으며, 1902년부터 세이코로 기업명을 변경한 뒤, 1964년 도쿄올림픽 공식 업체로 선정되며 성장해나갔다.

미키모토진주는 미키모토 코키치(御木本幸吉, 1858~1954)가 1899년 긴자 추오도로에 면해 설립한 보석 상점이다. 1893년 양식 진주 생산법을 개발한 그는 1920년대까지 천연 진주에 버금가는 양식 진주를 생산했다. 이세만伊勢湾의 오지마섬相島을 비롯해 1935년을 기준으로 약 350개의 양식장을 운영했다. 도쿄공업박람회(1907)와 런던일영박람회(1910)에 참여해 국제화를 시작했고, 1913년 런던에 첫 해외 매장을 열었으며, 제2차 세계대전 종전 후 파리, 뉴욕, 시카고, 보스턴, 상하이 등 주요 도시에 매장을 설립하면서 자신의 브랜드를 성장시켜갔다. 현재 미키모토진주는 긴자 추오도로와 마로니에도로에 면해 총 두 곳의 매장을 운영하면서 긴자의 고급 귀금속 상업 생태계를 구성하고 있다.

노면 마차, 노면 전차, 백화점

신바시철도역이 개통되면서 도쿄 남쪽 종단 신바시와 북쪽 종단 우에노를 직접 연결하기 위해 철도보다 규모가 작은 노면 마차가 긴자도로를 따라 먼저 개통되었다(1882). 당시 노면 마차(신바시-니혼바시-아사쿠사바-아사쿠사-우에노-니혼바시, 1882)는 신바시역 동쪽 시오도메 화물터미널(汐留駅, 1872~1914)에 종점을 두고 긴자도로를 따라 니혼바시를 지나 아사쿠사에서 세 개 노선으로 갈라지며 운행되었다. 이 노면 마차는 메이지 정부 주도의 일본철도기업과 유사했던 첫 민영 철도기업인 도쿄마차철도기업(東京馬車鉄道, 1882~1906)이 운영했다.

뒤이어 이 노면 마차를 대체한 노면 전차(1903)가 긴자에 큰 변화를 유도했다. 노면 전차는 1899년 우에노공원(上野恩賜公園, 1873)에서 개최된 제3회 내국권업박람회(内国勧業博覧会, 1899)에서 선보이며 개통되었다. 이로써 도쿄 시내 노면 마차의 오물과 교통사고 문제가 해결되었다. 노면 마차는 1903년 도쿄전철철도(東京電車鉄道, 1906~1909)로 이름을 변경해 전기 동력 기반의 노면 전차 시나가와선(신바시-시나가와 구간) 운행을 시작했고, 1904년 대부분의 도쿄 노면 마차가 노면 전차로 대체되었다.

노면 전차는 당시 도쿄 인구를 집약적으로 이동시킴으로써 도쿄 상업 거점의 성장을 유도했다. 니혼바시다리 북쪽의 에치고야(越後屋, 1673~1871; 현 미츠코시백화점, 1872)와 남쪽의 시로키야(白木屋, 1662~1877)가 각각 미츠코시백화점과 시로키야백화점으로 확장한 것이 그 대표적 사례다. 또 이곳

에 일본은행(日本銀行, 1896)까지 세워지면서 니혼바시는 도쿄를 대표하는 상업·금융의 거점이 되었다.

긴자6초메에는 실내에서 신발을 착용하던 일본 첫 백화점이자 나고야 기반의 기모노숍(松坂屋, 1611, 1910)이 입점했던 마츠자카야백화점 긴자점 (1924)이 현재 긴자식스에 위치했다. 이와 인접해 히가시긴자에는 가부키 극장(歌舞伎座, 1889; 확장 신축, 2013)과 함께 신바시 게이샤협회에서 개업한 신바시연무장(新橋演舞場, 1925)이 거대한 상권을 조성했다. 신바시연무장 부지는 원래 도쿠가와 이에야스의 마추다이라 가문(松平氏)의 저택이 위치했던 곳으로, 가부키 공연이 성황이던 곳이다. 신바시연무장은 아주마 오도리東をどり 게이사 춤 공연 극장으로 개관돼 운영되었다.

미츠코시백화점 앞 교차로(2024, ⓒ한광야)

고가 철도

1888년 공포된 도쿄시구개정조례의 핵심은, 첫째, 시가지 내 노면 마차 노선 확보를 위한 도로 너비 확장, 둘째, 시가지 내 상하수도 정비, 셋째, 도쿄 시내를 관통해 신바시역과 우에노역을 연결하는 철도선 건설이었다. 첫 번째와 두 번째 계획은 큰 문제없이 추진되어 메이지 정부 주도로 우에노공원에서 진행된 제3회 내국권업박람회(1899)에서 전차 홍보까지 가능케 했다. 그러나 세 번째는 부지 선정부터 난항에 부닥쳤다. 도쿄의 중심부였던 긴자와 마루노우치가 모두 고밀도·고비용 환경이었던 탓에 사업 수행 자체가 불가능했다.

이러한 상황 속에서 도쿄부 철도청이 독일 철도 엔지니어 헤르만 롬슈테르(Hermann Rumschöttel, 1844~1918)를 고문으로 위촉했고, 그는 베를린도시철도Berlin Stadtbahn를 모델로 도쿄고가철도계획안(1894)을 준비했다. 이 제안은 베를린 슈프리강변의 하케셔마르크트역(Hackescher Markt Haltepunkt, 1882)과 야노비츠다리역(Jannowitzbrücke Haltepunkt, 1882) 사이 고가 철도 구간을 모델로 당시 상대적으로 토지 매입이 용이했던 에도성 외호 서쪽에 벽돌 아치 구조를 세운다는 계획을 제안했다.

그러나 이 제안은 청일전쟁(1984)이 발발하면서 실행되지 못했고, 이듬해 헤르만 롬슈테르가 추천한 프란츠 발처(Franz Baltzer, 1857~1927)에 의해 현재 하마마츠초역(浜松町駅, 1909)과 도쿄역을 연결하는 고가철도수정계획안(1894)으로 재추진되었다. 제안된 벽돌 아치 구조는 1894년 발생했던 도쿄 지진의 영향으로 안전성을 고려해 3~4구간마다 대교각을 배치하고, 일부 도로 위 공간이 철교로 수정되었다.

도쿄고가철도선은 1900년부터 건설되다가 러일전쟁(1904~1905)으로 중단과 재개를 반복해, 유라쿠초철도역(有楽町駅, 1910)과 함께 일부 노선 개통 후, 1914년 도쿄역의 건설에 맞춰 완성되었다. 이 과정에서 도쿄의 철도들은 러일전쟁의 후과로 1906년 병력과 물자 수송을 위한 철도국유

법(鉄道国有法, 1906)에 의거, 일본철도를 포함한 17개 민영 철도가 국유화되었다.

지하철 긴자선, 와코사거리

도쿄역을 중심으로 긴자 옆을 지나가는 우에노-신바시 고가 철도선이 개통된 후, 긴자 주변엔 큰 변화가 일어났다. 먼저 도쿄역 서쪽 중앙의 업무 구역인 마루노우치, 북쪽의 관공서 구역인 오테마치, 남쪽의 가스미가세키가 점차 거대 업무 구역인 오테마치-마루노우치-히비야-가스미가세키 구역으로 확장되었다. 또 도쿄역 동쪽의 상업 문화 거점인 니혼바시-교바시-긴자-신바시가 긴자도로를 따라 형성되어 서쪽의 업무 구역을 지원했다. 이러한 변화는 주거 기능의 교외지 이전과 맞물려 진행되었다.

도쿄역과 철도선을 기준으로 서쪽의 오테마치-마루노우치-가스미가세키와 동쪽의 니혼바시-교바시-긴자-신바시가 이러한 변화를 겪게 된건 1920년대부터 발생한 일련의 사건들 때문이었다. 간토대지진(1923)을 시작으로, 중일전쟁(1937~1945), 태평양전쟁(1941~1945)과 제2차 세계대전(1939~1945), 도쿄 대공습(1944~1945) 등으로 인해 마루노우치와 긴자가 파괴된 탓에 그 지상부와 지하부의 재건이 시급했다.

지상부에선 마루노우치의 저층 벽돌 건물들이 철근콘크리트 건물로 바뀌었다. 니혼바시-교바시-긴자-신바시도 상황은 마찬가지였다. 또 전쟁으로 기존 노면 전차들이 파괴되면서 정체가 극심해짐에 따라 부에노스아이레스 지하철(Buenos Aires Underground, 1913)을 모델로 노면 전차를 대신하는 지하도시철도가 개통되었다. 지하철 긴자선 첫 구간인 우에노-아사쿠사 노선은 개통(1927) 후 긴자역까지 연장(1934)되어 지하철 긴자선(시부야역-아사쿠사역, 1953)으로 최종 개통되었다.

특히 긴자의 중심부의 추오도로와 하루미도로의 교차로인 와코사거

와코사거리(2023, ⓒ한광야)

리가 와코(銀座 和光, 1947), 미츠코시(銀座 三越, 1930), 마츠야(銀座 松屋, 1925), 긴자플레이스(Ginza Place, 2017) 등 대형 백화점으로 정의되면서 도쿄 중심부가 되어간 시점도 긴자역(1934) 개통과 맞물린다. 이후 도쿄지하철도사 주도로 미츠코시백화점과 마츠야백화점을 긴자역과 연결하는 지하 보행로가 만들어졌다. 와코사거리는 긴자역을 따라 철도-지하철-노면 전차/버스의 대중교통 기반의 중심 상업 구역으로 성장했으며, 이 대중교통체계는 긴자, 교바시 주거 인구를 아사쿠사, 우에노, 시부야, 신주쿠 등 교외 부도심으로 이주시키는 데 일조했다.

4. 두 번의 올림픽, 대중교통체계,
구 건물과 신 건물, 보행자 천국

고속철도와 공항철도

긴자의 상업 거점화가 가속화된 계기는 두 번의 도쿄올림픽(1964, 2020)과 한일월드컵(2002)의 개최이다. 특히 긴자는 도쿄역 중심의 신칸센 고속철도와 하네다공항을 연결하는 하네다공항 고속철도 그리고 긴자역 중심의 지하철 등 대중교통체계에 기반한 국제적인 상업 거점이라는 점에서 차별성을 갖고 있다.

긴자는 첫 번째 도쿄올림픽을 계기로 주변 운하가 매립되고 주요 도로들이 재정비되었다. 긴자 주변의 호리카와하천(三十間堀川, 현 미즈타니바시공원(中央区立水谷橋公園)) 매립이 1949년부터 시작되었고, 시오도메가와하천沙留川와 교바시가와하천京橋川이 각각 1951년과 1959년 매립되어 도쿄를 관통하는 도쿄고속도로(東京高速道路, 1959)가 개통되었다.

무엇보다 도쿄와 국내 거점 도시들을 연결하는 고속철도의 개통은 긴자를 일본을 대표하는 상업 거점으로 만든 일등공신이었다. 일본국유철도(日本国有鉄道, 1949~1987)가 개통한 고속철도선 신간센(新幹線, 1964, 개통 당시 시속 200km)은 도쿄역에서 교토역까지 일반 철도 도카이도 본선의 소요 시간(20시간)을 약 4시간으로 대폭 축소시켰다. 또 도쿄와 하네다공항을 연결하는 공항고속철도(羽田空港線, 1964, 시속 80km)는 하네다공항(1931)과 긴자 신바시 하마마츠초역(浜松町, 1964)을 13분 이내로 연결시켰다.

도쿄역, 마루노우치, 야에스

한일월드컵(2002)과 두 번째 도쿄올림픽(2020)은 오랫동안 유지되었던 긴자 주변 건축물의 고도제한(황궁 높이인 100척(약 31m, 6~8층 높이) 이하로 규제, 시가지건축물법, 1919)의 해제를 유도했다. 1933년부터 당시까지 긴자와 마루노우치는 황궁 주변 미관 지구로 지정되어 최고 건물 높이가 31m로 묶여 있었다. 추오도로(긴자도로)에 면한 미츠코시, 마츠야 등 대형 백화점도 이를 준수했다.

그러나 고이즈미 주니치로(小泉純一郎, 재임 2001~2006) 총리는 고도 제한을 해제(2001)하고 공중권air right 개념을 도입해 고층 건물 재건축을 가능하게 만들었다. 특히 부지의 미사용 용적을 타 부지에 매매함으로써 옛 건물을 보전하고 인접 부지에서 신개발을 유도하는 '개발권 이양transfer of development rights' 제도를 마루노우치에 적용했다. 개발권 이양 제도를 통해 개발된 대표적인 사례가 긴자 북서쪽에 공공 주도로 추진된 도쿄역 리모델링(2012)과 민간 재개발로 완성된 긴자 주변의 새로운 관문들이다.

도쿄역은 개통 100주년을 맞아 대규모 리모델링(2007~2012)을 시행하면서 이를 통해 상대적으로 저개발되었던 동쪽의 야에스八重洲를 획기적으로 재개발했다. 먼저 도쿄역의 서쪽 마루노우치 방향의 정면이 재정비되었고, 두 개의 돔이 재건되었으며, 황궁으로 이어진 마루노우치광장을 조성해 택시 및 버스 승강장을 연결했다. 또한 도쿄스테이션호텔(Tokyo Station Hotel, 1951; 리모델링, 2012, 규모 150객실)은 일본철도사JR East 자회사 주도로 리모델링되었고, 도쿄역 지하부에는 그랑스타Gransta와 도쿄역1번가東京駅一番 등 대규모 상업시설이 들어섰다.

도쿄역 서쪽 정면과 연결된 마루노우치광장과 황궁 진입부인 교코도로의 남쪽 블록에는 구舊 마루노우치빌딩(1923, 31m, 9층)을 포디움으로 복원하고, 그 뒤쪽에 고층 타워인 마루노우치빌딩(2002, 180m, 37층)을 복합오피스 건물로 신축했다. 구 마루노우치 빌딩은 미쓰비시기업이 간토 대지진 복구 기간에 건축한 첫 건물이며, 새 빌딩 역시 마루노우치 재개발 과정에서 완료된 첫 번째 재개발 사례로서 큰 의미를 갖는다. 이 과정에서 구 마루노우치 빌딩의 개발권 용적(437%)이 개발권 이양 제도를 통해 신축되는 마루노우치 빌딩의 용적(1,000%)에 추가되었고, 이에 따라 건물 높이도 180m로 증가했다. 그 반대편 북쪽 블록에도 옛 건물을 포디움으로 복원해놓았으며(1952), 바로 그 뒤에 새로운 신마루노우치빌딩(Shin Marunouchi Building, 2007, 198m, 38층)을 신축해 마루노우치의 상징적 중심부를 정의했다. 또 마루노우치광장 남쪽을 정의해온 도쿄중앙우체국(1933, 규모 5층)은 정면이 리모델링되었고, 그 뒤편 부지에 오피스 타워인 JP타워(2012, 38층)를 신축하고, 저층부에는 상업시설Kitte Marunouchi을 조성했다. 그리고 이 모든 시설들이 지하도를 통해 도쿄역과 연결된다.

한편 도쿄역 동쪽의 야에스는 긴자 및 교바시와 직접 연결되는 관문이었지만, 상대적으로 개발이 뒤처져 있었다. 도쿄역 리모델링을 계기로 병풍처럼 도시 경관을 막고 있던 철도회관빌딩(鉄道会館ビル, 1954~2007; 6층, 1954~1968; 12층으로 증축, 1968~2007)과 다이마루타워빌딩을 해체하고 북쪽과 남쪽에 각각 두 개의 타워빌딩을 나눠 세웠다. 먼저 그랑루프 북쪽으로 그란도쿄타워노스(North GranTokyo Tower, 2012, 207m, 43층)와 다이마루백화점(13층), 남쪽으로 그란도쿄타워사우스(South GranTokyo Towers, 2012, 207m, 42

마루노우치광장에 재건축된 미쓰비시 기업의 구舊 마루노우치 빌딩과 배후의 신축 타워(2023, ⓒ한광야)

층)가 개발되었다. 또한 일본철도사와 미추이기업이 주도하는 도쿄스테이션르네상스 개발 사업(2013)의 일환으로 도쿄역 야에스 출입구에 야에스 그랑루프(GranRoof, 2013)를 설치하면서 그 전면부가 택시, 고속버스, 공항버스 승강장으로 조성되었다. 이러한 변화를 통해 도쿄역은 동서 양쪽에 두 개의 출입구를 갖게 됨으로써 철도선으로 단절되었던 야에스와 마루노우치가 오히려 철도역을 관통하는 보행체계로 연결되기 시작했고, 무엇보다 도쿄역에 야에스와 긴자 방면의 새로운 관문이 조성되었다. 새롭게 정의된 도쿄역의 동쪽 보행체계가 긴자로 연결되면서 긴자 상업 구역의 활성화를 유도하고 있다.

그랑루프(2023, ⓒ한광야)

미쓰비시1호관의 복원과 마루노우치파크빌딩

1968년 미쓰비시 1호관이 철거되고, 그 자리에 미쓰비시상사빌딩(三菱商事, 1971, 15층)이 시공되었다. 하지만 이 빌딩은 2009년 미쓰비시그룹 산하 부동산기업인 미쓰비시지쇼(三菱地所, 1937)의 주도로 해체되어 다시 그 자리에 미쓰비시 1호관이 복원되는 흥미로운 상황이 발생했다. 그리고 그 배후의 기존 미쓰비시상사빌딩과 마루노우치야에스빌딩(1928), 후루카와빌딩(1965)도 철거되어 합필된 부지에 마루노우치파크빌딩(2009, 170m, 지상 34층, 지하 4층)이 오피스 빌딩으로 신축되었다. 이 과정에서 미쓰비시 1호관은 기존 설계안에 지진 방재 장치, 엘리베이터, 공조 기능 등이 추가·복원되어 미술관으로 개장했다. 마루노우치파크빌딩의 지상 4층은 포디움 공간으로 브릭스퀘어(Marunouchi Brick Square, 2009) 정원을 중심으로 미쓰비시 1호관과 오픈스페이스 기반의 상업 문화 공간을 완성했다.

미쓰비시1호관과 마루노우치파크빌딩 사이 코트야드인 브릭스퀘어(2024, ⓒ한광야)

타카시마야백화점, 에도그랑

교토 의류상 이다 신시치(飯田新七, 1852~1909)가 설립한 타카시마야기업
(1831)은 1933년 교바시 북쪽 니혼바시2초메에 타카시마야백화점(1933)을
개업했다. 이곳은 도쿄 시민에게 새로운 세계의 꿈과 소식을 현실화하는
타카시마야백화점은 애당초 니폰세이메이칸빌딩(Nippon Seimei Kan, 1933,
지상 8층, 지하 3층)의 일부로 문을 열었지만, 1965년부터 건물 전체를 사용
하기 시작했다. 최근 공간을 확장해 인접한 북쪽 필지에 신관(2018, 177m,
지상 32층, 지하5층)을 신축했다. 신관은 2009년 주요 문화유적Important
Cultural Property으로 지정된 본관 높이에 맞춘 지상 7층 규모의 포디움을
두고 백화점으로 이용되고 있다.

오카야마현 추야마津山市 태생의 하카루 이소노(磯野計, 1885~1897)가 요
코하마에서 설립한 식료품 상점인 메이지야기업(明治屋, 1885)은 교바시 메
이지야빌딩(明治屋, 1933)에 개업했다. 이 빌딩은 영국인 건축가 조시아 콘

타카시야마백화점(2023, ⓒ한광야)　　　　　　　　　에도그랑(2024, ⓒ신재형))

도르의 제자 소네 타츠조(曽禰達蔵, 1853~1937)가 르네상스 건축 양식으로 설계했다. 그는 게이오대학 도서관과 마루노우치 미쓰비시기업의 벽돌 건물들을 설계한 인물이기도 하다. 메이지야는 지하철과 결합된 현존 건축물 가운데 가장 오래된 것으로 알려져 있다.

교바시2초메에 개발된 교바시 에도그랑(Kyobashi Edogrand, 2016)은 추오도로를 따라 재생된 메이지야빌딩과 인접해 대칭형의 유사한 저층부를 완성하며, 그 배후에 연결된 신축 고층 타워(170m, 32층)를 세웠다. 메이지야빌딩과 저층부에 31m의 건물 높이를 맞추고, 수직 분할 및 창문 배열을 연계시켜 포디움을 조성했으며, 갤러리와 테라스 중심의 상업 공간을 두어 보행활동을 촉진하고 있다.

긴자식스

도쿄의 건축물 고도 규제와는 별개로, 흥미롭게도 추오도로에 면한 건물들은 긴자 자체 규약에 따라 56m(10~11층, 1998)의 일정한 높이를 유지하고 있다. 예컨대 긴자6초메에 완공된 복합 상업시설 긴자식스(Ginza Six, 2017, 12층, 56m)는 모리기업(森ビル株式会社, 1959)과 스미토모기업(住友商事株式会社, 17세기 교토) 등이 공동 개발했으며, 56m 높이로 과거 긴자의 첫 번째 백화점인 마추자카야백화점 긴자점(松坂屋, 1924) 자리에 위치한다. 긴자식스는 절반 이상을 플래그십스토어로 운영해 트렌드 변화에 빠르게 대처하고, 모리미술관의 전시 프로그램도 운영하면서 시부야, 오모테산도 등 도쿄 부도심의 상업 거점으로 빼앗겼던 20~30대 젊은이들을 되찾아오고 있다. 또 공공 개방 조건으로 용적률 인센티브 혜택을 받아 대형 상업시설에 루프탑가든을 조성한 사례로서, 긴자의 부족한 녹지 공간을 보완하고, 보행체계 상 방문객의 상업 거점 내 수직 이동을 유도하면서 새로운 정원 문화를 만들어가고 있다.

추오도로의 대긴자마츠리, 보행 전용화

긴자의 주목할 만한 특성은 1970년대부터 추진되어온 추오도로의 보행 전용화 행사인 '보행자 천국(步行者天國, 1970)'이다. 이 행사는 매주 토, 일, 공휴일 오후 12시부터 6시까지(동절기 10~3월, 오후 12~5시) 긴자의 중심 상업 도로인 추오도로에 차량 통행을 금하고 보행자 전용 도로를 운영하는 것이다. 초기엔 긴자에서 우에노역까지 총 5.4km 구간에서 진행되었으나 1999년부터 점차 축소되어 현재는 추오도로 입구銀座通り口부터 긴자8초메까지 약 1km 구간에서 진행된다. 긴자상인회 산하 긴자도로연합회(銀座通連合会, 1919)의 운영과 관리로 진행되어왔으며, 교통 통제는 츠키치경찰서 인력이 담당한다.[17]

긴자상인회의 대표 조직인 긴자백점회(銀座百店会, 1950)는 1950년 '세계의 긴자'를 목표로, 의류점, 갤러리, 미용실, 패션샵, 화장품점, 문구점, 가죽점, 향 가게, 음식점, 카페 등을 운영하는 100명의 회원을 중심으로 설립되어 1960년 협동조합화했다. 2020년 현재, 5년 이상 긴자에서 소상점을 운영한 이들의 대표 123인을 회원으로 운영 중이다. 1955년부터 월간 매거진 『긴자하구텐』(銀座百点, 1955)을 발행하고, 긴자의 문화와 정체성을 계발·홍보하고 있다.

보행자 천국이 처음 지정된 건 1968년 대긴자마츠리(大銀座祭り, 1968) 축제를 계기로 보행자 중심의 도시 환경 조성에 대한 시민의 목소리가 높아졌기 때문이다. 당시 도쿄 도지사 미노베 료키치(美濃部亮吉, 1967~1979)가 공익을 위해 이를 추진했다. 이후 주변 상업시설에 긍정적 효과를 가져오는 것이 확인되면서 긴자도로연합회가 이 행사의 운영과 관리를 맡게 되었다.

이 행사는 도쿄가 빠르게 교외 주거지를 개발하면서 부도심과 교외지의 상업 거점과 경쟁 구도에 놓이게 되자 긴자 상권이 느낀 위협에 따른 긴자 상인들의 대응으로 이해될 수도 있다. 1970년부터 신주쿠, 이케부

보행자 천국 행사(2023, ⓒ한광야)

크로, 하치오치에서도 이 행사가 시
행되었지만, 현재는 긴자 외에 아키
하바라에서만 운영되고 있다.

　다른 상업 구역과 달리 긴자에서
보행자 천국 행사가 지속될 수 있었
던 데는 행사가 긴자 중심부 추오도
로만을 대상으로 제한적으로 시행된
점과 블록 내부 이면 도로를 통해 차
량 진입을 가능하게 유도한 점이 유
효했다. 특히 추오도로에 면해 조성
된 대형 상업시설인 마츠이, 미츠코
시, 긴자식스 등의 백화점은 건물 뒤
편 이면 도로에 주차장을 적극적으로
활용해 행사 시 차량을 이용하는 방
문자의 불편을 최소화하고 있다.

제 2 부
스퀘어와 보행체계로 이어진
저층 주택과 고층 주거 타워

제 4 장

런던의
블룸스버리

1. 웨스트엔드와 블룸스버리

런던이 스퀘어square의 도시라면, 블룸스버리Bloomsbury는 런던의 대표적인 스퀘어 중심 도시마을이다. 런던 대화재(London Great Fire, 1666)를 전후로 다수의 가든스퀘어(garden square 또는 residential square)가 밀도 있게 조성되어 블룸스버리를 탄생시켰다.

블룸스버리는 런던의 오래된 중심부인 런던시City of London[1] 서쪽 웨스트엔드West End of London에 위치한다. 좁게는 북쪽 유스턴도로Euston Road와 남쪽 뉴옥스포드도로New Oxford Street로 경계[2]가 구분되어 있고, 넓게는 남북 방향의 사우샘프턴도로Southampton Row를 따라 템스강변 스트랜드Strand까지 확장시켜 이해될 수 있다. 또한 동서 방향으로도 좁게는 동쪽 그레이즈인도로Gray's Inn Road와 서쪽 토튼햄코트도로-고우어도로Tottenham Court Road-Gower Street 사이로 경계를 두고 서쪽 옥스포드도로Oxford Street를 따라 리젠트도로Regent Street[3]까지 확장하면 블룸스버리의 독특한 성장사를 포괄할 수 있다.

블룸스버리는 영국 귀족인 러셀 가문Russell Clan의 토지가 16세기부터 주거지로 개발되어온 곳으로, 그 중심에 자리 잡은 대학, 박물관, 연구소, 출판사, 병원 등과 함께 성장했다. 도시마을 환경의 핵심 요소로서 이탈

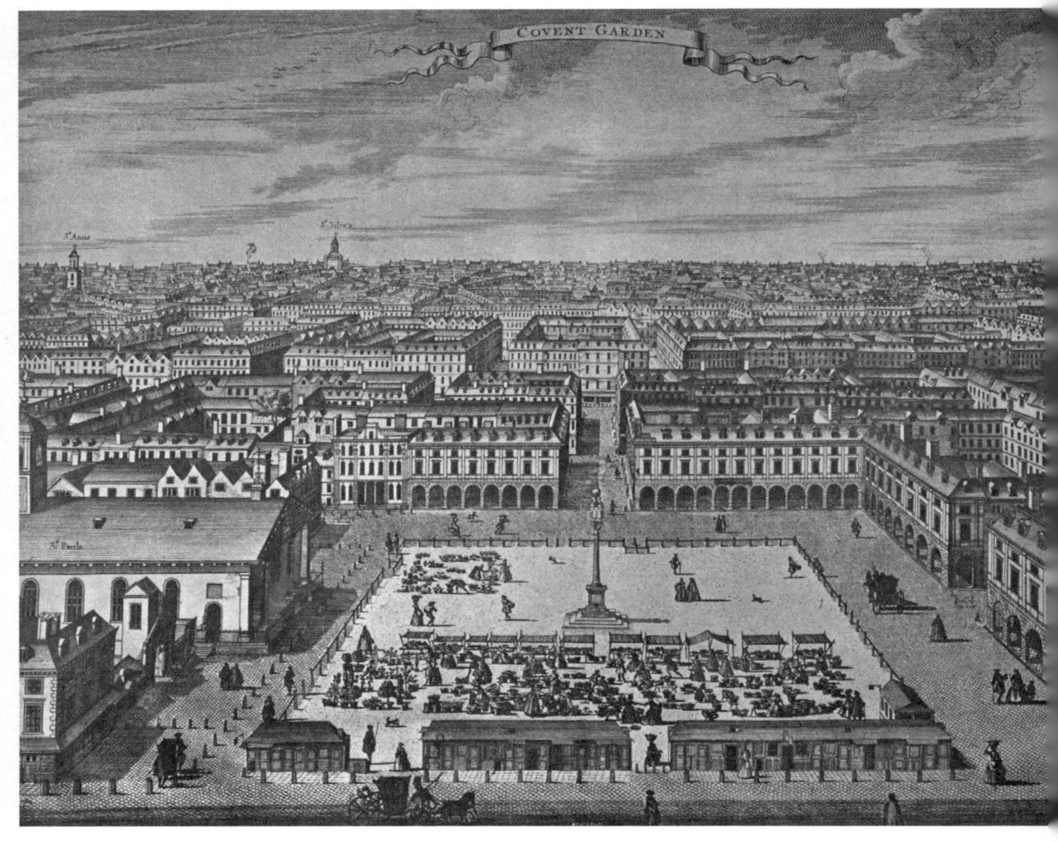

리아에서 전래된 피아자(piazza, 광장)와 당시 부유층 저택의 대표 모델이었던 이탈리아 팔라디오 건축 양식의 맨션Palladian Manson을 흡수했다. 개발 직후 유명세를 얻어 성공한 코벤트가든피아자처럼 스퀘어를 중심으로 일군의 테라스하우스들이 조성되어 마을을 형성했다.

특히 블룸스버리의 가든스퀘어 중심 주거지 개발은 런던의 도시 거주민들이 갖고 있는 교외지에 대한 향수, 즉 '시골에 관한 환상(Rus in Urbe, Illusion of Countryside in City)'에 큰 영향을 받았다. 이후 18세기 중엽부터 이곳 귀족들이 인접 교외지로 이주해 나가며 가든스퀘어는 중산층의 주거지가 되었고, 19세기 중엽부터는 대중교통 개통과 함께 다시 중산층이 하이드파크 서쪽 교외로 이주해 나가면서 일부 주택들이 박물관, 대학, 학

코벤트가드피아자(1720)

교, 전문가 협회, 기업 사무소 등으로 재건축되었다. 결국 블룸스버리는 직장 보행권 내에 거주하는 학자, 작가, 예술가, 의사 등 전문직들이 이곳 주거지의 정체성을 만들었다.

교외지 개발과 타운 주택

런던의 교외지suburb는 자연 속 활동의 자유를 상징하던 공간이자 도시에서 부과되던 세금을 피할 수 있는 곳을 의미하기도 했다. 특히 대토지를 소유한 귀족이나 부유층은 이러한 면세의 기회를 좇아 주거지를 교외로

링컨스인필드의 시골 풍경(2006, ⓒ한광야)

옮기려는 수고를 아끼지 않았다. 역사적 고증이 충분한 건 아니지만, 런던 교외지 개발의 한 배경이 될 만한 이유다.

런던이 빠르게 성장하며 인구 집중이 시작되던 때는 17세기다. 특히 이 시기에 런던이 "교역이나 생산 활동보다 사회적 관계 활동의 중심부로서 성장"[4]했다는 기록이 보인다. 특히 귀족과 부유층이 런던 거주를 희망했고, 자연스럽게 그 가족과 하인들의 주택이 런던에 조성되기 시작했다.

구舊 중심부인 런던시City of London 서쪽 외곽 웨스트엔드는 런던과 영국 전역을 연결하며 봄여름 사교의 계절에 개최되는 상류층 모임, 이브닝 파티, 자선 행사의 중심부가 되었다. 이에 시골 거주 귀족이나 부유층이 필요에 따라 런던에서 거주할 수 있는 도심 연립주택인 타운하우스town house가 조성되었다.

웨스트엔드 토지 소유자와 도시 개발업자들은 이러한 주택 개발 기회에 공동으로 대처하면서 가든스퀘어 중심 도로를 따라 타운하우스를 연립시킨 테라스하우스terraced house라는 새로운 도시 개발 단위를 만들어냈다. 덴마크의 건축가이자 도시 역사 교수였던 스틴 라스무센Steen Eiler Rasmussen은 이에 대해 "소유자와 개발업자가 함께 만들어낸 독특한 결과물"이라 평가한다.[5]

상류층 가족과 그 하인들은 테라스하우스에서 층을 나누어 함께 거주할 수도 있었다. 그 결과 당시까지 하인들이 주로 모여 거주했던 주거 구역이 해체되었다. 또한 도심 입지라는 장점에 기존 단독 주택 대비 공간 사용을 최소화하고 유지비도 저렴한 이곳에서 거주하려는 중산층이 형성되었다. 그리하여 테라스하우스는 인접 대학, 병원, 전문 기관 등에서 일하는 전문직들의 대표적인 주택 유형으로 부상했다.

수도원 해체와 가든스퀘어 등장

블룸스버리가 위치한 웨스트엔드는 11세기 한 역사서에 "포도밭과 돼지 100마리의 목장"[6]이라 기술되어 있다. 현재 프랑스 노르망디 지역의 지주였던 윌리엄 드 블레몽William de Blemond이 1201년 이곳 땅을 매입했다는 기록이 있는데, 블룸스버리의 지명이 블레몽의 영지라는 의미의 '블레몽즈베리Blemondisberi'에 기원을 두고 있음이 확인된다.

이곳은 다시 14세기 말 에드워드 3세(Edward III, 재위 1327~1377)가 매입한 뒤, 카르투시오회(Order of Carthusians, 1084)의 런던 차터하우스(London Charterhouse, 1371)에 하사되었다. 당시 차터하우스가 소유한 토지는 흑사병 환자의 간병 시설과 묘지로 이용되었다.

블룸스버리에 큰 변화를 가져온 사건은 잉글랜드 종교개혁에 따라 진행된 수도원 해체(Dissolution of the Monasteries, 1535~1539)다. 이로써 몰수된 수도원 소유의 웨스트엔드 토지는 종교개혁에 기여한 귀족들에게 장원manor으로 하사되곤 했다. 헨리 8세(Henry VIII, 재위 1509~1547)는 이곳 블룸스버리의 토지를 1545년 초대 잉글랜드 수상을 지낸 사우샘프턴 1대 백작 토머스 리오테슬리(Thomas Wriothesley, 1st Earl of Southampton, 재임 1505~1550)에게 하사했다.

이후 웨스트엔드의 토지 가치가 상승했다. 도성에 둘러싸여 번잡하고 지저분하며 땔감 연기까지 자욱하던 런던시와는 다른 곳이었다. 특히 서남쪽으로는 정치 활동의 주무대였던 웨스트민스터궁(Palace of Westminster, 현재 Parliament)과도 가까웠다. 런던 대화재 이후 이곳은 자연스럽게 세력가와 상인들의 새로운 주거지로 선호되면서 주거지 개발이 진행되기 시작했다.

베드포드 토지와 코벤트가든피아자

헨리 8세에 이어 왕위에 오른 에드워드 6세(Edward VI, 재위 1547~1553)는 템스강에 면한 웨스트엔드 남쪽 토지를 존 러셀(John Russell, 1485~1555)에게 베드포드 토지Bedford Estate로 하사했다. 이후 그의 후손 프란시스 러셀(Francis Russell, 1587~1641)은 상류 계급의 부유층 유치를 목적으로 코벤트가든피아자(Covent Garden Piazza, 1631)를 조성하고 이 일대를 개발했다.[7]

코벤트가든피아자는 프랑스 국왕 앙리 4세Henri IV 주도로 파리 마레구역Mairais에 지어진 정방형 플라자(크기 140×140m)인 플라스 루아얄(Place Royale, 1612; 현 Place des Vosges)과 형태와 규모 상 유사점이 많았다. 그러나 러셀은 플라스 루아얄에 면한 주택들의 소규모 박공지붕보다 이탈리아 주택의 건축적 웅장함을 선호했고,[8] 결국 이탈리아 건축에 능했던 이니고 존스(Inigo Jones, 1573~1652)를 고용해 스퀘어와 주택들이 결합된 코벤트가든피아자를 조성했다.

이니고 존스는 잉글랜드 건축의 선구자로 꼽힌다. 1613~1615년 사이 이탈리아 여러 도시들을 여행하며 로마의 고전 건축, 르네상스 건축, 팔라디오 건축을 체험했으며, 로마 시대 건축가 비트루비우스(Vitruvius, 80~15 BC)의 대칭과 비례 이론에 바탕을 둔 고전 및 르네상스 건축 양식을 런던에 소개했다. 그가 설계한 그리니치왕궁Greenwich Palace 옆 퀸즈하우스(Queen's House, 1616~1635)는 잉글랜드 최초의 고전 건축 양식 건축물이다.

이니그 존스의 건축 언어에는 르네상스 건축의 대가인 안드레아 팔라디오(Andrea Palladio, 1508~1580)[9]와 앞서 언급한 비트루비우스의 영향이 짙다. 특히 팔라디오의 『건축사서Il quattro libri dell'architettura, The Four Books of Architecture』(1570)[10]는 그의 작업에 지대한 영향을 끼쳤다.

그는 르네상스 양식의 도시설계 요소인 '플라자'의 기원이 되는 '피아자'라는 넓은 공용 공간을 중앙에 두고, 주변에 마찬가지로 르네상스 양식 아케이드를 갖춘 고급 타운하우스를 조성해 상류층 임차인을 유치했

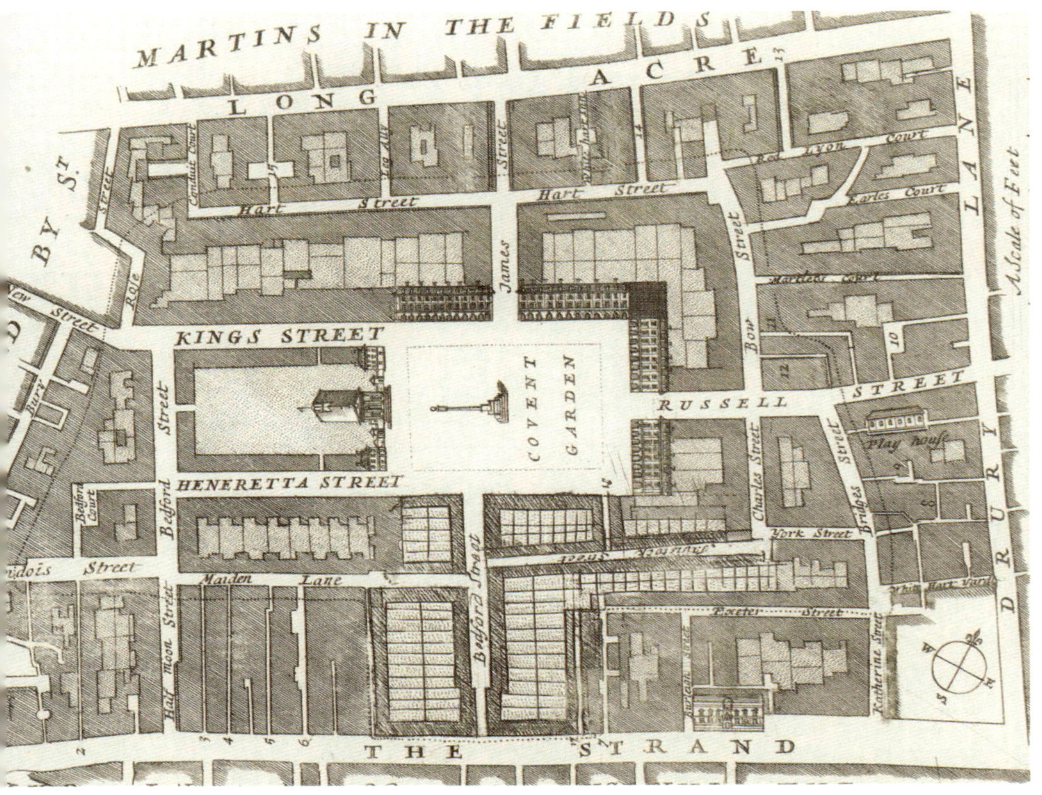

다. 중앙부 피아자는 저택이나 수도원 내부의 코트야드처럼 인접 주민들의 공유 공간이었다. 코벤트가든피아자 가운데에는 세인트폴교회Church of St Paul's를 두어 상징적인 중심성을 더했고, 그와 인접해 가든으로 둘러싸인 베드포드 저택(Bedford House, 이후 Russell House)이 위치했다. 그 남쪽 약 350m 지점엔 현재 템스강 부두Embarkment Pier가 조성되었는데, 이는 강을 따라 서쪽 교외로 접근이 가능한 수변 개발 사례이기도 하다.

피아자 중심의 고급 임대 주택들은 당시 런던에 처음 소개된 획기적 공간 개발 사례로, 이후 블룸스버리의 주택과 런던 확장을 견인하는 도시 개발 도구로 활용되었다. 특히 아케이드를 갖춘 코벤트가든피아자의 주택들은 점차 영국의 전통 양식을 갖춘 테라스하우스로 대체되었는데, 이는 이후 조지 시대(Georgian era, 1714~1830), 빅토리아 시대(Victorian Era,

코벤트가든피아자(1690)

1837~1901), 모더니즘 시기를 대표하는 각각의 장식들을 추가하며 웨스트엔드와 그 주변으로 넓게 조성되는 가든스퀘어 중심 주거지 개발의 모델이 되었다.

이니고 존스가 구상한 코벤트가든피아자의 공간은 피렌체 서쪽 약 80km 지점에 위치한 항구 도시 리보르노의 피아자(Livorno Piazza Grande, 1594)가 그 모델이었다.[11] 리보르노는 이탈리아의 토스카니 지방 서부 해안에 조성된 르네상스의 이상 도시로, 피렌체 태생의 건축가 베르나르도 부온탈렌티(Bernardo Buontalenti, 1531~1608)가 설계했다. 리보르노피아자는 서쪽 약 350m 지점에 항구를 두고 남북으로 긴 오픈스페이스(100×60m)를 조성했으며, 남쪽에 대성당(Duomo, 1606)을 두고 그 반대편에 그란데팔라조Palazzo Grande를 조성한 것이었다. 이후 메디치 가문이 설립한 미술학교(Accademia delle Arti del Disegno, 1563) 졸업생인 알렉산드로 피에로니(Alessandro PieroniAlessandro Pieroni, 1550~1607)가 대성당 앞 무대인 포티고를 설계해 장식을 더했다.

이니고 존스는 코벤트가든피아자 설계 전인 1613년부터 링컨스인필드(Lincoln's Inn Fields, 1638)와 린지하우스(Lindsey House, 1640)를 설계했다. 여기서 주택 전면부, 특히 현관 엔태블러처entablature와 발루스트라드balustrad를 지지하는 지상층 필라스터pilaster는 이후 존 내쉬(John Nash, 1752~1835)의 리젠트파크테라스Regent's Park Terraces와 바스Bath에 존 우드(John Wood, the Younger, 1728~1782)가 설계한 로열크레슨트(Royal Crescent, 1774)의 모델[12]이 되었다.

코벤트가든피아자는 도시 중심부에 거주하는 상류층을 고려해 주택부 주변을 아케이드형 점포들로 둘러싼 정방형 대칭 형태를 갖춘 런던의 첫 스퀘어였다. 이곳의 북쪽과 동쪽에 조성된 아케이드하우스로 부유층 입주가 시작되면서 영국 건축은 새로운 전기를 맞았다. 특히 스퀘어는 런던 대화재 이후인 17세기 말 파리에서 활동한 작가이자 정원사 존 이블린(John Evelyn, 1620~1706)을 통해 프랑스의 르네상스 정원 양식의 영향

을 받아 대칭 형태로 조성되었다. 이후 영국인들의 '시골에 관한 향수(Rus in Urbe, Illusion of Countryside)'를 반영하면서 영국식 정원 특성을 가진 가든스퀘어로 변화되었다. 아케이드 주택들도 점차 영국의 전통 건축 양식인 테라스하우스로 대체되면서 이곳은 가든스퀘어 중심 주거지 개발의 전형이 되었다.

그러나 베드포드 가문이 이후 이곳에서 청과물 시장 운영권을 획득하고, 1671년부터 코벤트가든피아자가 시장으로 활용되면서 17세기 말부터는 이곳의 상류층들이 피아자를 떠나 인접지로 이주해나가는 상황이 벌어졌다.

링컨스인필드 린지하우스

리젠트도로를 정의하는 조지안 양식의 건축물(2023, ⓒ한광야)

블룸스버리스퀘어, 시무어로우, 알링턴로우

웨스트엔드 북쪽 블룸스버리스의 개발은 1660년대 사우샘프턴 4대 백작 토머스 리오테슬리(Thomas Wriothesley, 4th Earl of Southampton, 1607~1667)에 의해 시작되었다. 그는 이미 1650년대 후반부터 계획을 수립하고 토지 가치를 높이기 위해 노력해온 터였다. 당시 런던 대토지 소유자들은 민간 소유 스퀘어가 주택과 함께 개방 공간으로 개발될 경우, 양질의 주거 환경이 완성되고 부동산 가치도 상승한다는 걸 경험하기 시작했다. 이러한 개념은 이탈리아 도시들에서 먼저 인식되기 시작해 런던에 전해졌고, 블룸스버리 남쪽의 코벤트가든피아자와 링컨스인필드 개발을 통해 확인되었다.

그러나 토머스 리오테슬리에게 허가된 개발 구역은 자신의 저택과 그 남쪽으로 제한되었다. 이에 따라 1660년대 초 그의 블룸스버리 런던 저택에서 남쪽으로 중앙 보행로를 둔 정원forecourt이 조성되었다. 이는 사우샘프턴스퀘어Southampton Square에서 1669년 블룸스버리스퀘어Bloomsbury Square로 개칭되었다. 스퀘어의 3면은 주택 개발 필지로 개발업자들에게 임대되었고, 그 남쪽 구역이 당시 상류 계급aristocracy과 신사 계급gentry이 거주하는 테라스하우스로 채워졌다.

블룸스버리스퀘어 개발은 앞서 개발된 코벤트가든피아자의 사례가 그 모델이었다. 스퀘어는 프랑스 르네상스 양식에 기반해 남북으로 긴 직사각형(70×118m) 형태로 조성되었다. 당시 런던의 조경은 프랑스 르네상스 정원 양식에 크게 영향을 받았다. 앞서 언급했듯이 여기엔 존 이블린의 역할이 크게 작용했다.

블룸스버리스퀘어 양쪽으로는 조지안 건축 양식의 타운하우스 블록들이 조성되었다. 동쪽은 시무어로우Seymour Row, 서쪽은 알링턴로우Allington Row로 불렸다. 시무어로우에 입지했던 일군의 테라스하우스들은 20세기 초반 교육기관, 병원, 상점 그리고 리버풀-빅토리아 소사이어

티 보험연금기업Liverpool and Victoria Friendly Society의 대형 사옥으로 대체
되었다. 이는 6층 규모의 네오그리스 건축 양식을 채택한 오피스 빌딩으
로 빅토리아하우스(Victoria House, 1926~1932, 2003년 내부 개조)라 불린다.

서쪽 알링턴로우에는 1841년 영국제약협회(Royal Pharmaceutical Society,
1941; 현 Pharmaceutical Society of Great Britain)가 강의실, 박물관, 도서관, 연구
실로 구성된 본부17 Bloomsbury Square를 세웠고, 이후 알링턴로우 북쪽 공
간(72 and 73 Great Russell Street, 현 German Historical Institute and Library)까지 확
장했다. 협회는 부속제약학교(Royal Pharmaceutical Society's School of Pharmacy,
1842)를 설립해 운영했는데, 이 학교는 1949년 런던대학으로 흡수되었다

빅토리아하우스(2007, ⓒ한광야)

가 2012년 브룬스위크스퀘어 북쪽의 UCL대학UCL School of Pharmacy에 흡수되었다.[13]

또한 이곳에는 중세와 근대 영국과 독일의 비교사 연구의 중심인 독일역사연구소(German Historical Institute London, 1976)와 중재자협회(Chartered Institute of Arbitrators, 1915), 그에 인접한 러시아문학문화연구원(Pushkin House, 1954; 구(舊) the Institute of Russian Literature), 헤리티지재단The Hermitage Foundation UK, 러시아언어원Russian Language Centre 등이 위치해 있다.

현재 블룸스버리스퀘어는 베드포드 가문의 사유지Bedford Estates지만, 관리 주체는 캠던의회Camden Council로 1950년대 이후 일반인에게도 개방되었다. 블룸스버리스퀘어의 지하에는 1973년 지하주차장이 조성되었다.

독일역사연구소(2023, ⓒ한광야)

남쪽 베드포드와 북쪽 블룸스버리의 합병

1669년 웨스트엔드 남쪽 베드포드 토지를 소유한 러셀 가문과 북쪽 블룸스버리 토지를 소유한 리오테슬리 가문의 혼사는 런던 도시 확장 시너지가 된 사건이었다. 러셀 가문의 윌리엄William Russell과 블룸스버리 장원의 승계자인 리오테슬리 가문의 딸 레이첼Lady Rachel Vaughan이 혼인한 것이다. 이로써 블룸스버리 장원의 소유권이 러셀 가문으로 양도되었고, 토머스 리오테슬리가 소유했던 사우샘프턴하우스(Southampton House, 1660)도 베드포드하우스(Bedford House, 1660~1800)로 개칭되었다. 이후 현재 블룸스버리스퀘어 서쪽에 세인트조지교회(St. George's Church, 1730), 남서쪽에 블룸스버리마켓(Bloomsbury Market, 1730, 15~17 Bloomsbury Way)이 개장하며 마을을 완성했다. 이곳 주민들에게 각각 영혼의 안식과 육신의 안녕을 제공하는 공간이었다.

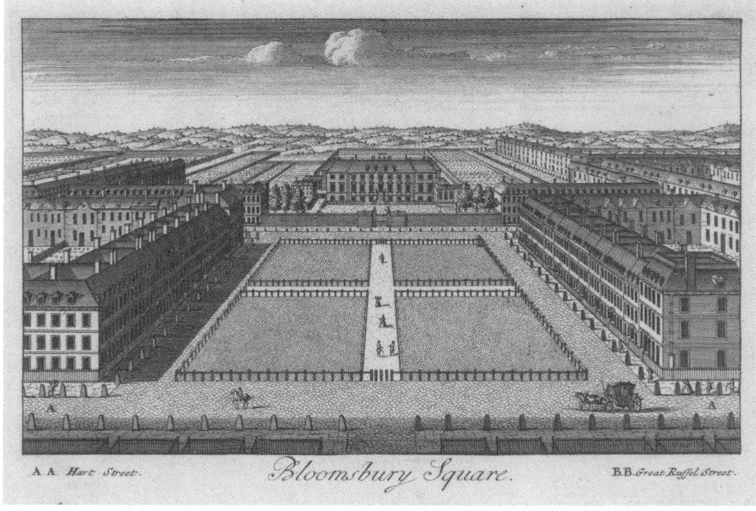

블룸스버리 토지(스퀘어, 1750)

2. 귀족의 이주와 가든스퀘어

18세기 말부터 블룸스버리는 상류층 주거지에서 중산층과 지식인 마을로 변화하기 시작했다. 러셀 가문의 프란시스 러셀(Francis Russell, 5th Duke of Bedford, 1765~1802)을 비롯한 귀족들이 소호와 코벤트가든피아자에서 서쪽 교외지 왕궁과 공원 주변으로 이주해 나가면서[14] 벌어진 일이었다.

18세기에 들어서면서 웨스트엔드 서쪽의 현재 웨스트민스터와 메이페어Mayfair를 중심으로 세련된 주택지들이 개발되었다.[15] 당시 귀족 주거지로서 메이페어의 장점은 무엇보다 세인트제임스궁Court of St. James's이 가깝다는 것이었다. 18세기 초까지도 교외지였던 메이페어는 그로베노 가문Grosvenor family 주도로 당대 말까지 하노버스퀘어Hanover Square, 버클리스퀘어Berkeley Square, 그로베노스퀘어Grosvenor Square 등이 개발되며 새로운 상류층 주거지로 부상했다.

러셀스퀘어와 클레어마켓 자리

러셀스퀘어Russell Square는 블룸스버리에서 가장 큰 가든스퀘어로, 1770년대 사우샘프턴하우스(이후 베드포드하우스) 북쪽에 프랑스 르네상스 정원 양식으로 조성되었다. 이후 조경가 험프리 렙톤(Humphry Repton, 1752~1818)과 버킹엄궁과 리젠트도로를 설계하고 조지안 건축 양식의 아버지로 불린 존 내쉬가 1806년 정사각형 스퀘어(160×162m, 면적 25,600㎡)로 재구성해 중앙에 나무를 식재했다. 러셀스퀘어 또한 베드포드 가문 소유의 사유지지만, 관리 주체는 런던시 캠던자치구Camden Borough이며 일반에게 개방되고 있다.

러셀스퀘어 서쪽과 북쪽으로는 런던대학의 교육시설과 호텔들이 입

버클리스퀘어(2008, ⓒ한광야)
그로베노스퀘어(2023, ⓒ한광야)

지해있고, 동쪽과 남쪽으로는 러셀호텔을 포함한 다수의 호텔과 업무시설 등이 있어 블룸스버리 마을 전체의 보행체계의 네트워크의 중심이 되고 있다.또한 러셀스퀘어는 2002년 새 단장을 통해 스퀘어 중심부 포장 바닥에 분수와 카페가 조성되어 이용자들에게 인기를 끌었다.

러셀스퀘어 주변 농지의 주거지 개발은 조지안 건축 양식으로 런던 시대를 주도하며 가장 성공한 개발업자로 꼽히는 제임스 버튼(James Burton, 1761~1837)이 맡았다. 그는 최근 오피스와 호텔로 재개발된 리젠트도로변의 주택 191개를 시공하기도 했으며, 블룸스버리스퀘어와 러셀스퀘어를 시작으로 주변의 베드포드스퀘어와 카트라이트가든Cartwright Gardens 등

러셀스퀘어(2007, ⓒ한광야)

다수의 스퀘어들과 리젠트도로, 리젠트파크, 세인트존스우드St. John's Wood 등을 조성했다. 러셀스퀘어 북쪽으로 고든스퀘어Gordon Square, 타비스톡스퀘어Tavistock Square, 토링턴스퀘어Torrington Square, 오번스퀘어Woburn Square 등의 개발은 개발자 토머스 커빗(Thomas Cubitt, 1788~1855)이 맡았다.

러셀스퀘어는 런던을 대표하는 고등교육기관이 남북 방향의 사우샘프턴도로를 따라 남쪽 스트랜드까지 이어져 있는 개방형 캠퍼스의 중심부이다. 먼저 UCL대학(London University로 개교, 1826)은 러셀스퀘어에서 개교하여, 현재 학생과 종사자 등 관련 인구가 약 62,500명(2021~22년 기준)에 이른다. 교육 및 연구 그리고 부속 의료 시설의 중심부인 메인쿼드Main Quad와 윌킨스빌딩(Wilkins Building, 1827~1985)이 고우어도로변에 서 있다. 일부 의료 시설은 퀸스퀘어와 그레이트오몽도로Great Ormond Street를 따라 집중되어 있다.

뒤이어 런던대학(University of London, 1836)이 스트랜드의 서머셋하우스(Somerset House, 1776)에서 개교 후, 1870~1900년 사이 메이페어 벌링턴가든빌딩(6 Burlington Gardens, 1870, 현 Royal Academy of Arts)을 거쳐 1930년대에 러셀스퀘어 북쪽으로 이전해왔다. 토링턴스퀘어와 러셀스퀘어에 대학 본부로 사용하는 블룸스버리 최고층 건물인 세넷하우스(Senate House, 1937; 19층, 64m)와 단과대 본부들 그리고 8개의 기숙사가 집중되어 있고, 주변 고든스퀘어, 타비스톡스퀘어, 오번스퀘어로 점차 공간을 확장해왔다.

1998년에는 러셀스퀘어 남동쪽에 자리 잡은 모건하우스(De Morgan House, 57~58 Russell Square)로 런던수학자협회(London Mathematical Society, 1865)가 확장 이주해왔다. 그전까지는 지리학자협회, 천문학자협회, 화학자협회와 함께 피카딜리 벌링턴하우스Burlington House에 입주해 있었다. 러셀스퀘어 북쪽의 로열내셔널호텔 서편에는 런던대학교육학연구소University of London's Institute of Education가 입지해 있다.

한편 블룸스버리 남쪽에는 킹스칼리지(King's College London, 1829)와 함께 서머셋하우스와 킹스빌딩(King's Building, 1831) 등 교육 문화 시설이 세워졌다. 뒤이어 블룸스버리 남쪽으로 구舊 클레어마켓(Clare Market, 1657)이 해체되고, 재개발로 조성된 곡선 도로인 알드위치Aldwych를 중심으로 법학 연구 거점과 변호사 커뮤니티 등이 형성되었다. 특히 변호사 커뮤니티는 빅토리아 고딕 부흥 양식의 회색 석조 건물인 영국 법원(Royal Courts of Justice, 1882, High Court and Court of Appeal of England and Wales 포함)과 그 주변의 영국변호사협회(Law Society of England and Wales, 1825, 113 Chancery Lane) 본부(Hall of The Law Society, 1832)를 중심으로 모여 있다. 뒤이어 구舊 클레어마켓 부지에 개교한 런던경제대학(London School of Economics and Political Science, 1895)은 인접한 링컨스인필드Lincoln's Inn Fields 주변으로 확장 중이다.

베드포드플레이스

1800년 블룸스버리스퀘어와 러셀스퀘어 사이 입지했던 베드포드하우스가 프란시스 러셀의 주도로 해체되고, 그 자리엔 두 스퀘어를 연결하는 베드포드플레이스(Bedford Place, 길이 220m, 너비 10m)가 조성되었다. 이를 중심으로 서쪽과 동쪽에 일군의 테라스하우스로 채워진 두 개의 블록을 개발자 제임스 버튼이 1801년부터 개발했다.

이에 따라 현재 베드포드플레이스에는 1820~1840년 사이에 양 블록마다 3~5층 높이(18m)로 조지안 양식의 테라스하우스들이 건축되었고, 약사, 의사, 변호사, 드라마 제작자, 언론인, 배우 등이 거주를 시작했다. 현재 베드포드플레이스 43-38번지 주택들은 제임스 버튼이 개발한 당시 그대로 보전 중이지만, 상당수 테라스하우스들은 저층형 호텔로 리모델링되었다. 그렌지호텔그룹Grange Hotel에서 운영하는 뷔샴호텔(Grange Beauchamp Hotel, 24-27 Bedford Place), 클라렌든호텔(Grange Clarendon Hotel, 34-37 Bedford Place), 랭커스터호텔(Grange Lancaster Hotel, 4-6 Bedford Place) 등이

베드포드플레이스(2023, ⓒ한광야)
뷔샴호텔(2023, ⓒ한광야)

Controlled
ZONE
Mon-Sat
8.30 am - 6.30 pm
Controlled
ZONE
Mon-Sat
8.30 am - 6.30 pm

그 사례다. 한편 사우샘프턴도로변의 퍼블릭하우스(Public House, 1870s)는 베드포드호텔(Bedford Hotel, 1931)로 신축되었다.

3. 테라스하우스와 조지안-빅토리안 건축 양식

블룸스버리스퀘어의 물리적 건축 환경은 그 주변을 감싸며 위치한 일군의 테라스하우스들로 완성된다. 테라스하우스는 16세기를 전후로 네덜란드와 벨기에 도시들에 등장한 공동 주택군으로, 도로에 면해 연속 배치된 개별 주택들이 상호 측벽을 공유한다. 이러한 특성은 시공의 경제성을 확보하고, 필지 전면부의 소유 경계선property line을 따라 일관된 높이와 형태로 주택 파사드를 맞춤으로써 통일된 도로 경관을 유도한다. 이는 유럽 도시들의 대표적인 개발 형태기도 하다.

초기의 테라스하우스들은 주변 녹지나 공원 같은 오픈스페이스가 없었고, 필요 시 주택 안쪽에 내부 지향적인 코트야드를 두고 있었다. 하지만 런던은 가든스퀘어를 중심으로 그 주변에 테라스하우스를 배치해 하나의 중심부를 가진 마을을 형성했고, 이런 방식으로 빠르게 대규모 주택 개발이 추진되었다. 가든스퀘어 중심의 이러한 테라스하우스들은 영국인들의 도심 속 프라이버시를 유지하면서 동시에 시골을 동경하는 향수를 충족시키는, 절충적이고 가장 경제적인 주택으로 받아들여졌다. 테라스하우스가 런던의 도시적 특성을 대변하는 이유가 여기에 있다.

런던 테라스하우스의 등장

블룸스버리 테라스하우스의 역사는 어떻게 정리될 수 있을까. 이는 세 단계로 나눠 이해해 볼 수 있다. 첫째, 런던 대화재(1666) 이후 런던시의 대체 주거지로 등장한 테라스하우스이다. 둘째, 조지 시대(1714~1830) 산업혁명과 철도 개통에 따른 대량생산 체계 및 인구의 도시 집중에 대응한 테라스하우스이다. 셋째, 빅토리아 시대(1837~1901)부터 제1차 세계대전(1914~1918)까지 진행된 대영제국의 성장에 따르는 대규모 도시 개발의 도구로서 테라스하우스가 그것이다.

런던 대화재 후 전소된 도심에 주거지 조성은 절박한 사회적 요구에서 비롯되었으며 그 제1의 요건은 경제성이었다. 이웃 주택과 측벽을 공유하는 테라스하우스는 벽체들의 공간을 줄여 실내 공간으로 활용하고, 제

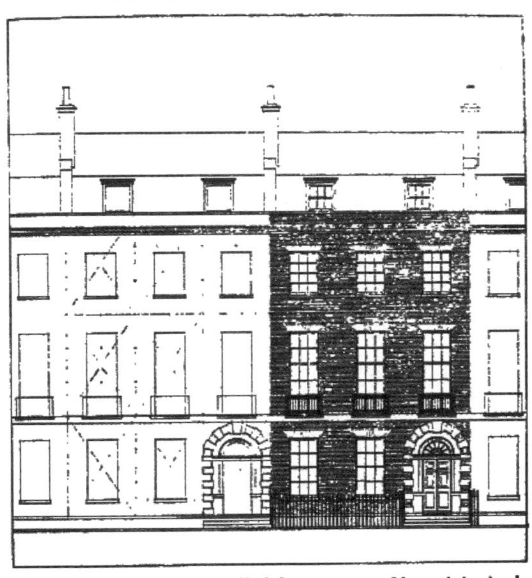

베드포드스퀘어 테라스하우스 사례

한된 토지에 더 많은 주택 시공이 가능한 경제적 건축이었다. 비용 절감과 공기 단축이 또한 이에 조응했다.

17세기 런던 테라스하우스 개발은 내과의이자 투자자로 활동했던 니콜라스 바본(Nicholas Barbon, 1640~1698)이 주도한 결과이다. 그는 네덜란드 유학 시절 도로에 면해 전면부를 맞춰 세운 건물들에서 큰 영감을 받았다. 당시는 네덜란드 동인도기업이 설립되어 1619년과 1641년에 각각 자카르타와 말라카에 교역 거점을 설립하며, 네덜란드 도시 개발이 빠르게 진행되던 때다.

바본은 런던 대화재 복구 과정에서 부동산 개발에 참여해 화재보험과 개발금융 분야에서 톡톡한 역할을 담당했다. 런던시 서쪽에 개발 가능한 토지가 풍족했던 블룸스버리, 홀본Holborn, 스트랜드Strand, 세인트길즈 St. Giles 등이 그의 주 활동무대였다. 테라스하우스는 여기서 가든스퀘어와 도로를 중심으로 주택군을 묶어 한 번에 시공이 가능한 유용한 도시 개발 단위로 자리 잡았다.

테라스하우스의 특성

런던 테라스하우스는 전면에 공용 가든communal garden, 도로, 스퀘어, 곡선 도로crescent, 원형 블록circus을 두고 그 주변으로 위치한다. 건축 형태, 재료, 장식 등에 따라 각각의 특성이 다양하지만, 대체적으로 다음과 같은 공통점을 갖고 있다.

테라스하우스는 너비(4.54m) 대비 길이가 4~5배에 이르는 좁고 긴 필지 위에 측벽을 공유하는 주택으로, 도로와 가든을 따라 군을 이뤄 블록 전체를 차지한다. 전면부 도로와 가든스퀘어 공간은 공유 거주민들의 커뮤니티 형성을 유도해왔다. 다만 좁은 전면과 긴 후면의 주택 형태는 자연 채광, 공기 순환, 녹지 공간 측면에서 제약이 큰 편이다. 측벽 공유에서 기인하는 이웃 간 소음 문제도 있다.

초기 목재 구조에서 대화재 이후 벽돌로 대체되었는데, 이 과정에서 비로소 통일된 주택 구조를 갖추게 되었다. 특히 대화재 직후 도로 위계에 근거한 재개발 조항(1667)에 따라 주택 높이를 일반 도로street와 소로(小路, lane)에 면한 2층, 특별 지정 도로와 소로 및 템스강변에 면한 3층, 중심 도로high street와 주요 도로principal street에 면한 4층 등으로 구분해 규제했다.

내부 공간은 도로와 현관에 면한 전면부의 공적 공간과 후면부의 사적 공간으로 나누어 구성되었다. 지상 전면부에는 현관과 연결된 홀 통로hall way, 거실, 식당 등이 위치했고, 후면부에는 부엌, 다용도실, 샤워 및 화장실, 후면 마당 등이 위치했다. 계단은 식당에 인접해 상부층 방으로 연결되었다. 이러한 지상 전면부과 후면부의 공간 구조는 그 상부인 1층과 2층에 원칙적으로 그대로 적용되었는데, 이는 대화재 후 건축 재료를 목재에서 보다 구조적 특성이 강한 벽돌로 대체하면서 비롯된 특징이기도 하다. 이렇게 내구력이 강한 벽돌이 테라스하우스의 공통된 특성을 강조했지만, 입구, 파라펫, 창문, 외장재 등은 테라스하우스 저마다의 개성을 표현하는 요소로 기능했다.

조지안 테라스하우스와 빅토리안 테라스하우스

런던의 건축은 런던 대화재를 계기로 석재와 벽돌 중심의 건축으로 바뀌었다. 석재는 건축물의 위상과 가치 또한 높였다. 타운하우스도 예외일 수 없었다. 벽돌로 쌓아 올린 타운하우스 외벽은 석재, 특히 대리석처럼 보이고, 부식과 방화까지 막을 수 있도록 표면에 백색 스투코stucco로 마무리되곤 했다. 스투코는 시멘트, 모래, 라임, 물을 주원료로 하는 치장 벽토로, 배합 특성에 따라 플라스터 또는 모르타르로도 불린다.

리젠트파크 크레슨트의 조지안 양식 주택군(2008, ⓒ박아름)

　　17세기에 첫 선을 보인 블룸스버리의 테라스하우스는 일반적으로 조지안 양식과 빅토리안 양식으로 나뉜다. 그리스·로마의 고전 및 르네상스 양식 기반에 비례와 대칭이 강조된 이탈리아 팔라디아 양식을 가미하고, 석재와 벽돌을 사용해 외장을 스투코로 마무리한 것이 조지안 테라스하우스의 특징이다. 전면 파사드에는 박공지붕과 기둥을 두었는데, 존 내쉬는 리젠트도로에 면한 일군의 건축물들 전면에 대리석을 대신해 이 스투코 파사드를 세우곤 했다.

　　조지안 테라스하우스는 주택 내부에 정원을 두지 않고, 대신 주변의 가든스퀘어를 공유했다. 런던 그로베너스퀘어Grosvenor Square에 주로 이런 방식이 집중되어 있다. 보통 1~3층 규모로, 대칭적이고 장식은 간결하며, 백색이나 크림색 스투코로 외부 입면이 채색되어 있다. 전면 입구에 얼굴이 되는 아치, 페디먼트 등 장식 요소가 갖춰져 있으며, 경사진 지붕엔 지붕창이 있다.

　　이후 17세기 후반부터 외벽에 상하 방향으로 개폐식 창문이 설치되었고, 18세기 초에는 화재 확산을 막기 위해 창문이 벽에서 4인치 후퇴해 설치되었다. 18세기 중엽부터 창문이 대형화되면서 지상층 상부 1층 방들의 층고가 높아졌으며, 18세기 후반부터 지하 공간은 자연 채광을 확보하기 위해 반지하로 상승되었다. 이로 인해 주택 진입부가 반층 상승해 계단을 통해 진입하도록 바뀌었다.

　　여기에 새로운 변화를 담은 빅토리안 테라스하우스가 등장했다. 빅토리안 테라스하우스는 벽돌 주택으로, 산업혁명을 통해 표준화된 방식으로 생산되기 시작한 유리와 철이 적극 활용되었다. 무엇보다 기존 조지안 양식에 영국 중세 고딕 양식의 특징이 가미되어 영국 테라스하우스의 정체성이 개발했다.

　　예컨대 주택 전면에 돌출형 베이 윈도우bay window가 추가되면서 현관 입구가 중심에서 비껴났다. 외장재는 스투코 대신 벽돌을 노출시켜 했으며, 여기에 색이 더해져 외관이 화려해졌다. 지붕은 경사가 급해져 높이

숫구치게 되었고, 각 방에 벽난로가 설치되면서 굴뚝이 거대해졌다. 창호와 유리창은 대형화되어 실내에 자연 채광이 늘었고, 일부는 스테인드글라스로 장식되었다. 이에 따라 실내 가구가 어두운 톤으로 바뀌기도 했다.

4. 대중교통과 가든스퀘어의 변화

런던은 조지-빅토리아 시대를 지나며 19세기 초부터 큰 변화를 겪기 시작했다. 1801년 인구 백만 명의 도시가 되었고, 100년 뒤인 1901년 약 622만명으로 증가했다.[16] 이미 1825년을 전후로 세계 제일의 항구 도시가 되었으며,[17] 철도와 지하철의 개통으로 19세기 중엽부터는 대중교통의 도시로 등장했다. 철도는 1834년 런던-그리니치 노선 개통을 기점으로, 1845년 런던에서만 19개 노선의 공사가 시작되었다.[18]

블룸스버리는 이러한 런던의 변화의 직접적인 영향권 안에 있었다. 그 북쪽에 런던과 잉글랜드의 내륙을 연결하는 리젠트운하(Regent's Canal, 1816)가 개통되었고, 기능을 확장한 세 철도선들의 종착역(Euston Railway Station, 1837; King's Cross Railway Station, 1852; St. Pancras Railway Station, 1868)이 뉴도로(New Road, 1756; 현재 Euston Road, 1857)와 함께 개통되었다. 이러한 철도 체계는 미주와 아시아에서 런던 스트랜드로 도착한 비단, 설탕, 차, 담배, 도자기 등을 실어 날랐다. 현재 코벤트가든피아자를 중심으로 거대한 시장이 조성되었고, 각종 물산이 미드랜드로 운송되었다. 반대 방향으로는 미드랜드에서 런던으로 석탄, 석회석 등이 운송되었다. 그리고 킹스크로스와 그 주변으로 공장, 창고 그리고 런던의 대표적인 노동자 주거지가 형성되었다.

리젠트 운하와 킹스크로스 구역

대중교통과 통근 교외지

메트로폴리탄지하철사(Metropolitan Railway Company, 1854) 주도로 블룸스버리 북쪽 킹스크로스에 뉴도로New Road 지하를 동서로 운행하는 메트로폴리탄선(Metropolitan Line, 1863, Paddington-Farringdon)과 런던순환선(1871)을 비롯해 총 6개 지하철 노선(Metropolitan-Circle, Hammersmith & City, Victoria, Piccadilly, Northern 등)이 개통되었다. 또한 런던옴니버스사(London General Omnibus Company, 1855~1933)의 버스 노선도가 뉴도로를 중심으로 개통되어 킹스크로스는 대중교통의 거대한 도심-교외 환승 거점으로 성장했다.

런던에 지하철이 개통될 즈음에 파리엔 일군의 블러바드가 조성되었다. 스틴 라스무센Steen Eiler Rasmussen은 자신의 책에서 런던 지하철과 파리 블러바드는 서로 다른 기능으로 개통되었다고 주장한다. "파리 블러바드가 도성 내 순환형 대중교통체계였다면, 런던 지하철은 도시 중심과 교외지를 연결"[19]한다는 것이다. 이후 런던 지하철 순환선이 개통되었지만, 이 역시 서쪽 교외지인 하이드파크Hyde Park와 도심을 연결하는 것이 주 목적이었다.[20]

런던의 서쪽 교외지 확장 과정에서 1825년 하이드파크에 위치해 있던 고속도로 톨게이트turnpike gate 기능이 해체되었고, 하이드파크가 리모델링을 통해 재조성되었다. 이후 하이드파크는 런던세계박람회Great Exhibition of 1851 행사장으로 기능했다. 1874년에는 해머스미스Hammmersmith, 1877년에는 리치몬드Richmond 등이 순차적으로 개발되어[21] 교외 주거지로 흡수되었다.

런던의 교외지 개발은 중앙 정부의 법률적 지원으로도 추진되었다. 통근활동지원법(Cheap Train Act, 1864)은 통근자의 기차 삯을 마일 당 1페니로 고정했고, 통근열차(North Railway, Metropolitan Railway)의 운행을 오전 7시 이전에 2회로 제한했다.[22]

대중교통체계 확충과 교외지 개발에 따라 블룸스버리 주거 인구에 변

화가 생기고 통근 인구도 증가하면서, 가든스퀘어 중심의 테라스하우스
에도 기능적 변화가 생기기 시작했다. 먼저 블룸스버리에 거주하던 중산
층이 서쪽 교외지로 이전해 나갔고, 그 자리를 새로운 중산층이 채웠다.
이 중산층도 다시 20세기 초부터 교외지로 이주해 나가면서 스퀘어, 도
로, 지하철역 주변 주거지가 업무 및 교육시설, 문화·예술시설, 의료시설
등으로 변화했다.

지하철역과 도로 주변의 업무 호텔

블룸스버리에서 변화가 두드러졌던 곳은 지하철 러셀스퀘어역(1906)과
그 남쪽의 홀본역(1906)을 연결하는 사우샘프턴로우-킹스웨이도로(Sou-
thampton Row-Kingsway, 1905), 블룸스버리스퀘어, 러셀스퀘어, 대영박물관
주변이다. 이곳에선 일군의 테라스하우스가 해체되고, 다양한 상업시설
이 생겨났다.

사우샘프턴로우-킹스웨이도로에 면한 지하철 홀본역의 건설은 블룸
스버리스퀘어 동쪽의 테라스하우스 블록인 시무어로우 개발의 계기가
되었다. 이곳에 입지해 있던 조지안 건축 양식의 테라스하우스들은 20세
기 초반에 교육기관, 병원, 상점 그리고 네오-그리스 양식으로 세워진 리
버풀빅토리아소사이어티보험연금기업Liverpool and Victoria Friendly Society
의 6층 규모 오피스 빌딩(Victoria House, 1926~1932, 2003년 내부 개조) 등으로 교
체되어 갔다.

또한 사우샘프턴로우 북동쪽 블룸스버리에는 18세기 조지안 양식의
테라스하우스들이 해체되고, 그 자리에 런던에서 가장 두드러진 콘크리
트 브루탈리스트 건축 양식으로 평가되어온 브런즈윅센터(Brunswick
Shopping Centre, 1967~1972)가 들어섰다. 1890년대부터 1950년대까지 런던
은 건축물 고도를 80피트(약 10층)로 규제했는데, 이에 조응해 당시 젊은

건축가였던 패트릭 호지킨슨(Patrick Hodgkinson, 1930~2016)이 고층 주거 타워 대신 동일한 밀도의 5층짜리 브런즈윅빌딩을 제안했다. 이는 560개 주택을 2열 계단 형태로 배치하고, 그 하부에 쇼핑 및 주차 공간을 두는 방식이었다. 주택은 모두 16개 타입으로, 학생용 스튜디오에서부터 펜트하우스까지 포함된 혼합 커뮤니티였다. 외관은 애당초 벽돌로 계획되었으나, 테라스하우스를 기념하며 크림색으로 채색된 콘크리트 외장재로 수정되었다. 하지만 애당초 공공 임대주택council house 및 대형 쇼핑몰로 계획된 브런즈윅센터는 오랫동안 주변과 어울리지 않는 콘크리트 건축물로 비난받았다. 2002~2006년 사이 아파트 리모델링을 통해 크림색으로 채색된 이유가 여기에 있다. 아울러 영화관, 슈퍼마켓이 추가되었고,

러셀스퀘어역(2011)

중앙부에 아티스트 수잔나 헤런Sussana Heron의 수변 요소가 추가되면서 젊은이들의 인기를 얻기 시작했다.

　한편 블룸스버리의 스퀘어 주변 테라스하우스들은 기업 주도로 호텔로 재건축되었다. 도로에 면한 필지엔 대규모 호텔이, 배후 블록 필지엔 기존 테라스하우스를 리모델링한 소규모 호텔들이 들어섰다. 이 과정에서 1837년부터 임페리얼런던호텔기업Imperial London Hotels은 러셀스퀘어를 중심으로 사업을 진행하며 거대한 호텔 클러스터를 조성했다. 옛 경찰서 부지에는 영국에서 가장 큰 호스텔인 제너레이터런던(Generator London, 1955) 등이 조성되었다.

　러셀스퀘어 북쪽에는 임페리얼런던호텔기업의 토머스 월덕Thomas Henry Walduck Jr.이 블룸스버리의 첫 호텔인 구舊 베드포드호텔(old Bedford Hotel, 1863; 1964 재건축)을 개업했고, 이후 그의 아들 헤럴드Harold Walduck가 그 주변에 10개 이상의 호텔(객실 총 약 3,500개)을 세웠다. 다시 그의 아들들인 노먼Norman과 스탠리Stanley 형제는 인접한 카운티호텔County Hotel의 임대권을 매입해 타비스톡호텔(Tavistock Hotel, 1951)을 개업했고, 내셔널호텔(National Hotel, 1920)과 로열호텔(Royal Hotel, 1928)을 통합해 영국에서 가장 큰 8층 규모로 로열내셔널호텔(Royal National, 1998, 객실 1,630개)을 재건축한 뒤, 그에 인접해 부티크 호텔인 모턴호텔(Morton Hotel, 2013)까지 개업했다.

　러셀스퀘어 북편과 동편에도 호텔군이 형성되었다. 북쪽에는 궁 모습으로 건축된 러셀호텔(Russell Hotel, 1898~2018; 현 Kimpton Fitzroy London)이 스퀘어의 장소성을 정의했다. 이 호텔은 건축가 찰스 돌(Charles Fitzroy Doll, 1850~1929)의 설계로, 외부는 티-라떼 테라코타(thé-au-lait, tea with milk terra-cotta), 내부는 피레네 대리석으로 치장된 코트야드를 두었다. 동남쪽에도 그가 설계한 또 다른 호텔인 임페리얼호텔(Imperial Hotel, 1911-1966; 재건축, 1970)이 있다. 프레이머호텔(Premier Hotel, 1910-1960, 객실 150개; 현 President Hotel, 객실 450개)도 여기에 인접해 있다.

러셀호텔(2023, ⓒ한광야)

블룸스버리의 상징인 대영박물관(British Museum, 1753)과 부속기관이던 대영도서관(British Library, 1757)은 두말할 나위 없는 지식·문화 교류의 심장부다. 주변 대학과 연구시설에 인접해 있으며, 대중교통 접근성이 좋은 가든스퀘어 주변에는 과학 및 의학 분야 협회 본부들이 즐비하다.

흥미롭게도 블룸스버리 각 스퀘어마다 이렇게 특정 전문가 협회들이 위치해 있다. 블룸스버리스퀘어의 왕립제약협회(Royal Pharmaceutical Society, 1941; 현 Pharmaceutical Society of Great Britain), 그 주변 링컨스인필드의 왕립외과대학(Royal College of Surgeon, 1800), 알드위치의 잉글랜드-웨일즈변호사협회(Law Society of England and Wales, 1825), 리젠트도로 건너편 카벤디쉬

대영박물관

스퀘어Cavendish Square의 런던의료협회(Medical Society of London, 1773)와 왕립간호대학(Royal College of Nursing, 1916) 등이 이에 해당된다.

이러한 상황에서 블룸스버리의 테라스하우스는 도심 보행권 내의 대학, 연구소, 의료시설, 문화기관 등에 종사하는 전문직군의 거주지로 기능했다. 도시 생활자인 이들에게 단독 주택 대비 저렴한 가격과 저렴한 관리비가 특징인 테라스하우스는 선호 대상이었다. 일례로 이 구역의 대표적인 문화 커뮤니티와 그에 관여했던 인사들을 되짚어본다.

먼저 블룸스버리스퀘어 북서쪽에 「황무지」의 시인 T. S. 엘리엇(T. S. Eliot, 1888~1965)이 활동했던 파버출판사(Faber & Faber, 1929)가 블룸스버리하우스(Bloomsbury House, 1887; 74~77 Great Russell Street) 내에 위치했다. 베드포드스퀘어에는 『해리포터』 시리즈를 출판한 블룸스버리출판사(Bloomsbury Publishing, 1986)가 리모델링된 테라스하우스50 Bedford Square에 본부를 두고 있다. 고든스퀘어에는 작가 버지니아 울프(Virginia Woolf, 1882~1941)와 경제학자 존 케인즈(John Maynard Keynes, 1883~1946) 등이 중심이 되어 활동했던 블룸스버리그룹(Bloomsbury Group, 1912)의 활동 거점이 있었다.

인간사의 전 자료를 소장한다는 모토의 대영박물관은 아일랜드계의 수집가 한스 슬론(Sir Hans Sloane, 1660~1753)의 개인 컬렉션이 그 기원이다. 다방면에서 활동했던 그는 자신의 컬렉션을 조지 2세(George II, King of Great Britain, 재위 1727~1760)에게 매각했고, 이를 바탕으로 박물관이 형태를 갖추기 시작했다. 이후 박물관은 런던 대화재 뒤 재건축된 몬태규하우스 Montagu House를 매입해 일반 대중에게 처음 개방된 후 현재까지 기능하고 있다. 주변의 오번플레이스Woburn Place, 러셀스퀘어, 사우샘프턴도로 남쪽으로 템스강 하구 둑까지 총 14개의 박물관들Museum Mile London[23]이 늘어서 있다.

대영도서관은 1973년에 독립해 개장한 뒤, 1998년 유스톤도로 북쪽의 유스턴철도역과 세인트판크라스철도역 사이의 구舊 미드랜드철도선 Midland Railway의 소머스타운 화물 창고Somers Town Goods Yard and Potato

파버출판사와 블룸스버리하우스
블룸스버리출판사(2009, ⓒ한광야)

Market로 신축 이전했다. 이후 킹스크로스의 도시 재생과 개발의 문화·예술 거점으로 기능하면서 블룸스버리의 확장을 유도했다. 특히 2011년 런던예술대학(University of the Arts London, 1989)을 구성하는 세인트마틴예술학교(Saint Martin's School of Art, 185~1988; 현 Central Saint Martins)가 런던드라마센터(Drama Centre London, 1963)와 함께 그래너리스퀘어Granary Square로 이전해오면서 블룸스버리의 예술·문화 기능을 북쪽으로 확장시키고 있다.

퀸스퀘어의 의료·의학 거점

러셀스퀘어 동쪽의 가든스퀘어인 브런즈윅스퀘어Brunswick Square와 퀸스퀘어Queen Square는 런던 의료 커뮤니티의 중심부로서 기능해 왔다. 먼저 브런즈윅스퀘어에는 UCL약학대(UCL School of Pharmacy, 1842)와 런던대학 국제기숙사(University of London International Hall, 1963, 1968)가 위치해 있다.

브런즈윅스퀘어 서쪽에는 선장이자 자선가로 활동했던 토머스 코람(Thomas Coram, 1668~1751)이 설립한 구舊 파운들링병원(Foundling Hospital, 1666; 현 Wren House, 43 Hatton Garden)이 들어섰다. 이후 이 병원은 램스콘두잇필드(Lamb's Conduit Fields, 양의 도관장)에 새로운 파운들링병원(Foundling Hospital, 1739)을 세우고 이전했다. 이 병원은 2004년 개조되어 현재 박물관(Foundling Museum, 2004)으로 기능한다. 1750년 전후로 헨델이 이곳에서 연주한 것을 기념해 헨델도로Handel Street가 위치해 있다.

토머스 코람은 이곳에서 『올리버 트위스트』 등 사회성 짙은 소설을 발표했던 작가 찰스 디킨스(Charles John Huffam Dickens, 1812~1870)와 함께 아동 인권 개선 사업을 진행했다. 그 결과 코람스필드공원Coram's Field을 중심으로 세계 최대의 아동 병원(Great Ormond Street Children's Hospital, 1852)과 아동 기숙사인 런던하우스London House, 그리고 간호학교(Thomas Coram Centre and Nursery School, 1930)가 입지했다.

파운들링병원(2023, ⓒ한광야)

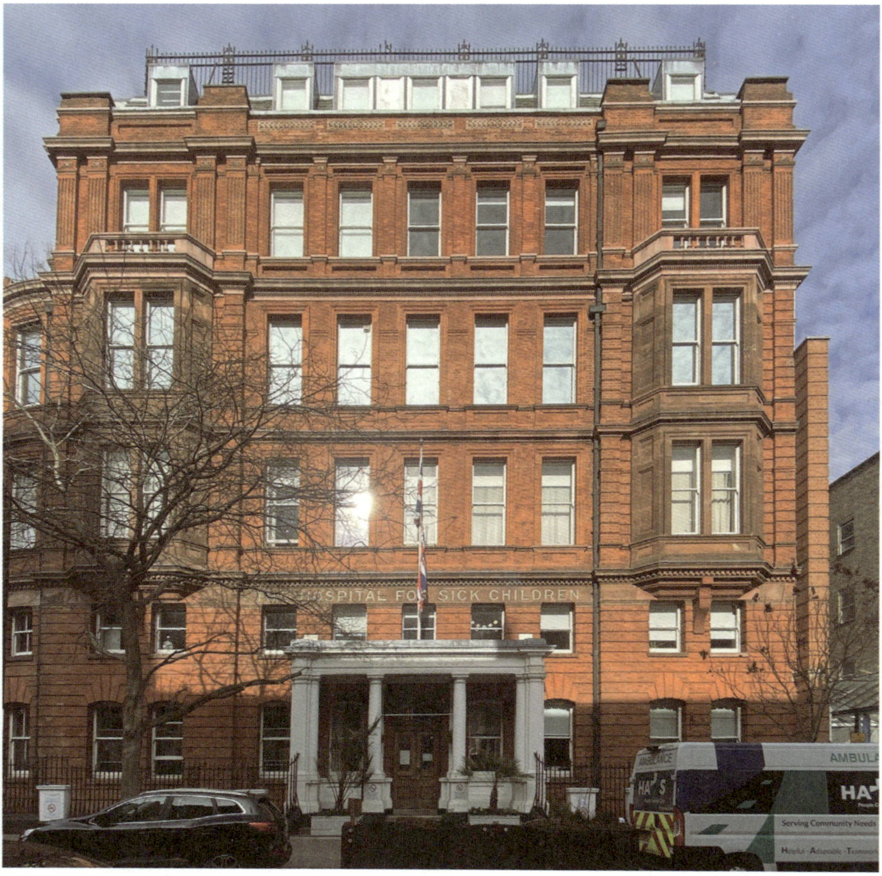
SICK CHILDREN
Serving Community Needs

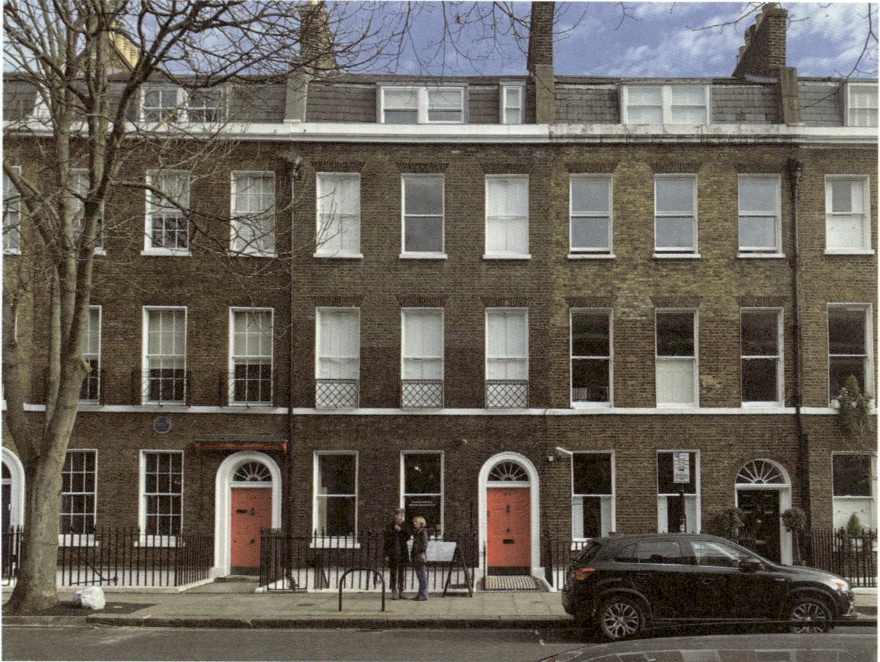

코람스필드 남쪽 도우티도로Doughty Street 근처에는 디킨스가 결혼 후 잠시 거주했던 테라스하우스가 위치한다. 이곳은 1923년경 철거 위기에 처했다가 디킨스펠로십(Dickens Fellowship, 1902)의 모금 활동으로 매입·리모델링되어 1925년 박물관으로 개장했다. 여기에 인접해 런던 핫 플레이스 가운데 하나인 램스콘두잇도로Lamb's Conduit Street와 디킨스가 자주 들렀다는 펍The Lamb 등이 위치해 있다.

퀸스퀘어에는 블룸스버리의 중심 의료시설인 국립신경병원(National Hospital for Neurology and Neurosurgery; 구(舊) National Hospital for Nervous Diseases, 1859)과 왕립런던병원Royal London Homoeopathic Hospital이 위치한다. 원래 이 주변은 18세기 초 명사들의 주거지였다. 애당초 의회 의원이던 존 커틀러(Sir John Cutler, 1st Baronet, 1603~1693) 저택의 정원이 조성되어 있었는데, 1830년대부터 세 개의 철도역(Euston Railway Station, 1837; King's Cross Railway Station, 1852; St. Pancras Railway Station, 1868)이 들어서고, 주택들의 교외지 이전이 추진되면서 이곳의 맨션들은 서서히 해체되고 병원, 연구소, 학교 등으로 재건축되었다.

고아로 성장한 요안나 챈들러(Johanna Chandler, 1820~1875)도 이곳에 자선단체와 뇌성마비 환자 보호소를 건립했다. 이 보호소가 바로 앞서 언급한 국립신경병원의 전신이다. 또한 워킹맨스칼리지(Working Men's College, St. Pancras Working Men's College, 1854)에 관여했던 엘리자베스 말레슨(Elizabeth Malleson, 1828~1916)이 설립한 워킹우먼스칼리지(Working Women's College, 1864)와 교사대학(Chartered College of Teaching, 1846)이 퀸스퀘어 건물(Queen Square no. 42)에서 운영되며 중류층 교육을 이끌었다. 아울러 퀸스퀘어는 프랑스혁명을 피해 이주해 온 프랑스인들의 은신처와 생활 거점으로 기능하기도 했다. 파리에서 설립된 자선단체인 세인트빈센트그룹(Society of St. Vincent de Paul, 1833)이 이곳을 근거지로 활동했다.

아동병원(2023, ⓒ한광야)
찰스 디킨스의 테라스하우스(2023, ⓒ한광야)

제 5 장

필라델피아의
리튼하우스 네이버후드

1. 네 개 스퀘어와 리튼하우스스퀘어

네덜란드 세력이 황금시대(Dutch Golden Age, Gouden Eeuw, 1588~1672)에 북아메리카 델라웨어분지Delaware Basin에 처음 도착한 건 1623년경이다. 이곳은 델라웨어강을 따라 샤카마손(Shackamaxon, 현재 Fishtown)을 중심으로 활동했던 레나페족Lenape Indians의 본거지였다.

1620년 선장 코르넬리우스 메이Captain Cornelius Jacobsen Mey가 이끄는 상선이 대서양을 바라보는 케이프 메이Cape May[1]에 도착했다. 이들은 맨해튼 허드슨강Hudson River을 북강North River으로, 델라웨어강을 남강South River으로 불렀다. 1623년 전후로 네덜란드 서인도기업(Dutch West India Company, 1621~1792) 개척자들이 델라웨어주와 펜실베이니아주의 경계인 남강을 따라 약 130km 정도 거슬러 올라가 강변에 나소요새(Fort Nassau, 1624~1651; 현재 Brooklawn, New Jersey)를 조성하고 정착했다.

나소요새는 북쪽 약 7km 지점에 해군 장교이자 정치가였던 윌리엄 펜(Sir William Penn, 1621~1670)이 도착했다는 펜스 랜딩Penn's Landing[2]이 보이는 곳으로, 남쪽으로 흘러내리는 델라웨어강이 서쪽으로 90도 꺾이며 넓은 경관을 만들어내는 곳이었다. 무엇보다 그 동남쪽 배후를 지류인 뉴턴크릭Newton Creek과 팀버크릭Timber Creek이 둘러싸고 델라웨어강으로 합류하는 넓은 습지였다. 이러한 지형은 개척자 자신들의 고향인 네덜란드의 저지대 습지 환경을 소환하면서 단번에 정착을 결정하기에 충분했을 것이다.

이곳은 1643년부터 네덜란드의 지배를 받다가 1667년부터 영국 식민지가 되었다. 네덜란드는 4차에 걸친 영국과의 전쟁(Anglo-Dutch Wars, 1차, 1652~1654; 2차, 1665~1667; 3차, 1672~1674; 4차, 1780~1784)에서 패해 뉴네덜란드(New Netherlands, 1614~1667, 1673~1674) 땅을 내주었다. 당시 뉴네덜란드는 현재 뉴욕, 뉴저지, 델라웨어, 코네티컷, 펜실베이니아주들의 땅을 포함했다.

1681년엔 잉글랜드 왕 찰스 2세(Charles II, 재위 1660~1685)가 윌리엄 펜에게 지고 있던 채무를 상환하기 위해 펜실베이니아주와 델라웨어주를 포함한 땅을 양도했다. 윌리엄 펜의 사후엔 그의 아들인 또 다른 윌리엄 펜(William Penn, 1644~1718)이 그 땅의 소유자가 되었다. 아들 윌리엄은 옥스퍼드대학을 졸업하고 종교의 자유와 민주주의의 가치를 믿었던 작가이기도 하다. 1682년 델라웨어강 항구에 도착한 펜은 그 지역의 레나페족과 화합하기 위해 토지를 보상·매입했다. 그리고 그 땅을 '형제의 사랑(phílos adelphós, brotherly love)'이란 의미를 가진 필라델피아Philadelphia로 명명했다.

이후 윌리암 펜은 초대 펜실베이니아 식민지 측량 책임자로 활동한 토머스 홈(Thomas Holme, 1624~1695)의 도움을 받아 '필라델피아 도시계획안(City Plan of Philadelphia, 1683)'을 완성했다. 이 안으로 중앙 스퀘어를 두고 그 사방에 네 개의 스퀘어가 이어진 녹색 전원도시Green Country Town의 유토피아를 구상했다. 스퀘어 중심의 공간 구조를 상정한 이 안은 논쟁의 여지가 있으나, 런던 대화재(1666) 이후 추진된 런던 재개발 과정에서 제안된 아이디어를 취한 것으로 알려져 있다. 당시 런던의 지도 제작자였던 리처드 뉴코츠(Richard Newcourts, ?~1679)가 런던 재건을 위해 직사각형 형태를 활용한 격자형 공간과 네 개의 스퀘어 구조를 제안했는데, 이것이 필라델피아의 그것과 유사하다.

펜과 홈의 필라델피아 도시계획안(1683)
뉴코츠의 런던 재건안(1666)

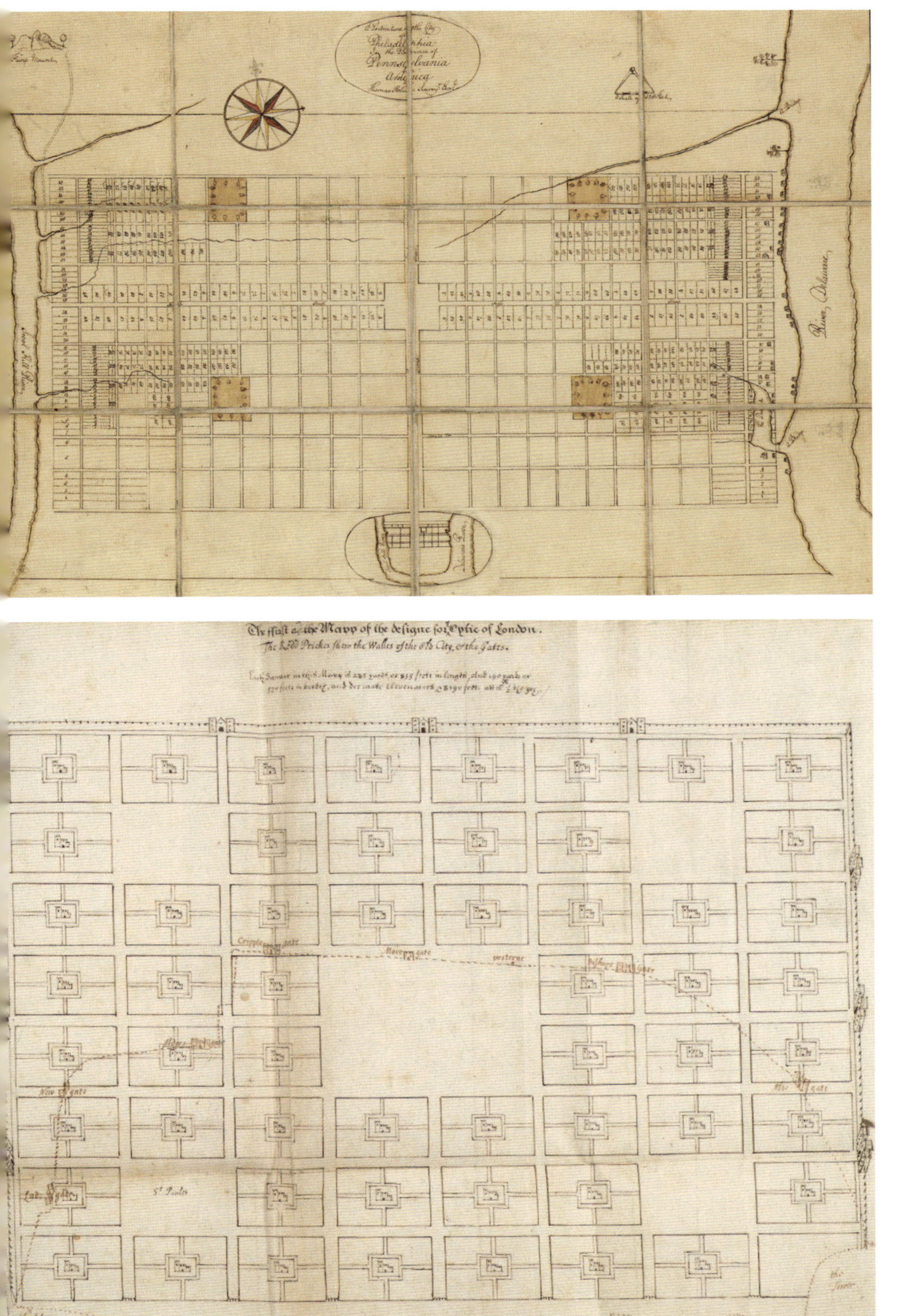
A Portraiture of the City Philadelphia in the Province of Pennsylvania America
River Delaware
River Schuylkill
The Mapp of the designe for Citie of London.
The Red Prickes shew the Walles of the old City, & the Gates.
Cripplegate gate
Moregate
posterne
Bishopes gate
Aldersgate
New gate
New gate
St Paules
the Tower
black fryers
puddle

리처드 뉴코츠의 런던 재건안은 격자형 그리드 위에서 런던을 동일한 크기의 직사각형(260×176m) 블록 64개로 분할한 뒤, 중앙에 중심 광장을 두고 그 주변으로 네 개의 광장을 배치한 것이었다. 중앙 광장은 마치 이탈리아 팔라디오 건축 양식에 능했던 건축가 이니고 존스(Inigo Jones, 1573~1652)의 코벤트가든피아자(Covent Garden Piazza, 1630)를 연상시켰다. 또한 각 블록들은 중앙에 교회와 마당을 두고 하나의 교구를 이루고 있었다.

윌리엄 펜의 이상적 도시계획안인 녹색 전원도시 모델은 자연에 둘러싸인 도시를 형상화한 것이었다. 여기서 필라델피아는 전체 면적 1만 에이커(40,469,300㎡) 가운데 약 12%(1,200에이커, 485ha)를 차지하며 그 중심부를 완성했다. 필라델피아의 동서 너비는 2마일(3,220m)로, 서쪽은 스컬킬강Schculkill River, 동쪽은 델라웨어강으로 경계되었다. 중앙에는 남북 방향의 브로드도로Broad Street를 놓고, 그 양쪽으로 10개의 남북 도로를 두어 블록을 나눴다. 그리고 동서 방향의 하이도로(High Street, 현 Market Street)와의 교차점에 대형 스퀘어를 만든 뒤, 이를 중심으로 네 개의 쿼터를 두었다. 네 쿼터에는 각각 면적 8에이커(3.2ha)의 스퀘어를 중앙에 조성했다. 필라델피아의 기본적인 도시 구조는 이렇게 완성되었다. 네 스퀘어는 동일한 형태로 조성되었으나 이후 서로 다른 궤적으로 성장해갔다.

동일한 스퀘어들의 서로 다른 궤적

네 쿼터의 스퀘어는 각각 워싱턴스퀘어Washington Square, 리튼하우스스퀘어(Rittenhouse Square, 사우스웨스트스퀘어), 로건서클Logan Circle, 프랭클린스퀘어Franklin Square로 불린다. "윌리엄 펜이 네 스퀘어 주변에 부동산을 보유하고 추후 가치가 상승하면 매매할 의도였다" 또는 "사우스웨스트스퀘어 주변 토지들을 외국인들이 소유했다"는 전언들[3]을 놓고 보면, 이곳의 개발은 투자 목적이었다고도 추측된다.

　20세기 미국 도시 비평가로서 활동한 제인 제이콥스(Jane Jacobs, 1916~ 2006)는 자신의 저서에서 필라델피아 네 스퀘어들이 제각각의 특성으로 변화한 상황을 설명하면서 이렇게 전제했다. "건강한 도시 블록과 마찬 가지로 훌륭한 공원(스퀘어)은 하루 종일 다양한 이용자에 의해 다양하게 활용되어 주변에 활력을 더하고, 다양한 시민들을 위한 공유 기반으로 기 능해야 한다. 특정 그룹이 지나치게 지배하거나, 반대로 사용자 없이 진 공으로 남는 건 공원의 기능을 막는다. (⋯) 성공적인 근린공원은 주변의 복잡한 기능을 막지 않고, 오히려 다양한 주변의 기능을 연결하는 즐거 운 공동시설로 기능해야 한다."[4]

　이러한 취지에서 그녀는 네 스퀘어의 특징을 이렇게 비교 분석한다. "워싱턴스퀘어와 프랭클린스퀘어는 분명한 목표로 엄격하게 통제되지 만, 오히려 이 통제가 프랭클린스퀘어를 하루 종일 '가난한 여유'로 채워 진 공원으로 만들고, 워싱턴스퀘어를 직장인이 그저 '잠시 사용'하는 공 원으로 만들어버렸다. (⋯) 로건서클은 주변에서 보행 접근이 어려운 소 외된 회전 교차로일 뿐이다." 이에 반해, "리튼하우스스퀘어는 하루 종일 다양한 이용자들의 놀랍도록 '많은 방문'을 유도하고 있으며, 이로써 주 변에 무언가를 '되돌려주는' 것처럼 기능한다."[5]

　그렇다면 다른 세 스퀘어와 달리 리튼하우스스퀘어는 과연 어떻게 마 을 중심부로 기능하면서 그 마을을 발전시켜왔을까?

리튼하우스스퀘어

필라델피아 남서쪽 구역에 위치한 리튼하우스스퀘어는 처음엔 사우스웨 스트스퀘어Southwest Square로 불렸다.[6] 이 주변에서 대토지를 소유하고 사 냥터로 이용했던 윌리엄 펜의 이름을 딴 '펜의 숲Governor's Woods'이란 별 칭도 가지고 있다. 독립전쟁 시기엔 영국 군대가 필라델피아를 점령하기

리튼하우스클럽(2010, ⓒ한광야)

직전 시민들이 이곳의 나무를 모두 벌목해버렸다는 이야기도 전해진다. 1700년대 후반까지도 지질 특성 탓에 농업지보다 벽돌 생산을 위한 가마지로 사용되어온 곳이다.

이곳이 필라델피아에서 살고 싶은 주거지로 부상하기 시작한 건 19세기 초다. 동쪽 델라웨어강 수변에서 점차 서쪽 스컬킬강으로 개발 범위가 확장되어가던 무렵이다. 이에 따라 스퀘어 주변부가 1816년을 전후해 주거지로 개발되기 시작했다. 그 첫 주택이 리튼하우스스퀘어 북쪽 면 필지를 대부분 매입한 아일랜드계 정치인 제임스 하퍼(James Harper, 1780~1873)가 지은 맨션이었다. 웅장한 보자르 건축양식의 타운하우스1811 Walnut Street로 지어진 이 건물은 필라델피아 주거 건축의 품격을 높이기 시작했다.

하퍼의 주택은 이후 리튼하우스스퀘어 주택들의 기준점이 되었다. 그가 죽은 뒤 주택은 리튼하우스클럽(Rittenhouse Club, 1875)이 되었으며, 1901년 현재의 파사드가 붙여졌다. 리튼하우스클럽은 펜실베이니아대학 동문들의 사교 모임인 젠틀맨클럽(Social Arts Club of Philadelphia, 1874)이 그 모태로, 1875년 현재 건물인 하퍼의 주택으로 사무실을 이전하며 개칭했다.

이즈음 리튼하우스스퀘어 북서쪽 모서리에도 로마네스크 양식으로 지어진 아름다운 홀리트리니티교회(The Church of the Holy Trinity, 1859)와 클럽이 세워졌다. 이탈리안 건축 양식에 주력했던 스코틀랜드 태생의 건축

홀리트리니티교회(2024)

가 존 노트만(John Notman, 1810~1865)과 보자르 건축 양식에 주력했던 필라델피아 태생의 건축가 프랭크 퍼니스(Frank Heyling Furness, 1839~1912)의 작품이다.

1850년대 필라델피아 건설 붐은 리튼하우스스퀘어를 도심 상류층 주거지로 빠르게 변화시켰다. 펜실베이니아철도 대표이사를 맡았던 알렉산더 카사트Alexander Cassatt, 부동산 개발업자인 윌리엄 웨이트만 3세(William Weightman III, 1895~1965), 세계 최초로 백화점을 세운 존 워너메이커(John Wanamaker, 1838~1922), "현대 필라델피아의 아버지The Father of Modern Philadelphia"로 불리는 건축가 에드먼드 베이컨(Edmund Bacon, 1910~2005) 등이 이곳에 살았다. 그리고 도심 주변 골목으로는 이민자와 유색 인종들이 거주했다.

2. 리튼하우스 로우와 드랜시플레이스

리튼하우스스퀘어 남동쪽 리튼하우스 로우Rittenhouse Row에 타운하우스(town house, 도심연립주택)주택들이 들어서기 시작한 건 1830년대 후반으로, 남북전쟁(American Civil War, 1861~1865) 종전 이후 개발에 속도가 붙었다. 19세기 후반부터 리튼하우스 로우에는 "빅토리아 시대 귀족층Victorian Aristocracy"의 주거 구역이 형성되기 시작했다. 프랭크 퍼니스는 여기에 빅토리안 고딕 건축 양식의 맨션 주택들을 포함해 총 600여 건의 건물들을 설계했다.

특히 리튼하우스 로우는 19세기부터 100년간 10가지 이상의 다양한 건축 양식을 가진 타운하우스들을 볼 수 있는 흥미로운 도시마을이다. 그 중심부인 드랜시플레이스 주택군(Houses at 2000~2018 Delancey Street)과 리

튼하우스 로우는 각각 1982년과 1983년에 미국 구역Rittenhouse Historic District으로 등재되었다.

이곳에선 시기별로 토속 양식Vernacular, 연방 양식(Federal Period, 1785~1815), 고전 부흥 양식(Classical Revival, 1830년대 후반~1960년대), 그리스 부흥 양식(Greek Revival, 1840년대~1850년대 후반), 고딕 부흥 양식(Gothic Revival, 1840년대~1850년대), 이탈리안 양식(Italianate, 1840년~1870년대), 퀸 앤 부흥 양식(Queen Anne Revival, 1880년대~1890년대 초반), 보자르 양식(Beaux-Arts, 1890년대~1920년대), 조지안 부흥 양식(Georgian Revival, 1895~1941), 중세 튜더 부흥 양식(Medieval and Tudor Revivals, 1904~1929), 아트데코 양식(Art Deco: 1924~1940) 등으로 지어진 주택들을 볼 수 있다.

리튼하우스 로우 스프루스도로변 타운하우스(2010, ⓒ한광야)

드랜시플레이스 주택군

리튼하우스 로우의 중심부를 구성하는 드랜시플레이스Delancey Place는 필라델피아의 19세기 건축 양식을 보전해 온 역사적인 주거 블록이다. 17번도로17th Street와 26번도로26th Street 사이 스푸르스도로Spruce Street와 파인도로Pine Street를 따라 동서로 지나는 9개 골목들이 합쳐진 구역이어서 전체가 하나로 매끄럽게 연결되어 있지 않다. 그러나 여전히 과거의 맨션 주택들을 보전한 채 현대 도시마을로 기능하고 있다는 점에서 의의가 큰 곳이다. 이곳은 필라델피아가 브로드도로Broad Street 너머 서쪽으로 확장하던 1850년대를 기점으로 상류층의 주거지로서 형성되었다. 이름은 당시 펜실베이니아대학 교무부 총장이었던 윌리엄 드랜시(William Heathcote DeLancey, 1797~1865)를 기리고자 따온 것이다.

이곳은 소설 『대지』(1931)를 쓴 문호 펄 벅(Pearl Sydenstricker Buck, 1892~1973)과 베토벤 연주자로 이름 높았던 피아니스트 루돌프 서킨(Rudolf Serkin, 1903~1991)이 거주한 마을이기도 하다. 특히 미국의 도시 형성기 모습이 잘 보전되어 있는 덕에 영화에 자주 등장하는 곳이다.[7]

드랜시플레이스의 시작점은 1853~1855년 사이 조성된 1800번지 블록으로, 큰 규모로 지어진 옛 주택의 모습이 잘 보전되어 있다.[8] 1860년대에 개발된 2000번지 주택들은 남북전쟁 후 연방 시대(Federal Period, 1785~1815)를 상징한다. 이를테면 긴 세장형 필

드랜시플레이스(2010, ⓒ한광야)

지 위에 붉은 벽돌 파사드, 대문 위 반원형 유리창 등을 갖추고 백색 대리석으로 마감되었다. 이후 이곳엔 벽돌 파사드, 돌계단, 얕은 경사 지붕, 석조 아치로 강조된 전면 입구 등을 갖춘 고전 부흥 양식(Classical Revival, 1830년대 후반~1960년대)과 아트 데코 양식(Art Deco, 1924~1940)의 건물들도 집중적으로 세워졌다.

드랜시플레이스의 1800대 번지~2000대 번지 사이에 위치하며, 이곳의 정체성을 대표하는 주택들은 다음과 같다.

첫째, 리튼하우스 로우에서 18번도로와 19번도로 사이에 위치하는 1812번지 주택1812 Delancey Place이다. 1800년에 처음 세워졌고, 1863년에 벽돌 조적 구조로 재건축된 타운하우스다. 너비가 좁고 길이가 긴 세장

드랜시플레이스 1812번지 주택(2024, ⓒ이영민)

형 필지(20×75ft)에 지상 3층 규모로 지어졌다.

둘째, 리튼하우스 로우에서 20번도로와 21번도로 사이에 위치하는 2014번지 주택2014 Delancey Place이다. 1852년에 벽돌 조적으로 건축된 타운하우스이며, 리모델링을 통해 높은 층고와 엘리베이터를 갖췄다. 2개의 개별 필지가 합필된 곳(37×100ft)에 총 4층 규모로 세워졌다. 1층에는 식탁 공간과 거실, 2층에는 마스터 베드룸, 서재, 운동 공간을 갖췄다. 3층에는 이 주택의 중심인 유리 천정 솔라리움과 4개의 침실, 4층에는 게스트룸, 마지막으로 하부층에는 와인 저장고와 주차 공간을 두었다.

셋째, 리튼하우스 로우에서 20번도로와 21번도로 사이 2008~2010번지에 위치한 타운하우스(2008, 2010 Delancey Place, 1865)이다. 현재 로젠바흐

드랜시플레이스 2014번지 주택(2024, ⓒ이영민)

박물관(Rosenbach Museum and Library, 1954)으로 기능하고 있다. 19세기 건축물로, 필립 로젠바흐(Philip Hyman Rosenbach, 1863~1953)와 그의 동생 에이브러햄 로젠바흐(Abraham Simon Wolf Rosenbach, 1876~1952)가 거주했다. 이 형제는 20세기 초 희귀 서적과 문서, 장식물 등을 거래하는 로젠바흐기업 Rosenbach Company을 운영했다. 여기에 인접한 모리스센닥빌딩(Maurice Sendak Building, 2008 Delancey Place)은 2003년 필라델피아 프리도서관(Free Library of Philadelphia Foundation, 1891)에 매입되어 공공 프로그램 공간과 전시관으로 기능한다. 로젠바흐박물관은 2013년부터 이 도서관과 연계되어 운영 중이다.

3. 리튼하우스스퀘어 정비와 고층 건물 개발

리튼하우스스퀘어 정비

리튼하우스 마을의 물리적 정체성을 결정해온 것은 무엇보다 마을의 상징이자 보행체계의 중심인 공공 공원 리튼하우스스퀘어다. 이곳은 1913년에 진행된 공원 단장을 통해 현재 모습을 갖췄다. 당시 마을 주민들은 리튼하우스스퀘어개선협회Rittenhouse Square Improvement Association를 발족해 마을의 비전에 대해 고민하고, 새로운 디자인을 위해 프랑스 출신 건축가 폴 크렛(Paul Phillippe Cret, 1876~1945)을 고용했다. 보자르 건축 양식을 구현한 그의 설계안에 따라 이곳은 총 면적 6에이커의 정방형 스퀘어에 수목을 더한 주민 쉼터로 디자인되었고, 고전적 스타일의 입구, 석재 요소, 연못, 펜스, 분수 등이 조화롭게 추가되었다. 이후 변화가 더해지긴 했지만, 그가 애당초 제안했던 단순한 형태와 이미지는 줄곧 유지되었다.

이후 리튼하우스스퀘어개선협회는 필라델피아시청과 필라델피아미술관(Philadelphia Museum of Art, 1876; 현 청사 1928)을 대각선으로 연결하는 벤자민프랭클린파크웨이(Benjamin Franklin Parkway, 1917) 초기 설계안도 수립했으며, 크렛이 설계한 로댕뮤지엄(Rodin Museum, 1929)이 현실화될 수 있도록 그 조성 기금을 마련하기도 했다.

도시 비평가 제인 제이콥스도 리튼하우스스퀘어에 대해 다음과 같이 높이 평가했다. "리튼하우스스퀘어는 다양한 용도의 주변부와 각기 다른 일정의 이용자들이 스퀘어를 중심으로 잘 섞일 수 있도록 중간자의 기능을 훌륭하게 수행한다. 이로써 다양한 목적의 이용자들이 하루 종일 이 공원을 이용한다."9

리튼하우스스퀘어 진입부(2010, ⓒ한광야)

리튼하우스스퀘어의 공간과 장식

필라델피아 남서부 주거지의 구심인 리튼하우스스퀘어의 대표적 특징은 150m 길이의 좌우 대칭 정방형 오픈스페이스라는 점이다. 주변과 내부가 단순하게 연결되는 공간 구조는 간결하고 분명한 보행 동선을 갖춘 공원 공간을 정의한다. 이로써 공원은 주변과 함께 인지되면서 명확한 시각적 중심성을 확보했다. 리튼하우스스퀘어의 이러한 형태적 특성은 영국식 정원과는 차별화되는 프랑스식 도시 정원의 특징을 보여준다.

분수와 안내소가 위치한 정중앙에서 X자로 뻗어 나와 외부와 연결되는 보행로가 있으며, 안쪽에는 약 50m(164ft) 반지름의 원형 보행로가 있어서 그 중심성을 더한다. 이렇게 정의되는 중앙 공간에는 화단과 연못도 놓여 있다. 스퀘어 각 모서리에 진입구를 두었는데, 약 2.5m 높이의 기둥 두 개가 그 특징을 도드라지게 만들고 있다. 게다가 울타리 안에 다양한 수목과 화단이 있어서 스퀘어를 계절별로 다채롭게 변신시킨다. 리

리튼하우스스퀘어 중심부 조각상(2010, ⓒ한광야)

튼하우스스퀘어 내부 공간이 리튼하우스 로우 봄축제Rittenhouse Row Spring Festival, 리튼하우스스퀘어꽃시장Rittenhouse Square Flower Market 등의 중심부가 되는 이유가 여기에 있다. 특히 추수감사절 시즌이 종료되면서 점등되는 크리스마스트리가 장관이다.

내부에 조성된 조각들도 이 공간의 공공성의 격을 높였다. 보자르미술학교 출신의 안토니-루이 바리에(Antoine-Louis Barye, 179~1875)의 '뱀을 공격하는 사자(Lion Crushing a Serpent, 1832)'와 펜실베이니아미술아카데미(Pennsylvania Academy of Fine Arts, 1805) 출신의 폴 맨십(Paul Manship, 1885~1966)의 '오리 소녀(Duck Girl of 1911)'가 유명하다.

스퀘어의 기능과 보행체계

리튼하우스스퀘어는 무엇보다 필라델피아 남서부의 일명 '리튼하우스 네이버후드'라 불리는 도시마을에서 구심적 역할을 맡는다. 이곳은 리튼하우스 로우와 스퀘어 주변의 고층 주거 타워들을 포함하는 주거지로, 전체 인구는 약 5만 4천 명 정도다. 남북 방향의 마켓도로와 파인도로 사이의 약 750m, 동서 방향의 브로드도로와 21번도로 사이의 약 1,000m 길이의 영역으로 경계된다.

리튼하우스 네이버후드는 19세기 중반부터 현재까지 필라델피아 근현대 도시 개발의 변화상을 지속적으로 정의해 온 곳이기도 하다. 초기 맨션형 저택, 저층형(3-4층) 타운하우스, 중층형(15층 내외) 아파트, 고층형(18-33층) 타워식 콘도 아파트와 호텔 등 다양한 민간 개발 유형들이 창의적으로 수용·혼합되어 있어서 오래된 저층형 주택들과 최신의 고층형 주거 타워가 공존하는 대안의 정체성을 확인해 볼 수 있는 곳이다. 실제로 빅토리안 건축 양식의 3-4층짜리 타운하우스로 채워진 리튼하우스 로우와 최근까지도 단계적으로 개발되어 온 20여 개의 타워형 콘도 아파트

WALNUT ST
LEFT LANE
MUST
TURN LEFT
NO TURN ON RED

AVAILABLE
215.300.9688
1.866.Walnut4
SPEED
LIMIT
25

와 호텔들이 스퀘어와 도로를 따라 늘어서서 직주 근접 및 혼합이란 현대적 가치에 조응하는 도시마을을 완성해 왔다.

이렇게 다양성의 가치를 목표 삼는 현대 도시의 형태를 유도하는 것은 무엇보다 경계에서 완충 기능을 수행하는 공원과 단순화된 보행체계다. 이 체계 위에 조성된 학교와 문화예술 시설들이 보행 활동의 거점 기능을 수행하고, 상업 기능들도 이 체계 안에서 밀도 있게 연결되어 있어야 한다. 리튼하우스 네이버후드는 바로 이러한 도시마을의 가치를 구현하는 대표적 사례다.

먼저 주택 선택의 다양성을 보증하는 저층형 타운하우스 블록과 고층형 주거 타워 및 호텔들이 스퀘어를 공유하며 위치해 있다. 스퀘어의 녹지 공간과 수목들은 상이한 두 주거 유형의 충돌을 막는 중립 공간으로 기능해왔다. 특히 리튼하우스스퀘어에 면한 월넛도로는 서쪽으로 스컬킬강을 건너는 월넛도로브릿지Walnut Street Bridge를 통해 1.5km 거리에 위치한 지식·문화·의료 서비스의 거점인 펜실베이니아대학 캠퍼스 및 그 부속병원으로 이어졌고, 자연스럽게 이곳 학생과 관련 교직원 및 종사자를 포함해 약 6만 2천 명(2018년 기준)의 주거와 활동이 리튼하우스 네이버후드와 연결되었다.

또한 스퀘어 주변의 홀리트리니티교회, 커티스음악원The Curtis Institute of Music, 필라델피아예술연맹Philadelphia Art Alliance, 남북전쟁과지하철도박물관(Civil War and Underground Railroad Museum, 1888), 로젠바흐박물관 등과 로건서클 주변의 필라델피아예술박물관(Philadelphia Museum of Art, 1876), 로댕박물관(Rodin Museum, 1929) 등의 일련의 공공 문화예술 시설들이 보행권에 연결되어 있다.

리튼하우스 네이버후드의 보행체계는 크게 스퀘어를 포함해 인접 도시 블록의 격자형과 맞춘 보행 동선과 스퀘어 내부를 관통하고 순환하는 보행 동선으로 구분된다. 스퀘어 사방 둘레에는 너비 10m의 보행로가 놓였고, 이 보행로를 둘러싼 동일 너비(10m)의 일방통행 3차선 차로가 놓였

리튼하우스스퀘어 동쪽 보행 환경(2010, ⓒ한광야)
월넛도로 보행 환경(2010, ⓒ한광야)

다. 무엇보다 스퀘어를 정의하고 있는 보행로가 주변 블록 보도들과 유연하게 연결되면서 보행 활동을 활성화하고 보행자들에게 시각적 개방감을 준다.

이러한 보행체계는 공공 공간으로서 리튼하우스스퀘어의 기능을 극대화하면서 남쪽의 리튼하우스 로우, 북쪽의 마켓도로와 체스트넛도로 중심의 업무 호텔 블록, 동서 방향 월넛도로의 쇼핑 기능을 연결해준다. 특히 월넛도로변에는 대규모 상점, 호텔, 서점, 음식점, 아트갤러리, 레스토랑 등이 집중되어 있으며, 스퀘어에 인접한 18번도로, 브로드도로, 체스트넛도로의 리버티플레이스쇼핑센터Shops at Liberty Place 등과 보행로로 연결된다. 물론 이러한 보행체계는 인접 대중교통 거점들과도 연결된다.

리튼하우스스퀘어 동쪽 도로 상점들(2010, ⓒ한광야)

스퀘어 주변 고층 주거 오피스 타워

리튼하우스스퀘어의 변화는 점진적이었다기보다 각각 1850년대, 1910년대, 1980년대, 2010년대에 일어난 건설 붐들의 결과였다. 특히 이곳에 고층 건물이 등장하기 시작한 건 제1차 세계대전 이전인 1910년대 초반부터였고, 1920년대에 들어서면 스퀘어 주변의 대형 저택 부지에 20층 이상의 고층 아파트들과 호텔들이 세워졌다. 1950~1960년대부터는 주거 타워와 오피스 빌딩이 세워지기 시작해 1990~2000년대까지 집중 개발되면서 마을 경관이 크게 바뀌었다. 스퀘어 서쪽에 최고층 높이(33층, 107m)로 들어선 리튼하우스호텔(Rittenhouse Hotel, 1989)과 동쪽의 26층짜리 리튼하우스클래리지(Rittenhouse Claridge, 1950)는 스퀘어의 미래 비전을 선도하는 개발이었다. 이렇게 스퀘어는 고층 건물로 둘러싸였지만, 마을 경관은 그 중압감에 압도되었다기보다 긍정적인 고밀도의 인상으로 다가온다.

　이곳 고층 건물의 시작점은 19층 높이의 리튼하우스 1830번지(1830 Rittenhouse, 1912)다. 리튼하우스스퀘어개선협회의 주도로 폴 크렛의 설계안에 따라 스퀘어가 새로워지던 무렵 세워진 것이다. 아울러 제1차 세계대전 종전 후 스퀘어 주변의 저택 필지들이 20층 이상의 고층 주거 타워와 호텔로 개발된 사례들은 다음과 같다. 남부 17번도로 250번지 아파트(250 South 17th Street, 1920, 16층), 웨스트리튼하우스스퀘어 220번지 콘도 아파트(220 West Rittenhouse Square, 1925, 25층), 벽돌로 마감된 아트 데코 양식의 리튼하우스스퀘어 1900번지 콘도 아파트(1900 Rittenhouse Square, 1926, 18층), 보자르 양식의 리튼하우스스퀘어 1804번지 콘도 아파트(1804 Rittenhouse Square, 1927, 16층), 개업 당시 필라델피아에서 가장 유명했던 바클리호텔(The Barclay, 1928, 22층), 리튼하우스 222번지 아파트(222 Rittenhouse Square, 1929, 27층) 그리고 리튼하우스스퀘어 1820번지(1820 Rittenhouse Square, 1936, 18층) 등이다. 특히 스퀘어 남동쪽 코너의 로코스트도로변에 필라델피아의 랜

1900

바클리호텔(2006, ⓒ한광야)

드마크로 들어선 바클리호텔은 그 소유주였던 존 맥샤인(John McShain, 1898~1989) 사후 콘도미니엄으로 개조되었다. 이 바클리 콘도 아파트는 현재 스튜디오에서 팬트하우스까지 총 150유닛을 갖추고 있다.

필라델피아 태생의 개발업자였던 존 맥샤인은 부친에게 물려받은 건설 업체를 미국의 대표적인 건설 기업으로 성장시킨 인물이다. 특히 1930

리튼하우스스퀘어 1900번지 콘도아파트(2010, ⓒ한광야)

~1960년대에 걸쳐 워싱턴 지역에 총 100채 이상의 건물을 세워 "워싱턴의 개발업자The Man Who Built Washington"라는 별명을 얻기도 했다, 펜타곤The Pentagon, 제퍼슨기념관Jefferson Memorial, 케네디센터John F. Kennedy Center for the Performing Arts, 워싱턴국립공항Washington National Airport 등이 그의 손을 거쳤다. 독실한 가톨릭 신앙인이기도 했던 그는 필라델피아에 위치한 세인트조세프대학(St. Joseph's University, 1851), 가톨릭대학(Catholic University of America, 1887), 조지타운대학(Georgetown University, 1789) 등에서 재단 이사로도 활동했다.

1950~1960년대에 기존 맨션이 해체되고 들어선 20층 이상의 고층 타워형 콘도아파트 가운데 대표적인 것으로는 리튼하우스사보이(Rittenhouse Savoy, 1951, 18층), 도체스터 아파트(Rittenhouse Dorchester Apartments, 1963, 32층) 등이 있다. 스퀘어 서남쪽 코너에 지어진 도체스터 아파트는 콘크리트-커튼월 구조에 'L'자 평면 형태로, 총 588유닛을 갖추고 있다.

1960년대 이후로는 오피스 건물의 건립도 시작되었다. 특히 스퀘어 북쪽 보행권에 인접한 마켓도로 중심의 센터시티 업무 구역이 지속적으로 확장되면서 그 남쪽 체스트넛도로와 월넛도로에 오피스 빌딩 개발이 추진되었다. 예를 들면, 스퀘어 북쪽으로 당시 필라델피아시 산하 주차청(Philadelphia Parking Authority, 1950)이 소유한 주차장 부지(1845 Walnut Street)에 뉴저지에 본사를 두고 있는 상호이익생명보험기업의 펜실베이니아 본부 오피스 빌딩(Mutual Benefit Life Building, 1972)이 25층 높이(97m)의 고층 타워로 건축되었다. 이 빌딩은 지상 5층 포디움 기단에 주차 타워(570대 규모)를 두고, 그 상부에 20층 타워를 두었다.

흥미로운 사실 한 가지를 덧붙이자면, 이곳은 주차 타워가 지어지기 전에 한 민간 개발사Underground Garage가 스퀘어 지하에 대규모 주차장을 지으려던 계획이 강한 주민 반대에 부딪혀 무산된 곳이기도 하다. 사실 마을 내부에 주차장을 개발한다는 건 마을의 미래를 좌우하는 민감하고 현실적인 이슈인 탓에 섣불리 판단될 수 없는 사안이다. 이곳의 사례는

도체스터아파트(2010, ⓒ한광야)

마을의 실질적 주차 공간 활용률 문제나 지자체 등이 주도하는 선심성 마을 주차장 개발 사업 및 그에 따른 마을 보행체계의 와해 등에 대한 문제의식을 환기시키는 반성적 사례로 다시금 상기해볼 필요가 있다.

상호이익생명보험 본사(2010, ⓒ한광야)

4. 저택의 공공기관화, 스퀘어의 보전, 고층 건물의 추가 구조

도시마을의 변화상을 읽어낼 수 있는 단서 가운데 하나로 주택들의 매각 및 소유주 변동 여부를 꼽을 수 있다. 특히 대토지를 보유한 주택의 변화는 내부 요인보다 외부 경제 상황 변동에 따른 매각으로 발생될 수 있는데, 이때 새 소유주는 리모델링이나 신축을 진행하곤 한다. 시정부나 시민단체 주도의 사업도 이러한 진행 경로를 밟을 때가 적잖다. 그 결과 마을에 공공 기능이 조성되면서 마을 정체성이 크게 바뀐다.

1960년대 불황기를 지나면서 리튼하우스스퀘어 인접 저택들은 상당 부분 민간 개발업자에 매입되어 고층형 주거 타워로 재개발되었지만, 반대로 공공기관에 매입되어 공공시설로 리모델링되기도 했다. 예컨대 리튼하우스스퀘어가든 서쪽의 사립학교 노트르담아카데미(Notre Dame Convent and Academy of Notre Dame de Namur, 1867~1967) 부지(208 South Nineteenth Street)에 들어선 리튼하우스호텔(Rittenhouse Hotel, 1989)이 그렇다. 리튼하우스호텔 맞은편인 스퀘어 동쪽에는 커티스음악원Curtis School of Music이 본관으로 이용하고 있는 드렉셀 맨션(Drexel Mansion, 1893, 현 Casimir Hall)과 시블리 맨션(Sibley Mansion, 1875)의 경우도 마찬가지다. 이 두 맨션은 각각 1924년과 1925년에 리모델링되어 커티스음악원으로 재탄생했다. 리튼하우스 네이버후드의 위더일 맨션(Wetherill Mansion, 1906)도 1960년대부터 필라델피아예술연맹의 본부로 이용되기 시작했다.

커티스음악원

리튼하우스스퀘어 동편에는 미국을 대표하는 사립 음악학교인 커티스음악원(Curtis Institute of Music, 1924)이 위치하고 있다. 여기서 뿜어져 나오는 예술적 감흥을 일상적으로 누릴 수 있다는 건 리튼하우스 주민들만의 특권이다. 바로 이것이 리튼하우스스퀘어만의 독특한 정체성을 강화시킨다. 이곳은 제2차 세계대전 이후 유럽과 차별화된 미국만의 클래식 음악을 이끌었던 작곡가 루이 번스타인Louis Bernstein의 모교이기도 하다.

커티스음악원은 필라델피아오케스트라(Philadelphia Orchestra, 1900)와 필라델피아오페라단(Philadelphia Opera Company, 1908)이 창단된 후인 1920년

커티스음악원(2010)

대에 문을 열었다. 당시 필라델피아 출판계 거물이었던 사이러스 커티스(Cyrus Hermann Kotzschmar Curtis, 1850~1933)의 딸인 메리 커티스 복(Mary Louise Curtis Bok, 1876~1970)이 주정부로부터 허가를 취득해 아버지를 기리며 이 학교를 개교했다. 당시 리튼하우스스퀘어 동쪽 블록의 세 맨션들(로코스트도로 1727번지, 로코스트도로 1720번지, 남부18번도로 235번지)을 매입했으며, 첫 신입생은 357명이었다. 매리 복은 개교 첫해부터 1969년까지 총장으로 활동하며 음악원의 성장을 이끌었다.

필라델피아예술연맹

리튼하우스스퀘어에서 남동쪽으로 한 블록 떨어진 곳에 독립전쟁과 남북전쟁을 거치며 필라델피아에서 의류 사업으로 성공한 뒤 페인트 등 화학제품을 생산해온 기업인 새뮤얼 위더일(Samuel I Wetherill, 1736~1816)의 후손들이 거주했던 맨션 주택이 있다. 위더일은 독립전쟁 당시 필라델피아기업연합(United Company of Philadelphia for Promoting Manufactures, 1775)을 설립해 활동하며 전쟁을 지원했으며, 이를 통해 필라델피아의 경제 성장을 이끌었던 인물이다. 이후 맨션 주택을 소유했던 새뮤얼 프라이스 위더일(Samuel Price Wetherill, 1846~1926)의 딸 크리스틴 위더일(Christine Wetherill Stevenson, 187~1922)이 필라델피아법원으로부터 허가를 받아 1915년 50명의 운영위원과 함께 미국에서 가장 오래된 문학, 미술, 공연 등 예술 활동 지원단체인 필라델피아예술연맹(Philadelphia Art Alliance, 1915)을 설립하고 이곳을 본부로 사용했다.

필라델피아예술연맹은 1917년부터 위더일의 맨션 주택에서 가까운 리튼하우스 북편의 두 필지(1823, 1825 Walnut Street)에서 점심 회동 등을 이끌면서 이 지역 예술인들의 교류에 기여했다. 1924년부터는 기업가들에게 회화와 조각 등 취미 교육을 진행하기도 했다. 그 결과 연맹은 1920년

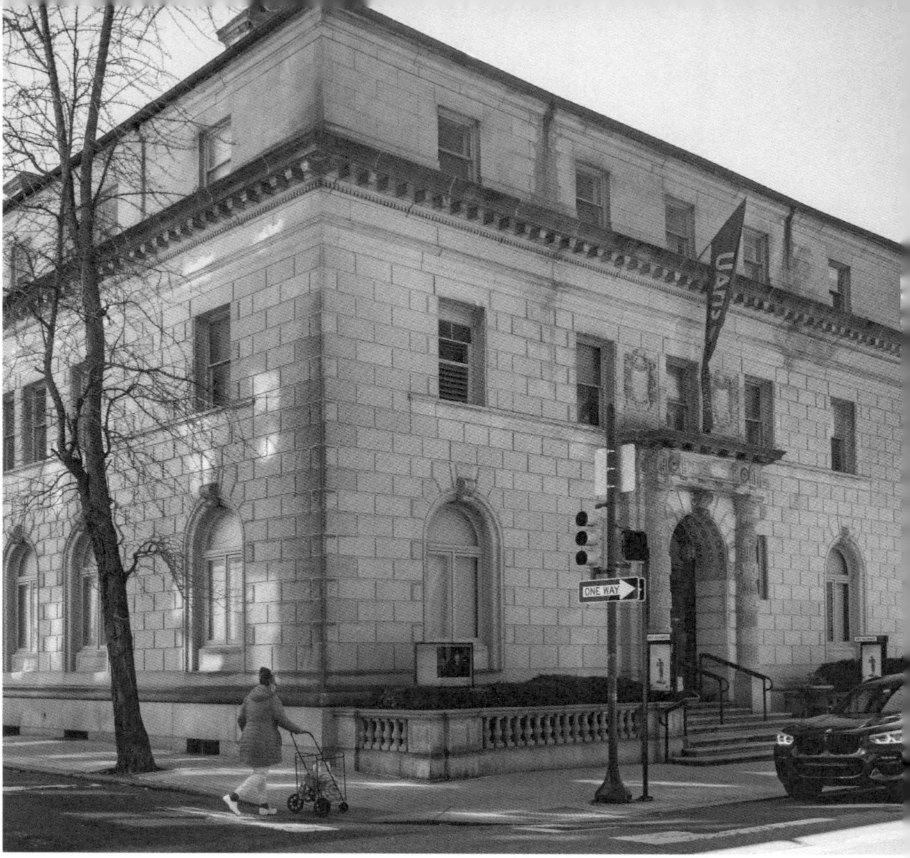

대 말 약 2,500명의 회원을 거느린 단체로 성장했다. 1960년대 말에 이르러 연맹 본부는 크리스틴위더일맨션(Christine Wetherill Mansion, 1906)으로 이전해 전시, 강연, 워크숍 등의 활동을 이어갔다. 이후 연맹은 2018년 필라델피아예술대학(University of the Arts, 1870)[10]에 흡수되어 필라델피아예술연맹대학Philadelphia Art Alliance at University of the Arts로 기능해왔다.

필라델피아예술연맹(2010)

리튼하우스스퀘어프렌즈

1960년대 경제 불황으로 리튼하우스 네이버후드는 범죄율이 증가하고 주거 환경도 악화되었다. 1970년대로 접어들자 페어마운트파크위원회(Fairmount Park Commission, 1867)는 리튼하우스스퀘어의 안전과 운영비용을 감당할 수 없게 되었고, 주변 건물들의 공실률까지 증가했다. 이러한 배경 속에 1976년 스퀘어를 보전·관리하기 위한 관민합의체public private agreement인 리튼하우스스퀘어프렌즈(Friends of Rittenhouse Square, 1976)가 탄생한다. 이 모임은 일반인들로부터 기부금을 유치해 공원의 조경 및 시설 관리와 주민의 안전과 편의를 위해 다양하고 세심한 활동들을 전개하고 있다. 이 모임이 스퀘어에서 진행하는 연중행사—아트 쇼, 플라워 마켓, 콘서트, 성탄절 트리 장식—들도 이 지역 주거 환경의 질적 수준을 향상시키고 있다.

월넛도로 상업화와 리버티플레이스 개발

리튼하우스 네이버후드의 특별함 가운데 빼놓을 수 없는 것이 스퀘어 북쪽에 놓인 상업 가로 월넛도로Walnut Street의 역할이다. 이 도로는 동쪽 델라웨어강에서 서쪽 월넛힐Walnut Hill을 연결하는 필라델피아의 상징적인 쇼핑가로로, 리튼하우스스퀘어에서 서쪽으로 두 블록 떨어져 위치한 월넛도로극장(Walnut Street Theatre, 1808)이 그 중심부 기능을 한다. 이 극장은 미국에서 현존하는 가장 오래된 극장으로, 펜실베이니아주의 공식 극장이기도 하다.

월넛도로가 필라델피아의 대표적인 상업 도로로 성장한 건 1980년대 후반부터 그 북쪽의 체스트넛도로에서 추진된 리버티플레이스(Liberty Place, 1985-1988~1990)의 개발에 닿아 있다. 이곳은 두 개의 오피스 타워를 중심으로 호텔과 오피스 그리고 기단부의 복합 쇼핑몰이 개발된 형태로 민간이 주도한 사업의 결과였다. 제1타워(One Liberty Place, 1985~1987, 61층, 288m)와 제2타워(Two Liberty Place, 198~1990, 58층, 258m), 리츠칼튼호텔(Ritz-Carlton Hotel, 14층, 객실 289개, 현 Westin Philadelphia Hotel) 그리고 두 층의 포디움에 들어선 리버티플레이스쇼핑몰(Shops at Liberty Place, 13,000㎡)이 여기에 포함된다.

사업 1단계인 리버티플레이스 제1타워 개발은 1985~1987년 사이 진행되어 철도기업 콘레일Conrail이 첫 임대자로 입주했다. 제1타워는 독일 건축가 헬무트 얀(Helmut Jahn, 1940~2021)이 오스트리아 부동산 기업인 시그나그룹(Signa Holding GmbH, 2000~2023)이 소유한 아트 데코 양식의 뉴욕 크라이슬러빌딩(Chrysler Building, 1928~1930, 77층, 1,046ft, 319m)에서 영감을 받아 설계했다. 입면 최상부의 셋백된 박공형 지붕에 화강암, 푸른색 커튼월 패널, 알루미늄 등으로 시공되어 "크라이슬러 아들Son of Chrysler"로 불려왔다. 사업 2단계인 리버티플레이스 제2타워 개발은 시그나그룹의 건물 전체 임대 계약을 조건으로 1987년 시작되어 1990년 완료되었다. 제2타워는 시카고의 투 프루덴셜플라자(Two Prudential Plaza, 1988~1990, 64층, 303m)를 모델로 설계되었다.

리버티플레이스의 개발은 1980년대 중반까지 이어져온 필라델피아 건축물 고도 제한 규정을 넘어서 도심의 고층 타워 양산을 유도했다는 점에서 의미가 크다. 흥미롭게도 이때 탄생한 고층 타워들이 리튼하우스스퀘어 주변에 집중되었다. 당시만 해도 필라델피아는 시청(Philadelphia City Hall, 1901, 167m) 지붕 위에 놓인 윌리엄 펜의 동상보다 건물을 높게 지을 수 없다는 신사협정Gentlemen's Agreement이 발효 중이었다. 물론 이 협정은 법적 강제력이 없었다. 그러나 리버티플레이스가 개발되기 시작하면서, 특히 개발업자 윌러드 라우즈(Willard G. Rouse III, 1942~2003)에 의해 체스트넛도로변의 주차장과 저층 건물 부지가 개발되면서 이 협정이 깨지고 만다.

리튼하우스 로우 17번도로에서 바라본 리버티플레이스(2010, ⓒ한광야)

리버티플레이스 개발과 연계된 이 신사협정의 파기는 향후 고층 건물의 양산을 초래하고 결국 도시를 변질시킬 것이라는 큰 비판을 받았다. 당시 한 언론사Philadelphia Daily News의 전화 설문 조사에 따르면, 고도 제한에 대한 찬반은 각각 3,809 대 1,822로, 규제 유지 여론이 월등했다. 또 다른 언론사(Philadelphia Inquirer, 1829)는 리버티플레이스의 고층화가 필라델피아 다운타운의 고층화를 유도함으로써 결국 도시의 중심인 시청의 상징성이 해체되고, 중심부의 고층 빌딩 이전이 야기될 것이라 비판했다.

반면 고층 개발 지지자들은 고층 타워가 궁극적으로 도심 활성화에 기여할 것으로 평가했다. 이들은 일자리 창출 기능을 강조하면서 하늘이라는 공공 공간이 이미 중소 고층 건물들로 가려져 있다고 지적했다. 결국 일자리 창출을 명분으로 필라델피아시의회는 이 프로젝트를 지지했고, 이로써 16번에서 20번도로까지, 체스트넛도로에서 존에프케네디블러바드John F. Kennedy Boulevard 남쪽까지 구역에 고층 타워를 집중시키는 도시 계획이 발표되었다. "현대 필라델피아의 아버지"이자 당시 필라델피아시의 도시계획위원회 위원장이었던 에드먼드 베이컨은 이러한 개발계획에 반대하며 사임했다.

1990년대 이후의 고층 타워 빌딩군

1980년대를 지나면서 리튼하우스 네이버후드의 기존 맨션 주택 필지에 아파트, 호텔, 콘도가 고층 타워로 신축되면서 리튼하우스스퀘어의 두 번째 고층화가 진행되었다. 특히 1990년대 후반부터 지역 경제가 되살아나면서 스퀘어 주변 개발 압력이 높아졌다. 스퀘어 북쪽 월넛도로와 체스트넛도로에 고층형의 콘도아파트가 건축되기 시작했으며, 이후 고층형 콘도아파트 건설 붐이 조성되면서 2000년을 전후해 그간 교외지에서 거주하던 노령 베이비부머 세대의 도심 회귀가 진행되었다. 자연스럽게 고층 타워형의 고밀도 복합 개발이 가속화되고, 이에 따라 리튼하우스 네이버후드는 초고층 고밀도 빌딩들이 밀집한 현재의 모습을 갖추어갔다.

특히 이러한 대규모 고층 타워들은 지상부에 상업 기능이 갖춰진 혼합 용도로 개발되면서 유동 인구의 보행 활성화에도 지속적으로 기여해 오고 있다. 그 결과 마켓도로 주변의 오피스들과 보행권 내 직주 근접 마을들이 연결되고, 스퀘어에는 보행체계의 허브 및 앵커 기능이 강화되면서 스퀘어와 주변 보도들은 24시간 사방으로 연결되는 양질의 보행체계를 제공하고 있다. 혼합 용도로 개발된 이 지역 고층 타워들의 대표적 사례로는 리튼하우스스퀘어 북쪽과 남쪽 블록의 리튼하우스스퀘어 1706번지(1706 Rittenhouse Square, 2009, 31층), 리튼하우스스퀘어 10번지(10 Rittenhouse Square, 2009, 33층), 로렐리튼하우스스퀘어(Laurel Rittenhouse Square Apartment and Condominium, 2022, 48층), 하퍼스퀘어(Harper Square, 2022, 24층) 등이 있다.

리튼하우스호텔

리튼하우스스퀘어에서 가장 높은 대표적 건물은 노트르담아카데미 부지에 33층으로 세워진 리튼하우스호텔(Rittenhouse Hotel, 1989; 객실 92개, 스위트룸 24개)이다. 1867년 개교 후 노트르담수도원이 운영해 온 아카데미는 규모가 확장되면서 공간 부족 문제가 발생하기 시작했다. 이에 필라델피아 북서쪽 교외지인 빌라노바Villanova에 부지를 마련한 뒤, 1944년부터 도심과 이곳 교외지 두 곳에서 아카데미를 운영해오다 결국 1967년 리튼하우스의 아카데미를 폐교하게 된다.

원래 이 학교 자리엔 펜실베이니아철도(Pennsylvania Railroad, 1846)의 7대 사장을 역임했던 알렉산더 카사트(Alexander Cassatt, 1839~1906)의 맨션(1900)

리튼하우스호텔(2010, ⓒ한광야)

이 위치하고 있었다. 이 주택은 펜실베이니아 에피스코팔교회Episcopal Church of Pennsylvania에 매각되어 본청으로 이용되다가 이후 여기에 다시 노트르담아카데미가 들어선 것이었다. 마침내 아카데미가 빌라노바로 이전하면서 그린우드그룹Greenwood Group의 주도로 호텔이 개발되기 시작했다. 호텔은 건축가 도널드 라이프Donald Reiff의 설계에 따라 45도로 경사진 파사드를 갖추고 각 호텔 유닛이 스퀘어 경관을 극대화하며 완공되었고, 이후 2019년에 다시 리모델링을 거쳤다.

리튼하우스스퀘어 1706번지와 10번지의 콘도아파트

리튼하우스스퀘어와 한 블록 떨어져 필라델피아예술연맹 동쪽으로 2009년 개발된 리튼하우스스퀘어 1706번지 콘도 아파트(1706 Rittenhouse Square, 2010, 122m)는 9개 개별 필지들이 하나로 합필된 대지 위에 31층 콘도아파트로 개발되었다. 이곳에서는 한 층이 한 주거 유닛을 이루고 있다.

또 리튼하우스스퀘어 북쪽에 들어선 33층짜리 콘도아파트인 리튼하우스스퀘어 10번지(10 Rittenhouse Square, 2011, 33층)는 혼합 용도 건물로, 고전적인 현대 건축에 집중해 온 건축가 로버트 스턴Robert A. M. Stern의 테라스식 설계작으로 스튜디오와 4-베드룸 유닛까지 총 142유닛을 두고 있다. 파사드는 적색 벽돌과 석회암으로 처리해 20세기 초 필라델피아시티센터에서 유행했던 빌딩의 모습을 재현했다. 이는 당시 뉴욕 파크애비뉴 고가 아파트의 모습을 연상시킨다. 그 외에도 루프탑 정원, 수영장, 스파, 운동시설과 지하 주차장(규모 175대) 등을 갖추고 있다.

리튼하우스스퀘어 10번지 콘도아파트(2024, ⓒ이영만)

로렐리튼하우스스퀘어와 하퍼스퀘어의 콘도아파트

리튼하우스스퀘어 서북쪽 모
서리 인접 블록1911 Walnut Street
에는 서든랜드기업Southern Land
Company이 48층 규모로 로렐
리튼하우스스퀘어 콘도 아파트
(Laurel Rittenhouse Square Apartment
and Condominium, 2022, 184m)를
세웠다. 이 아파트는 필라델피
아에서 가장 높은 주거 타워
로, 지상부 2층까지는 상업 용
도이며, 중간층인 26층에 스파
및 피트니스 시설을 두었고,
하부인 3-25층에는 임대 아파
트(187유닛), 상부층에는 콘도(66
유닛)를 두었다.

　최근 펄자산사Pearl Properties가 남부 19번도로 112-121번지(112-121 South
19th Street)에 24층 규모로 세운 하퍼스퀘어(The Harper Square, 2022) 역시 지
상부 상업 용도는 주거 183유닛으로 동일하다. 특히 도로에 면한 전면부
에 붉은 벽돌의 19세기 건축 양식을 가진 4층 규모 타운하우스 네 채(113,
115-117, 119, 121 South 19th Street)의 파사드를 보전해 그 정체성을 유지했다.

로렐리튼하우스스퀘어 콘도아파트(2024, ⓒ이영만)

제 6 장

뉴욕의 그리니치빌리지

1. 교외지의 황열병 피난처

살아있는 건축과 도시의 교과서인 뉴욕시의 시작점은 맨해튼섬의 최남단 니우암스테르담(Nieuw Amsterdam, 1624)이다. 이름이 암시하듯 니우암스테르담은 1600년대 초 이곳에 도착한 네덜란드 상인의 교역 거점으로 형성되었다. 당시 네덜란드 서인도기업(West-Indische Compagnie, Dutch West India Company, 1621~1792)은 북아메리카에서 생산되는 모피 교역 항로를 개척하기 위해 니우암스테르담은 물론, 브라질의 니우홀란드(Nieuw Holland, 1630~1654), 아프리카 네덜란드령 골드코스트(Dutch Gold Coast, 1621) 등에 식민 교역 거점을 건설했다.

영국 태생의 네덜란드 개척자인 헨리 허드슨(Henry Hudson, 1565~-1611)은 북극을 거쳐 중국으로 가는 동북 항로Northeast Passage를 개척하던 중 맨해튼섬을 발견했다. 그 서쪽 강이 허드슨강(Hudson River, 1609)으로 명명된 시점이 이 무렵이다. 당시 구릉과 하천이 많은 이 섬은 이스트펜실베이니아로부터 뉴욕주 허드슨분지까지 계절 따라 이동과 거주를 반복하던 레나페족Lenape Sapahanic Indians의 근거지였다.

서인도기업은 1624년 네덜란드 첫 거주민을 이곳으로 이주시키고, 맨해튼섬 남쪽 끝 언덕 위에 거점인 암스테르담요새(Fort Amsterdam, 1625~

1788; 현 Battery Park)를 조성해 유럽 세력으로부터 방어했다.[1] 이후 니우암

스테르담은 이 요새를 중심으로 성장해 나갔다.

니우암스테르담에서 북쪽으로 약 2km 떨어진 현재의 하우스턴도로

Houston Street 북쪽에는 레나페족의 담배밭이 위치해 있었다. 이곳은 허드

슨강 작은 만의 배후지로 현재 크리스토퍼부두(Christopher Street Pier 45, Pier

53) 위치이며, 하이라인High Line이 시작되는 곳이다. 레나페족은 이곳을

사포카니칸(Sapo-kanikan, tobacco field)이라 불렀고, 네덜란드인에게 담배

뉴욕시 지도(1847)

재배법을 가르쳐주기도 했다. 네덜란드인은 이곳을 북쪽 구역이라는 의미로 누어트윅Noortwyck이라 불렀다.

네덜란드인의 니우암스테르담 정착 후, 누어트윅은 레나페족의 담배밭에서 점차 지주의 농장으로 변화했다. 서인도기업이 파견한 니우네덜란드(Nieuw Nederlands, 1614~1667, 1673~1674) 식민지 제3대 총독인 페터르 미노이트(Peter Minuit, 재임 1626-1631)는 1626년 레나페족으로부터 맨해튼을 60길더(2020년 기준, 약 1,143달러)에 매입했다. 제4대 총독 바우터 반 트윌러(Wouter van Twiller, 1606~1654)는 1629년 서인도기업으로부터 그리니치 토지(면적 200에이커, 0.81㎢)를 불하 받아 아프리카 노예들을 이주시켜 담배를 경작했다.

그리니치빌리지는 1713년에야 공식 기록에 등장하지만, 그 전에 니우네덜란드로 이주해 왔던 옐리스 얀센 드 만데빌(Yellis jansen de Mandeville, 1626~1701)의 유언장에서 언급된 바 있다. 그는 롱아일랜드 근처 그린위크Greenwijck에 거주하다가 1679년 토지를 불하 받아 이주해 왔다. 그는 이주해오며 그린위크와 유사한 그리니치Grin'wich라는 영국식 이름을 붙인 것으로 추측된다.

물론 그리니치Greenwich는 런던에서 동쪽으로 10km 지점에 위치한 18세기 휴양 주거지로서 조지 시대의 웅장한 주택들로 유명한 곳이다. 표기상 '위치wich'는 라틴어로 '타운town'을 뜻하는 '위쿠스vicus'의 변형태다. 현재 런던 그리니치는 노동자 커뮤니티가 밀집한 동쪽 구역과 상류층이 주로 거주하는 서쪽 구역으로 나뉜다. 뉴욕 그리니치 상황도 이와 비슷해 서쪽 노동자 구역과 동쪽 상류층 구역으로 분화되었다.

그리니치도로, 허드슨도로

네덜란드와 영국인 지주들은 1795년부터 로워맨해튼Lower Manhattan에서

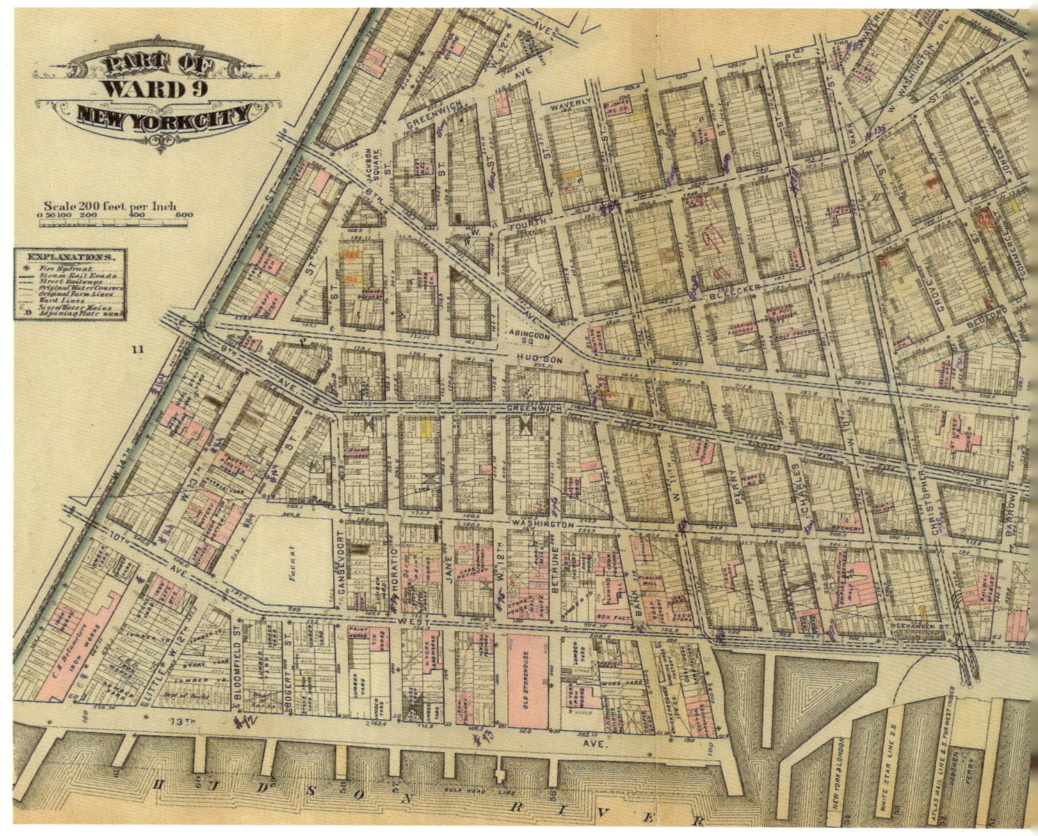

발생하기 시작한 황열병(NYC Yellow Fever Epidemic, 1795~1804, 1822)[2]과 1832년 발발한 콜레라를 피해 맨해튼 북쪽 경계인 하우스턴도로 너머의 그리니치로 이주해 왔다. 허드슨강 수변을 따라 로워맨해튼과 그리니치를 연결하는 하천 수변 길인 그리니치도로를 따라 이주해 올라온 것이다. 이곳은 크리스토퍼도로와 서부 14번도로West 14th Street 사이에서 허드슨강이 굽이쳐 작은 만을 이루는 구간으로 그리니치빌리지의 초기 부두로 이용되었다.

그리니치빌리지 중에서도 웨스트빌리지로 불리는 곳이 바로 여기다 (여기서 '웨스트'는 브로드웨이의 서쪽을 의미한다). 웨스트빌리지는 당시 맨해튼의 하우스톤도로Houston Street에서 155번도로까지를 격자형 도로체계로 제

크리스토퍼 부두를 중심으로 형성된 웨스트빌리지 일대(1879)

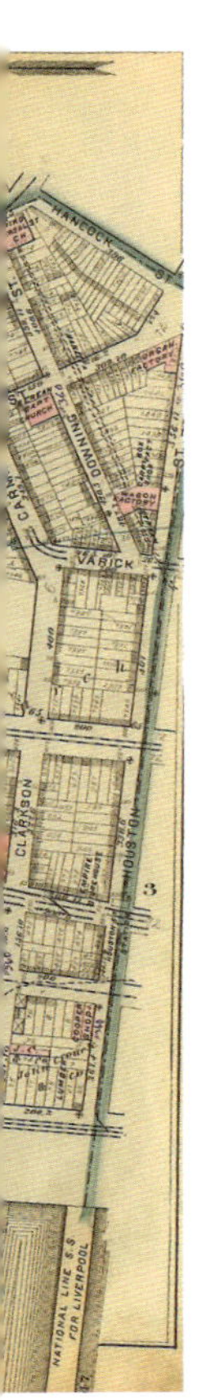

안한 뉴욕시 커미셔너계획안Commissioners' Plan of 1811[3]이 작성되기 이전, 허드슨강과 평행·직각을 이루는 격자형 블록 체계를 갖고 조성되었다. 따라서 웨스트빌리지는 주변지와 물리적 블록 체계로서 구별되며, 번호가 아닌 이름으로 각 도로들을 명명했다.

허드슨강 따라 '그리니치로 가는 길Road to Greenwich'이란 의미의 그리니치도로는 1790년을 전후해 공식 문서에 등장한다. 브로드웨이를 제외하면, 로워맨해튼 배터리파크에서 갠스부르트도로Gansevoort Street와 그리니치를 연결하는 유일한 길(약 4km)이었다. 18세기 말을 전후로 그 남쪽 구간Lower Greenwich Street에 3층 규모의 연방 건축 양식 맨션들이 세워지면서 맨해튼의 대표 주거지가 되었다.

또한 그리니치도로 북쪽 구간Upper Greenwich Street은 예술가, 상점, 자유 흑인 마을로 성장했다. 이른바 허드슨리버스쿨Hudson River School 미술 운동에서 중심 활동을 하며 가을 풍경을 전문으로 그렸던 화가 토머스 콜(Thomas Cole, 1801~1848)이 이곳에서 거주하며 활동했다. 「검은 고양이」의 작가 에드거 앨런 포(Edgar Allan Poe, 1809~1849)도 잠시 이 마을에 거주했다. 이후 이곳은 예술가들의 커뮤니티로 유명한 화이트호스터번(Longshoremen's Bar, 1880; 현 White Horse Tavern; Hudson Street and 11th Street)과 라이온즈헤드(Lion's Head)을 중심으로, 1950~1960년대 보헤미안 문화의 거점이 되었다.

그리니치도로 배후의 허드슨도로는 허드슨강 하천변의 부두들을 연결하면서 1820년대를 전후로 시작된 뉴욕의 북쪽 확장과 그리니치빌리지의 개발을 이끌었다. 웨스트빌리지가 공식적으로 뉴욕시로 포함된 것이 이때다. 실제로 허드슨도로는 34번부두(Pier 34)와 홀란드터널의 시작점으로 연결되는 허드슨스퀘어Hudson Square에서 시작해 크리스토퍼도로를 지나 북쪽으로 53번부두(Pier 53)가 위치한 갠스부르트도로까지 연결해준다. 허드슨스퀘어는 구글과 디즈니 등의 기업들이 이주하면서 최근에는 미디어, 광고, 디자인, IT 산업의 허브로 성장했다.

그리니치빌리지에는 허드슨강 부두와 배후 주거지를 연결하는 스키너 도로(Skinner Road, 현 Christopher Street)를 중심으로 뉴욕주 뉴게이트감옥 (Newgate Prison, 1797~1810)과 세인트루크교회(St. Luke Church in the Fields, 1822) 가 세워졌다. 그리고 부두의 상인과 운반 노동자를 대상으로 한 그리니치의 올드마켓(Greenwich Old Market, 1813~1835)이 이 도로 남쪽으로 워싱턴도로와 그리니치도로 사이 로워맨해튼 트리니티교회(Trinity Church, 1696; 재건, 1790) 소유지에 개장했다.

그리니치빌리지에 개발 붐이 인 것은 1820년대로, 당시 뉴욕시는 북쪽으로 확장 중이었다. 이 즈음 그리니치빌리지는 1817년 뉴욕시에 공식 편입되었다. 그리니치빌리지는 남북 방향의 허드슨도로를 따라 빠르게

노던의료원(2024, ⓒ김민지)

개발되었다. 이즈음 뉴욕시에서 재유행한 황열병[4] 탓에 그리니치빌리지는 로워맨해튼의 피난처로 개발이 가속화되었다.

그리니치빌리지에 노던의료원(Northern Dispensary, 1824; 167 Waverly Place)도 이때 들어섰다. 당시 뉴욕시 최북단인 크리스토퍼도로를 중심으로 그로브도로, 웨이버리플레이스가 정의하는 삼각형 교차로에 공사비 4,700달러를 들여 2층 규모의 연방 건축 양식으로 세워졌다. 목수 헨리 바야드Henry Bayard와 벽돌공 존 터커John Tucker가 그 공사의 주축이었다. 이후로 너던의료원은 줄곧 빈자를 위한 의료 활동의 중심으로 기능했다. 1855년 3층으로 증축되었으며, 뉴욕주와 뉴욕시의 지원금과 기부금으로 운영되고 있다.

세인트루크교회(2024, ⓒ김민지)

이삭-헨드릭스 주택, 제임스브라운하우스

그리니치빌리지의 초기 개발 시기에 이주해 온 지주들의 대표적인 주택은 18세기 말 베드포드도로와 커머스도로 교차로에 지어진 이삭-헨드릭스 주택(Isaacs-Hendricks House, 1799; 개축과 확장, 1836; 3층 증축, 1928; 77 Bedford Street)[5]이다. 뉴욕시 브로드웨이 구역 밖에서 가장 오래된 극장인 체리레인극장(Cherry Lane Theater, 1923)에 인접해 있다. 네덜란드 무역상 조슈아 이삭

이삭-헨드릭스 주택(2024, ⓒ김민지)

Joshua Isaacs이 로워맨해튼에서 그리니치빌리지로 이주해 도로 개통 전 밭에 지은 농장 주택이 그 시초다. 이후 그의 사위 하몬 헨드릭스Harmon Hendricks가 매입해 가족들과 함께 이곳에서 거주했다. 맨해튼에 현존하는 가장 오래된 건축물 중 하나로, 1928년 증축 당시 연방 건축 양식으로 개조되었다.

또 하나의 대표적인 주택은, 그리니치도로와 스프링도로 교차지에 플레미쉬 벽돌 구조의 연방 건축 양식을 지어진 제임스브라운하우스(James Brown House, 18세기 후반; 1817)도 있다. 허드슨강이 바라보이는 입지이며, 1층에 담배 가게를 두고 있었다.

제임스브라운하우스(2024, ⓒ김민지)

2. 크리스토퍼도로의 로우하우스와
　워싱턴스퀘어의 주거지

크리스토퍼도로, 제퍼슨마켓

그리니치빌리지가 맨해튼 교외의 농촌에서 하천 부두 마을로 변화한 건 독립전쟁 종전 후 이리운하(Erie Canal, 1825, 길이 584km, 너비 12m, 깊이 1.2m)의 개통이 계기가 되었다. 이 운하는 북아메리카 내륙의 이리호수Lake Erie와 맞닿은 버펄로Buffalo와 허드슨강 하구의 알바니Albany를 연결하며, 미국 중서부와 캐나다의 농산물 산지를 애틀랜타 해안 항구로 연결하는 운송 체계였다. 이 운하를 통해 미국 중서부의 풍부한 물산이 맨해튼과 대서양으로 빠르고 저렴하게 운송되었고, 운하를 따라 늘어선 알바니, 로체스터Rochester, 리틀폴스Little Falls, 트로이Troy, 코호스Cohoes, 암스테르담Amsterdam, 버펄로[6] 등이 수송 거점으로 성장했다.

　이리운하 거점들 가운데 대표적인 성장 사례가 그리니치빌리지의 부두에서 허드슨강을 따라 북쪽으로 약 240km 정도 올라간 곳에 위치한 알바니다. 이리운하의 총 83개 갑문들 가운데 첫 번째 갑문이 이곳에 위치해 있다. 특히 네덜란드 상인들이 허드슨강을 발견하고 상류를 탐험하던 중, 1614년 처음으로 원주민들과 피혁을 거래한 역사적인 장소이기도 하다.

　이리운하의 개통은 당시까지도 네덜란드인과 영국인 지주 농장 마을이었던 그리니치빌리지를 크리스토퍼부두Christopher Street Pier 45를 중심에 둔 부두 마을로 빠르게 성장시켰다. 특히 부두와 배후 블록을 연결하는 크리스토퍼도로를 중심으로 마을 체계가 형성되었다. 이후 부두의 중심부는 부두와 올드마켓으로부터 동쪽 끝에 개업한 제퍼슨마켓으로 이동했다.

크리스토퍼부두(2013)

제퍼슨마켓은 스키너도로와 그리니치레인(Greenwich Lane, 현 Greenwich Avenue)이 만나는 삼각 블록에 들어선 창고에서 출발했다. 애당초 단층 상점shophouse과 창고warehouse 군으로 형성되어 해산물 상인을 비롯한 각종 상인들의 활동 거점이 되어주었고, 창고 중앙에는 팔각 목조의 화재 감시탑을 둔 법원이 위치했다. 그리고 제퍼슨마켓감옥(Jefferson Market Prison, 1933)이 이곳에 추가되었다. 뒤이어 제퍼슨마켓이 웨스트빌리지의 중심 시장으로 번성하자 부두의 올드마켓은 1835년에 폐장했다.

그리니치빌리지 크리스토퍼도로는 주변으로 주요 시설이 들어서면서 마을의 중심이 되었다. 1820년 로어맨하탄의 월스트리트도로 맞은편의 트리니티교회에서 기부한 크리스토퍼도로 남쪽 농지에 이주민의 생활을 돕기 위해 세인트루크교회가 세워졌다. 영국 마을 교회를 모델로 삼아 적색 벽돌에 종탑을 두고 연방 건축 양식으로 지어졌다.[7] 주변에는 임대해 사용하는 로우하우스(row house, 합벽식 연립주택)[8]와 부속 세인트루크초등학교St. Luke's School가 있었다. 이후 교회는 두 번의 화재(1886, 1981)를 겪고, 1985년 본래의 연방 건축 양식으로 재건되었다.

이리운하 개통 후 크리스토퍼도로 끝단의 크리스토퍼부두는 통근자들의 터미널과 물자 운송의 연결 거점으로 기능했다. 그리고 부두가 점차 성장하면서 이곳에 자리했던 뉴게이트감옥이 해체되고, 그 자리를 그리니치마켓(Greenwich Weehawken Market, 1834~1844)이 대신했다. 목재 구조에 박공지붕의 건축물(현 6 Weehawken Street)로 개장 후 뉴저지 산 농작물 등을 판매하다가 1844년에 폐장했다.

한편 허드슨강 하천 변의 부두 주변으로 공장과 창고들이 들어섰다. 대표적인 것들을 꼽자면, 셰퍼드창고(Shepherd Warehouse, 1896; 277 West 10th Street)와 미국 감정평가사창고(Appraiser's Warehouse, 1898; 150 Christopher Street) 등이 있다. 1830~1850년대 독일, 프랑스, 아일랜드 등지에서 이주해 온 농부, 장인, 공장 노동자들이 이곳에서 일했다. 이들은 주로 부둣가 버튼도로(Burton Street, 현 Leroy Street) 주변과 그레이트이스턴호텔(Great Eastern Hotel, 1888; 180 Christopher Street)과 켈러호텔(Keller Hotel, 1898; 150 Barrow Street) 등에 잠시 거주했다.

그리니치빌리지의 공간 계층화

황열병으로 밀려든 피난민 그리고 이리운하 개통으로 그리니치빌리지 주거 인구는 급증했고, 이는 자연스럽게 1820~1850년대 주택 개발로 이어졌다. 당시 토지 소유자와 개발자는 대규모 토지를 최대한 많은 필지로 분할해 매매하거나 임대를 주면서 수입을 극대화했다. 이러한 시대적 요구에 부응한 주택 형태가 영국식 서민형의 로우하우스였다.

뉴욕시의 인구는 1830년에 25만 명에 도달했다. 이 가운데 잉글랜드의 식민 지배에 저항하고 대기근 등을 피해 이주해 온 아일랜드 이민자 비중이 크게 증가했다. 1850년대에 접어들면서 뉴욕시 인구의 25%를 점유하는 수준이었다.[9]

그리니치빌리지 주거 인구 구성이 변하고 주거지 계층화가 두드러지긴 시작한 것이 이 무렵이다. 공장이나 토지를 소유한 상류층의 주택 군과 공장과 부두 노동자들이 거주하는 로우하우스가 도로를 따라 각각 등장했다. 계층적 특성을 반영한 거주 공간의 차별화는 개발업자들이 의도한 사업의 결과이기도 했다.

노동자들은 부두에 인접해 창고와 공장이 밀집되어 있던 르로이도로Leroy Street와 블리커도로Bleecker Street 중심의 로우하우스에 거주했다. 반면 상류층의 중심 주거지는 그리니치도로 남쪽 구간Lower Greenwich Street의 리치몬드힐Richmond Hill에서 워싱턴스퀘어(Washington Square Park, 1849)를 중심으로 조성된 고급 로우하우스 군이었다. 개발업자들은 이곳 구릉을 평지화하고, 미네타하천Minetta Creek과 허드슨강변을 메워 배후에 농

장을 구획한 뒤 로우하우스를 지어 분양했다. 그 대표적 사례가 1832년을 전후로 워싱턴스퀘어 북쪽에 개발된 일군의 그리스 부흥 건축 양식의 로우하우스들이 이전엔 공동묘지(Potter's Field, 1797~1825)였다가 워싱턴퍼레이드장(Washington Military Parade Ground, 1826)으로 지정된 뒤, 다시 뉴욕시 주도로 워싱턴스퀘어로 재건된 이곳에 주거지가 조성된 것이었다.

로우하우스

그리니치빌리지는 일명 '로우하우스row house의 마을'이다. 도로를 따라 비슷한 규모의 폭이 좁은 필지 위에 유사한 건축 양식과 시공재로 측벽을 서로 공유하며 주택들이 연속된다. 이 로우하우스들은 독립전쟁 시기를 전후해 영국의 조지안 건축 양식을 모델로 시공되었다. 그러나 적국의 왕명으로 표현되던 건축 양식은 미국 땅에서 연방 건축 양식Federal Style으로 변경된다. 조지안 양식의 장식들은 축소되고 벽면 필라스터가 거의 사용되지 않는 소박한 미국 건축 양식으로 변화한 것이었다.

미국 연방 건축 양식은 1780~1830년대에 유행했다. 르네상스 시대 이탈리아 건축가인 안드레아 팔라디오(Andrea Palladio, 1508~1580)의 건축 특성에 기반을 둔 조지안 건축 양식으로부터 차별화되었다. 예컨대 미국의 3대 대통령을 역임한 토머스 제퍼슨(Thomas Jefferson, 재임 1801~1809)이 설계하고 거주한 버지니아주 샬러츠빌Charlottesville 외곽의 농장 주택인 몬티첼로(Monticello, 1772)가 바로 이 양식에 따랐다. 그리니치빌리지에 당도한 연방 건축 양식은 이후 미국의 모델을 고대 그리스에서 찾기 시작하면서 그리스 부흥 건축 양식[10]으로 대체되었다.

그리니치빌리지 로우하우스는 공기工期 단축과 예산 절감의 관점에서 개발업자와 거주자의 욕구를 모두 충족시킨 주택 유형이었다. 특히 부동산 투자 목적이 큰 개발업자에게는 안성맞춤이었다. 더구나 그리니치빌

리지의 단위 필지는 너비가 좁고, 길이가 긴 형태였는데, 이러한 조건에
도 제격이었다.

당시 그리니치빌리지의 보편적인 로우하우스의 형태는 이랬다. 필지
너비와 길이는 각각 6m(20ft)와 30m(100ft)에, 건물 너비는 필지와 같이 6m
였지만 길이는 15m(50ft)였다. 높이는 2.5층인 9m(30ft), 지하층, 지상 1층
과 2층, 반 층의 다락을 두었다. 1850년대를 지나면서 3-4층 규모로 확장
되었다. 그리스 부흥 건축 양식에, 벽돌은 길고 짧게 교대로 배치하는 플
레미쉬 쌓기 방식으로 시공되었다.

로우하우스의 기준층인 1층은 집 앞 도로보다 반 층 이상 높아서 도로
오폐물을 피해 현관이 위치했고 지하층을 둘수 있었다. 도로에 면한 두 개
의 응접실 공간은 연이어 배치되어 필요시 연결되거나 분리되었다. 2층
과 다락에는 사적 공간과 침실이 배치되며, 도로에 면한 방 두 개가 나란
히 붙어 배치되었고, 각 층 모든 방이 창문을 통해 채광과 환기를 조절했
다. 응접실에는 장식이 더해졌지만 침실은 단순한 실내 디자인으로 소박
했다. 지하층엔 작은 창문을 두고 부엌과 식당이 위치해 연기와 냄새가
집안 전체로 퍼지는 것을 막았다. 뒷마당 정원은 부엌으로 연결되며, 창고
나 주차 공간이 있기도 했다. 이제 네 채의 로우하우스 사례를 살펴보자.

그로브도로 주택

그로브도로 주택(17 Grove Street-100 Bedford Street, 1822)은 그로브도로에 면
한 모서리 필지에 위치하며, 외벽으로 비막이 판자clapboard를 갖춘 지상
3층, 지하 1층 로우하우스다. 현존하는 몇 안 되는 목재 구조 주택으로,
창호 시공자인 윌리엄 하이드William F. Hyde가 건축했다. 뉴욕시는 방화
건축법규(NYC Fire Codes, 1816)를 시행해[11] 목재 구조 건축을 금지시켰는
데, 대화재(Great Fire of New York, 1835) 이후 규제는 더욱 강화되었다.

이 주택은 그로브도로 전면에 집주인의 주택을 두고, 그 옆 베드포드 도로에 2층 규모의 별채가 추가되었다. 처음엔 지상 2층, 지하 1층 규모 였지만, 1870년 3층이 증축되고 최상층 입면 지붕에 이탈리아식 코니스 장식이 추가되었다. 1층에는 부엌, 식당, 거실을, 2층과 3층에는 총 3개의 방을 두었다. 베드포드도로 100번지 별채 1층에는 부엌, 식당, 거실이, 2 층에는 침실이 있다.

르로이도로 주택

르로이도로 주택(7 Leroy Street, 1831, 구(舊) 7 Burton Street)은 과거 리치몬드힐 로 불렸던 트리니티교회 소유지에 위치한다. 주로 부두 노동자들이 거주 했으며, 필지의 너비 약 6m, 길이 약 25m이다. 로워맨해튼에 남아 있는 13개 연방 건축 양식의 주택들 가운데 하나다. 존 아스토르John Jacob Astor 가 1820년 미국 부통령을 지낸 애론 버(Aaron Burr, 1756~1836)로부터 토지 를 매입해 도로와 필지를 구획하며 개발을 시작했고, 1830년 제이콥 로 메인Jacob Romaine이 이 필지에 로우하우스 주택을 시공했다.

시공 당시 지상 2층, 다락 층, 지하 1층 규모로, 목재 구조에 벽돌 마감 으로 시공되었고, 지하 1층에는 부엌과 작업실이 있었다. 주거 블록 뒤 편으로 인접 주택들과 공유하는 대형 마당을 두었는데, 노동자들은 이런 곳에 소행 주택을 지어 생활하기도 했다. 1835년 실제로 이곳 뒷마당에 2층 구조물이 지어졌고, 1922년 다세대 주택으로 확장되었다. 주택 전면 부 마로(馬路, horse walk)는 뒷마당 작은 집에 거주하는 사람들이 진입하는 통로가 되었다. 시간이 지나면서 여러 계층의 사람들이 이 주택을 거쳐 갔다.[12]

그로브도로 17번지 주택(2024, ⓒ김민지)

찰스도로 로우하우스

찰스도로 로우하우스(131 Charles Street, 1834)는 그리니치빌리지로 이주해 온 은행원이자 부동산 경매인이었던 앤서니 블리커(Anthony Lispenard Bleecker, 1741~ 1816)의 소유지에 지어져 상인과 노동자에게 분양 또는 임대된 사례다. 석공 데이비드 크리스티David Chrystie가 르로이도로 로우하우스와 유사한 건축 양식으로 시공했다. 주변 로우하우스들에도 1840년대까지 건축가, 목수, 석공 등 노동자 가족이 세입자로 다수 거주했다.

찰스도로 로우하우스(2024, ⓒ김민지)

전면 도로에 면한 필지 너비는 약 7.5m, 길이는 10m였다. 그 위에 붉은 벽돌과 철제 난간, 이오니아 양식의 기둥, 지붕, 창문 등을 갖춘 연방 건축 양식으로 시공되었다. 1층엔 두 개의 응접실과 서재가 있고, 증축되었을 것으로 추정되는 3, 4층에는 네 개의 침실을 두었으며, 지하에는 부엌, 식당, 세탁실이 있다. 뒷마당 마차 차고는 1889년에 개조되어 작업장, 하인 숙소, 상점 또는 별채 등으로 이용되었다. 출입은 주택 정면에 설치된 마로 터널을 통해 가능하다.[13]

워싱턴스퀘어의 로우하우스

1850년 그리니치빌리지의 상징적 중심부인 워싱턴스퀘어 부지가 공원으

르로이도로 7번지 주택(2024, ⓒ김민지)

워싱턴스퀘어와 배후의 로우하우스(2012)

로 처음 주민들에게 개방되었다. 1820년대부터 부유층이 질병과 혼잡을
피해 로워맨해튼에서 이곳 인근으로 이주해오고 있던 터였다. 이후 워싱
턴스퀘어는 새로 조직된 뉴욕시 공원과(New York City Department of Parks,
1871)의 관리 아래 공원 배치를 여러 번 변화시키게 된다.

과거로 거슬러 올라가보면, 이곳은 1797년부터는 공동묘지Potter's Field
로, 1826~1849년 사이엔 워싱턴군사연병장Washington Military Parade Ground
으로 이용되었던 곳이다. 부유층이 몰려들자 개발업자들은 연병장과 맞
닿은 인접 블럭에 연달아 그리스 부흥 건축양식의 로우하우스를 지어 분
양했다. 비슷한 시기에 뉴욕대학(New York University, 1831)도 개교했다. 대
학은 워싱턴스퀘어 동북쪽 필지를 매입해 고딕 건축 양식의 대학 건물
(University Building, 1835)을 세워 저층부는 강의실로 이용하고 고층부는 임
대 아파트로 활용했다.

워싱턴스퀘어 주변으로는 예술가들이 모여들기도 했다. 이곳에 거주
했던 대표적인 인물로는 뉴욕의 국립디자인아카데미(National Academy of
Design, 1825)에서 수학한 풍경화가 윈슬로우 호머(Winslow Homer, 1836~1910)
와 보자르미술학교의 첫 미국인 입학생이었던 건축가 리처드 모리스 헌
트(Richard Morris Hunt, 1827~1895) 등이 있다.

부유층의 이주는 워싱턴스퀘어(1871, 면적 39,500㎡)가 공식적으로 조성
되고, 워싱턴스퀘어기념문(Washington Square Arch, 1891)이 세워지면서 본격
화되었다. 이 기념문은 워싱턴스퀘어 북쪽 필지17 Washington Square North
에 거주하던 사업가 윌리엄 스튜어트(William Rhinelander Stewart, 1852~1929)
의 지원 하에, 당시 보자르 양식의 설계로 유명했던 맥킴미드화이트설계
사무소McKim, Mead and White의 스탠포드 화이트(Stanford White, 1853~1906)가
설계했다. 처음엔 목재 구조에 스투코 마감이었으나 이후 시민들의 추가
기부를 받아 1891년 백색 대리석으로 재건축되었다.

더로우와 워싱턴스퀘어 22번지

워싱턴스퀘어 북쪽에 인접한 토지(남북 방향으로 10번도로에서 8번도로, 동서 방향으로 브로드웨이에서 5번애비뉴로 경계)는 은퇴 선원들에게 주거 공간을 제공하던 자선 단체인 새일러스하버(Sailors' Snug Harbor, 1833)의 소유지였다. 이 단체는 선장을 거쳐 조선업으로 성공한 뒤 자선가로 활동했던 로버트 랜들(Robert Richard Randall, 1750~1801)의 유언으로 설립되었다. 1829년 이 단체와 100년간의 토지 임대 계약이 체결된 후, 더로우The Row로 알려진 13채의 3층 로우하우스 군이 개발되어 일반인에게 임대되었다.

더로우는 그리스 건축양식의 기둥과 포티고, 대리석 현관 계단과 바닥재에, 펜스 탑 부분엔 종려 덩굴무늬가 장식되어 당시 부유층을 끌어들이기에 충분했다. 첫 입주자들은 상인, 은행가, 정치인, 군인, 공무원 등이었다. 이에 반해 워싱턴스퀘어 남쪽에는 임대 주택이 들어서서 주로 이민자들이 거주하기 시작했다. 그러다가 1929년 스퀘어 북쪽 더로우의 임대 기간이 만료된 뒤, 소유주인 새일러스하버는 이곳을 임대 아파트로 개조했다. 그에 따라 측벽 구조의 7채 로우하우스들을 관통하는 복도가 내부에 만들어져 한 건물처럼 이동할 수 있게 되었다.

특히 5번애비뉴 서쪽에 위치한 워싱턴스퀘어 22번지(22 Washington Square, 1829)는 더로우의 13개 타운하우스 가운데 하나로 그리스 부흥 건축양식의 주택이다. 건물은 플레미쉬 붉은 벽돌 쌓기Flemish Bond로 대리석과 함께 마감되었고, 파사드는 현관부에 이오니아 건축 양식의 기둥과 대리석 난간으로 장식되었다. 건물은 3개 층으로 리모델링되어 1개의 2베드 유닛과 4개의 원룸 유닛으로 구성되었다. 1919~1936년 사이에 은행가 에드거 스페이어(Edgar Speyer, 1862~1932)와 바이올리니스트 레오노라 스페이어 부부가 이곳에 거주했다. 1969년 뉴욕대학이 이 건물을 매입해 학생클럽, 입학처, 연구소 등으로 사용해 왔다.

워싱턴스퀘어 22번지(2024, ⓒ김민지)

예술인들의 활동 거점들

그리니치빌리지는 저명 작가와 화가 등 예술인들이 다수 거주하며 활동
한 곳으로 알려져왔다. 이들의 활동에 큰 영향을 끼친 대표적인 기관과
건축물들을 꼽아본다.

첫째, 교육 기관인 국립디자인아카데미(National Academy of Design, 1825)
가 개원했다. 당시 뉴욕시에는 미국 독립전쟁 화가로 유명한 존 트럼불
(John Trumbull, 1756~1843)의 제안으로 이미 뉴욕미술아카데미(New York
Academy of the Fine Arts, 1802, 이후 American Academy of the Fine Arts)가 문을 열
고 고전미술 교육 기능을 담당하고 있었다. 그러다가 런던의 왕립미술아

텐스스트릿스튜디오(1938)

카데미(Royal Academy of Arts, 1768)를 모델 삼은 이 기관이 뉴욕에 추가로 세워진 것이다. 이를 통해 젊은 미술가들이 배출되었고, 그들의 활발한 활동이 워싱턴스퀘어 주변 등 그리니치빌리지에서 전개되기 시작했다.

둘째, 예술가들의 창작 활동을 지원한 텐스스트릿스튜디오(Tenth Street Studio Building, 1857; 51 West 10th Street)가 그리니치빌리지 제퍼슨마켓 동쪽 부지에 개관했다. 예술가들의 창작 활동을 지원하며 작품 전시와 판매가 이뤄지던 공간이었다. 뉴욕대학의 공동설립자로서 스코트랜드 상인 존 존스톤John Johnston의 아들인 제임스 존스톤(James Boorman Johnston, 1822~1887)의 소유지에 보자르미술학교 출신의 건축가 리처드 모리스 헌트가 세웠다. 이후 헌트가 운영하는 미국 최초의 건축학교로 사용되었다. 건물 중앙에 돔 천장으로 덮인 2층 높이의 전시공간을 두었고, 이를 둘러싸고 방사형으로 25개의 스튜디오가 갖춰져 있다.

셋째, 휘트니미술관(Whitney Museum of American Arts, 1930년대; 현 New York Studio School of Drawing, Painting and Sculpture, 1963; 8-14 West 8th Street)이 개관했다. 조각가이자 미술품 수집가였던 거트루드 밴더빌트 휘트니(Gertrude Vanderbilt Whitney, 1875~1942)와 그녀의 남편인 해리 휘트니(Harry Payne Whitney, 1872~1930)는 먼저 자신들의 소유지였던 서부 8번도로 8번지8 West 8th Street에 젊은 예술가들을 위한 휘트니스튜디오클럽(Whitney Studio Club, 1914)을 설립했다. 이후 거트루드가 그리스 부흥 건축 양식의 타운하우스 세 채 8-12 West 8th Street를 매입한 뒤 건축가 어거스트 노엘Auguste L. Noel의 설계안에 따라 이곳을 아르데코 양식의 휘트니미술관(Whitney Museum of American Arts, 1931)으로 개조했다. 세 개의 베이를 둔 세 채의 타운하우스가 통합되어 핑크 스투코의 입면을 완성했으며, 아르데코 진입구를 갖췄다. 그러다 1954년 미술관 기능이 업타운으로 이전한 뒤에는 인접한 14번지 건물들과 함께 뉴욕스튜디오미술학교로 기능하고 있다.

사실 그리니치빌리지는 제1차 세계대전 시기부터 보헤미안들의 둥지로 잘 알려져온 곳이다. 맨해튼 도심에서 벗어나 상대적으로 조용하고,

휘트니미술관(1938)

임대료도 낮았기 때문인데, 무엇보다 급진주의Radicals나 비동조주의 Nonconformity 같은 예술계의 비주류 사조에도 관용적이었다. 이러한 분위기 속에서 휘트니미술관은 이들의 활동 거점이 되어주기에 충분했다.

아울러 워싱턴스퀘어 2시 방향으로 3층 높이의 세 타운하우스들(32, 34, 36 East 11th Street)이 1850년대부터 예술인들의 호텔로 기능하기 시작했다. 일명 세인트스테판호텔(St. Stephen Hotel, 1877)로, 그리니치빌리지 예술인들의 또 다른 활동 거점이었다. 또한 앨버트 로젠바움Albert S. Rosenbaum도 인접 부지(23 East 10th Street)에 헨리 하덴버그Henry Janeway Hardenbergh의 설계로 24채의 고급 프랑스식 아파트(French flats, 1883)를 세운 뒤, 앨버트

앨버트호텔(2024, ⓒ김민지)
체리레인극장(2024, ⓒ김민지)

호텔(Hotel Albert, 1886~1887; 23 East 10th Street)로 개업했다. 1890년대 중반에는 세인트스테판호텔까지 흡수해 하나가 되었다.

앨버트호텔은 개업 이후 예술인들의 회합 장소, 식당, 거처 등으로 기능했다. 이곳을 거쳐 간 이들 몇몇만 꼽아보아도, 조각가 어거스트 세인트고든스(Augustus St. Gaudens, 1848~1907), 소설가 마크 트웨인(Mark Twain, 1835~1910), 시인 하트 크레인(Hart Crane, 1899~1932), 시인 월트 휘트먼(Walt Whitman, 1819~1892), 화가 살바도르 달리(Salvador Dali, 1904~1989), 미술가 앤디 워홀(Andy Warhol, 1928~1987) 등으로 쟁쟁하다.

마지막으로 체리레인극장(Cherry Lane Theatre, 1924, 38 Commerce Street)이 있다. 브로드웨이에 위치하지 않은 극장 가운데 뉴욕시에서 가장 오래된 오프-브로드웨이Off-Broadway[14] 극장이다. 이 극장은 1817년 곡식 저장고로 지어져 이후 담배 창고, 상자 공장 등으로 이용되었다. 이후 에드나 밀레이(Edna St. Vincent Millay, 1892~1950)와 극단 프로빈스타운플레이어스(Provincetown Players, 1915)[15]가 1924년 공장을 극장으로 개장했다. 1950년대부터 실험극을 시도했으며, 이후 극작가 지망생과 신인 뮤지션들의 무대로 유명세를 얻기 시작했다.

3. 대중교통체계와 임대 아파트

대중교통과 새로운 주거인

그리니치빌리지 주택 개발의 특징은 크게 두 단계로 구분된다. 첫 단계는 앞서 언급했듯 1820~1850년대에 진행된 2.5-3층 규모의 로우하우스 개발과 거주민 공간의 계층화다. 이 과정에서 노동자들의 주택이 크리스토퍼도로 남쪽으로 르로이도로와 블리커도로에 집중되었고, 상류층의 로우하우스들은 그리니치도로 남쪽 구간의 리치몬드힐에서 점차 워싱턴 스퀘어 배후지로 집중 이전했다.

1870~1900년대로 접어들면 그리니치빌리지에는 크리스토퍼도로와 워싱턴도로를 중심으로 4-6층 규모의 임대 아파트tenement housing 개발이 진행되었다. 이 개발은 무엇보다 진화하는 맨해튼 대중교통체계의 영향을 받았다. 1820년대에 등장한 마차horse-drawn car부터 1850년대의 노면 마차horse-drawn streetcar, 1860년대 말의 고가 전차elevated streetcar, 1919년의 시티버스city bus, 1930년에 개통된 지하철subway까지 새롭게 개통되는 대중교통체계는 매사에 발전적이었다.

이러한 맨하튼의 대중교통체계는 그리니치빌리지를 남쪽의 로워맨해튼과 북쪽의 미드타운과 센트럴파크, 그리고 서쪽으로 허드슨강 너머의 뉴저지와 동쪽으로 이스트강 너머의 브루클린까지 연결했다. 이로써 그리니치빌리지는 직주 일체 또는 직주 근접의 마을에서 직주 분리의 베드타운으로 변화하기 시작했다. 동시에 마을 입구와 중심부가 허드슨강 부두에서 보다 내륙 쪽의 대중교통 정류장으로 이전했다. 또 새로운 거주민의 신속한 이주를 고려해 고층 주택들이 늘어나기 시작했다.

그리니치빌리지의 첫 번째 대중교통 수단은 1820년 개통되어 마을을 로워맨해튼으로 연결한 마차였다. 초기 노면 마차는 비싼 요금 탓에 중산층 이상 상인들의 로워맨해튼 통근용으로만 이용되었다. 그리니치빌리지는 1832년부터 그 동쪽의 4번애비뉴와 보우어리도로Bowery Street의 철로를 통해 로워맨해튼과 유니온스퀘어Union Square Park로 연결되었고, 그리니치빌리지를 통과하는 6번애비뉴 노면 마차(Sixth Avenue Line, 1852)와 7번애비뉴 노면 마차(Seventh Avenue Line, 1864)를 이용해 남쪽 로워맨해튼의 사우스페리터미널South Ferry Terminal과 북쪽 센트럴파크의 59번도로까지 각각 연결되었다.

그다음은 1860년대 개통된 고가 증기차, 특히 9번애비뉴 고가 전차

노면 마차(1917)
9번애비뉴 고가 전차(1914)

(Ninth Avenue Elevated Tram Line, 1868~1940)와 6번애비뉴 고가 전차(Sixth Avenue Elevated Tram, 1878~1938)다. 그리고 1930년대부터 8번애비뉴를 따라 개통된 8번애비뉴 지하철(IND Eighth Avenue Line, 1932)이 기존 고가 전차를 대체했다. 당시 개통된 7번애비뉴 지하철(IRT Broadway-Seventh Avenue Line, 1919; 1, 2, 3선)과 지상부 7번애비뉴 도로 확장(1913) 그리고 함께 개통된 6번애비뉴 지하철(IND Sixth Avenue Line, 1936; B, D, F, M선)과 지상부 6번애비뉴 구간 연장은 그리니치 부자들의 외곽 지역 이주를 유도했다. 이에 따라 비워진 주택과 필지에는 새로운 이주민들이 유입되었다. 이 과정에서 거주민 구성이 바뀌고, 주거 밀도가 증가했다. 이즈음 뉴욕의 첫 번째 용도지역제(New York City Zoning Resolution, 1916)가 입법되어 필지의 개발용도, 건축 규모, 건물 높이 등을 규제하기 시작했으며, 직주 분리와 직주 원격을 더욱 자극했다.

맨해튼의 대중교통체계는 결국 그리니치빌리지에서 다음 세 가지 변화를 유도했다.

첫째, 1860년대부터 그리니치빌리지를 지나가던 고가 증기차의 개통은 그리니치빌리지를 베드타운으로 변화시켰다. 이때부터 직주 일체나 직주 근접의 거주민과 노동자가 직주 분리와 직주 원격의 통근자로 변화했다. 이러한 변화에 대응해 그리니치빌리지에는 1910~1920년대에 제퍼슨마켓 주변의 주거 블록을 중심으로 로우하우스가 해체되고 새로운 이주자들을 위한 임대 아파트가 집중 시공되었다.

둘째, 고가 전차는 그리니치빌리지를 부두 마을에서 내륙의 시장 마을로 변화시켰다. 즉, 그리니치빌리지 입구가 허드슨강변 부두에서 6번애비뉴 고가 증기차가 정차하는 제퍼슨마켓역으로 바뀌었다. 제퍼슨마켓 주변의 주거 블록에 거주하는 도시 노동자들은 제퍼슨마켓역에서 전차를 이용해 남쪽의 로워맨해튼과 북쪽의 첼시로 통근했다. 이에 그리니치빌리지는 통근 거주민들의 이주가 증가하면서 제퍼슨마켓의 지역권 상업 거점으로 시장 기능이 점차 축소되었다. 이러한 상황을 확인해 주듯

이, 1833년부터 시장으로 기능한 제퍼슨마켓이 1870년대 초부터[16] 시장 기능을 잃고 해체되었고, 그 자리에 1877년 뉴욕시 제3법원(Third Judicial District Courthouse, 1877) 건물이 세워졌다.

셋째, 1910~1920년 사이 개통된 맨해튼의 철도와 1930년대에 개통된 지하철은 기존 고가 전차의 기능을 대체하고, 그리니치빌리지 부유층의 이주를 이끌었다. 이에 따라 마을의 비워진 주택과 부지에는 새로운 이주민들이 유입되어 마을의 그 구성원이 바뀌었고, 주거 밀도가 증가했다. 그리고 오래된 로우하우스와 임대 주택은 민간 개발업자들의 주도로 중산층 주택과 아파트로 개조되었다.

6번애비뉴에서 바라본 제퍼슨마켓법원(1880)

공동 주택 임대 아파트

그리니치빌리지는 이 시기에 뉴욕으로 이주해 온 이탈리아, 아일랜드, 독일, 프랑스 등의 이민자들이 정착하면서 인구가 증가했다. 1910년을 기준으로 그리니치빌리지의 총 주민 숫자는 124,603명으로, 현재와 비교해서도 약 네 배 정도 높다. 당시 주민 가운데 약 5만 5천 명이 이민자였고, 약 4만 8천 명이 그 후손이었을 정도로, 그야말로 이민자의 마을이었다.[17] 이들은 주로 허드슨강 주변의 양조장, 창고, 석재 및 목재 야적장, 공장, 시장 등에서 일했다.

이에 따라 그리니치빌리지의 다수의 로우하우스가 임대를 위한 다가구 주택으로 개조되거나 철거 후 고밀화된 고층 공동 주택인 아파트로 신축되었다. 좁더라도 저렴한 거주 공간을 필요로 한 이민 노동자의 요구가 반영된 결과였다. 대표적인 사례로 크리스토퍼도로 159-163번지(159-163 Christopher Street, 1880), 워싱턴도로 716-718번지(716-718 Washington Street, 1881), 워싱턴도로 661번지(661 Washington Street, 1885) 등이 있다. 그리고 이러한 주민 증가에 대응하여 공립학교(Public School No.7, 272 West 10th Street, 1885~1886), 교회(St. Veronica's Roman Catholic Church, 149-155 Christopher Street, 1890), 경찰서(9th Police Precinct Station House, 133-137 Charles Street, 1896~1897) 등이 새로 조성되기도 했다.

한편 워싱턴스퀘어를 중심으로 거주했던 부유층은 5번애비뉴를 따라 북쪽으로 개원한 센트럴파크(Central Park, 1857) 주변의 어퍼이스트사이드나 어퍼웨스트사이드로 이주해 나갔다. 당시 센트럴파크 조성을 주도한 주체는 흥미롭게도 대토지 개발 상황에 대응해 공공의 가치를 주장한 상인들이었다. 이들의 주택은 이민자 대상의 다세대 주택 및 임대 아파트로 개축·신축되거나 상업 용도로 전환되었다.

워싱턴도로 아파트, 크리스토퍼도로 아파트, 우나딜라 아파트

그리니치빌리지의 워싱턴도로와 서부 10번도로West 10th Street의 교차지에 위치한 워싱턴도로 661번지 아파트(661 Washington Street, 1885)는 5층 규모의 붉은 벽돌 건물로 총 13세대(원룸 8개, 투룸 3개, 쓰리룸 2개)가 거주해왔다. 같은 블록 남서쪽 모서리의, 워싱턴도로와 크리스토퍼도로 교차지에 위치한 크리스토퍼도로 아파트(159-163 Christopher Street, 1919)도 5층 규모

워싱턴도로 661번지 아파트(2024, ⓒ김민지)

의 네오 그리스 건축 양식을 가진 붉은 벽돌 건물이다. 주거 유닛 총 12세대와 지상층에 상점을 두고 있으며, 1985년 리모델링되었다. 제퍼슨마켓 블록의 북쪽으로 서부 11번도로에 면한 우나딜라 아파트(Unadilla Apartment, 1899, 1930; 126-128 West 11th Street)는 7층 규모의 아파트다. 각 층에 3개의 주거 유닛을 두었으며, 각 주거 유닛은 부엌, 거실, 침실 3개, 화장실 1개를 갖추고 있다. 건물 외관은 벽돌 외장재와 창문 테두리를 두른 석재 장식으로 마감되었다.

서부 11번도로의 네 개 아파트

제퍼슨마켓이 위치한 삼각형 블록 북쪽으로 서부 11번도로(West 11th Street)를 따라 연속하여 위치한 네 개 주택들(146, 148, 150, 152 West 11th Street, 1836,

크리스토퍼도로 159-163번지 아파트(2024, ⓒ김민지)

서부11번도로에 연속해 위치한 네 주택들(2024, ⓒ김민지)

1899)은 시공자 애런 마쉬Aaron Mars와 목수 존 사이몬즈John Simmons가 1835년 알렉산더 로저스Alexander Robertson Rodgers로부터 네 개 필지를 매입하고, 1836년 필지별로 각각 주택을 시공해 분양했다. 주택들은 플레미시 본드 붉은 벽돌 조적조로 시공되었고, 펜스를 가진 브라운스톤 지하층을 두었다. 특히 152번지 주택(1836, 2.5층, 지하 1층)은 시공자인 존 사이먼즈가 소유했으며, 이후 헨리시만 하우스(1836 Henry J. Seaman House)로 불리며 보전되어 왔다. 146, 148, 150번지 주택들은 모두 반 층 높이의 다락방이었던 3층을 온전한 하나의 층으로 만들기 위해 1899년 천장을 들어올려 3층으로 확장했다. 각 주택마다 1-2세대가 거주했다.

그로브도로 아파트

7번애비뉴와 그로브도로 교차지의 그리스 부흥 건축 양식을 가진 임대 아파트(Tenement, 1899)는 시공자 필립 고어리츠Philip Goerlitz가 1890년 그로브도로 중간에 낡은 주택들이 위치해 있던 블록을 매입한 뒤, 프레데릭 베일리즈Frederick Baylies의 설계안으로 5층 규모의 아파트 두 채(61 Grove Street, 63 Grove Street)로 지은 것이다. 61번지 아파트는 브라운스톤 파사드에 붉은 벽돌로 외장을 했으며, 2-3룸 주거유닛들을 포함했다.

한편 1890년 7번애비뉴가 11번도로11th Street부터 개통되면서 웨스트빌리지가 맨해튼으로부터 분리되기 시작했다. 이즈음 부동산 업계에서는 "그리니치빌리지는 옛 뉴욕의 전통, 버릇, 핵심을 지키고"[18] 있지만, 웨스트빌리지는 결국 쇠퇴할 것이라는 우려가 있었다. 그 우려가 현실이 되듯, 1913년 지하철을 개통하면서 뉴욕시는 7번애비뉴의 너비를 30m까지 확장하며 웨스트빌리지를 관통시켰다. 이에 따라 1914년에 194개 건물들이 해체되고 상점이 철거되었다. 특히 63번지 아파트의 남쪽 부분 절반이 사라져 버리는 바람에 소유자들은 나머지 절반도 해체해야 했다.

그로브도로 아파트(2024, ⓒ김민지)

SMOKE
CIGARILLOS
CIGARILLOS
JUUL
ALL TRAFFIC
SMOC

이때 소유주 제니 메싱Jennie Messing은 모서리 부분을 재건축하고, 스톤, 벽돌, 테라코타, 금속 부분은 보전하면서 아르데코 건축 양식으로 전면부를 개조했다.

웨더그라운드하우스

그리니치빌리지의 연방 건축 양식을 가진 타운하우스 블록들 사이의 한 필지18 West 11th Street에는 웨더그라운드하우스Weather Underground라 불려온, 콘크리트로 완성된 독특한 로우하우스가 위치해 있다. 원래 이곳엔 4층 규모로 그리스 부흥 양식의 로우하우스(1845)가 있었는데, 1970년 베트남전쟁 반전 그룹인 웨더그라운드하우스의 공격을 받아 폭파되었다. 폭파 전 이 로우하우스에는 메릴린치투자기업(Merrill Lynch, 1925)의 창업가인 찰스 메릴(Charles Merrill, 1885~1956)이 거주하기도 했다. 이후 1978년 건축가 휴 하디(Hugh Hardy, 1932~2017)가 이 주택을 매입해 포스트모던 건축 양식의 로우하우스를 새로 지었다. 이 주택은 인접 로우하우스들처럼 전반적으로 연방 건축 양식의 벽돌 파사드에 브라운스톤 기단부와 지붕 밑 코니스 장식을 갖추고 있지만, 그 상부 파사드에는 돌출된 베이 창호를 갖춰 모던한 외관을 완성했다.

웨더그라운드하우스(2024, ⓒ김민지)

4. 오래된 건물과 마을 정체성

마을 역사를 보전하는 시민의 노력과
그리니치빌리지 역사보전회

1960년대 그리니치빌리지에서는 뉴욕시민그룹과 마을 주민들이 힘을 합쳐 과도한 개발과 변화에 저항하고 마을을 보전하려는 운동이 전개되어 눈길을 끌었다. 특히 작가이자 활동가인 마고 게일(Margot Gayle, 1908~2008)은 1960년대에 제퍼슨마켓 의회법원(Jefferson Market Courthouse, 현재 Jefferson Market Library)을 보전하기 위한 시민 활동을 시작했다. 또한 일군의 주민들도 그리니치빌리지의 상징적 중심부인 워싱턴스퀘어를 관통하는 차량 운행을 저지하기 위해 앞장섰다. 이러한 활동들은 마을의 본모습을 보전하려는 그리니치빌리지의 영혼으로 자리 잡았다.

특히 제인 제이콥스(Jane Jacobs, 1916~2006)는 그리니치빌리지를 생기 넘치는 도시 커뮤니티의 모범적 모델로 설명하며 연방정부가 주도하는 대규모 재개발에 맞섰다. 그녀는 '좋은 마을이란 무엇인가'란 문제의식 속에서, 슈퍼 블록이 아닌 작은 블록small block으로 구성되는 마을에서는 보도sidewalk가 주민 간 소통의 일상 공간으로 기능하면서 안전을 유도해야 하고, 새 건물과 상대적으로 낮은 임대료의 옛 건물이 공

마고 게일과 제퍼슨마켓 의회법원 보전 활동(1960년대 후반)

존함으로써 다양한 사회·경제적 배경의 주민들이 섞여야 하며, 용도제역제 아래서 단일 용도의 건물보다 고밀도의 복합용도 건물들이 시급하다고 주장했다.

그리니치빌리지의 마을 유산을 보전하려는 시민들도 역사보전트러스트(Greenwich Village Trust for Historic Preservation, 1980; 현 Greenwich Village Society for Historic Preservation, 1984)라는 비영리 단체를 설립해 다양한 활동들을 이어갔다. 1982년에는 공동 설립자인 건축사가建築史家 레지나 켈러만(Regina Kellerman, 1923~2009)이 초대 대표로 선출되어 활동을 시작했다. 이후 이 단체는 그리니치빌리지 역사보전회(Greenwich Village Society for Historic Preservation, 1984)로 개칭했으며, 그리니치빌리지 뿐만아니라 이스트빌리지East Village와 노호NoHo의 블록과 건물 역사를 기록해 랜드마크로 지정하고 보전해 나가고 있다. 특히 마을의 건축 환경을 살아 있는 박물관으로 활용하면서 교육 프로그램을 운영해오고 있다.

그리니치빌리지 역사 구역 지정

그리니치빌리지 역사보전회의 첫 성취로 뉴욕시의 그리니치빌리지의 역사 구역(Greenwich Village Historic District, 1969) 지정을 꼽을 수 있다. 이 역사 구역은 동쪽의 유니버시티플레이스University Place에서 서쪽의 워싱턴도로, 북쪽의 13번도로에서 남쪽으로 서부4번도로-세인트루크플레이스St. Luke's Place까지로 정의되며, 그 안에 약 100개 이상의 블록들에 약 2,200개 건물들을 보존 대상으로 두고 있다.

그리니치빌리지 역사 구역은 이전에 소규모로 지정되었던 찰톤-킹-반담 역사 구역(Charlton-King-Vandam Historic District, 1966)[19]과 맥도갈-설리반 역사 구역(MacDougal-Sullivan Gardens Historic District, 1967),[20] 이후 추가된 그리니치빌리지 북서쪽의 갠스부르트마켓 역사 구역(Gansevoort Market

Historic District, 2003)을 포괄한다. 먼저 워싱턴스퀘어 남서쪽의 찰튼-킹-반담 역사 구역은 과거 리치몬드힐 주변으로 연방 건축 양식과 그리스 부흥 건축 양식의 로우하우스와 주택들이 뉴욕에서 가장 많이 집중되어 있는 블록들이다. 워싱턴스퀘어의 남쪽의 맥도갈-설리반 역사 구역은 그리스 부흥 건축 양식과 식민지 건축 양식의 파사드를 갖고 리모델링된 22개 주택들이 집중되어 있는 블록들이다.

최근 그리니치빌리지 역사보전회는 창고, 옛 공립학교, 경찰서, 19세기 초에 건축된 로우하우스 등 총 46개의 건물들을 포함하는 그리니치빌리지 역사 구역 확장 1구역(Greenwich Village Historic District Extension I, 2006), 그리고 12개 블록에 18-20세기의 임대 아파트와 19세기 주택 등을 포함해 225개의 빌딩들을 포함한 그리니치빌리지 역사 구역 확장 2구역(Greenwich Village Historic District Extension II, 2010) 지정을 받았다. 또한 개별 건축물로서 실버 타워(University Village Complex Silver Tower 1 and 2, 1967)가 2008년에, 그리고 구舊 벨랩콤플렉스(Bell Telephone Labs Complex, 1861~1933; 현 Westbeth Artists' Housing)가 2011년에 각각 랜드마크로 지정되었다.

제퍼슨마켓 의회법원

그리니치빌리지의 대표적인 역사 건축물 보전 사례는 단연코 제퍼슨마켓이다. 제퍼슨마켓이 도서관으로 개조된 건 1967년이다. 뉴욕시에서 철강왕 앤드류 카네기(Andrew Carnegie, 1835~1919)의 기부로 오랫동안 추진되어온 뉴욕시 공공도서관New York Public Library 산하 마을 도서관neighborhood library 조성 및 운영 사업이 이슈가 되던 무렵이다.

제퍼슨마켓은 처음에 1층 상가 건물이 밀집된 시장으로 조성되었고, 1833년 화재 감시를 위해 시계탑이 추가되었다. 이후 마켓 기능이 해체되고, 그 자리에 제퍼슨마켓 의회법원(Jefferson Market Courthouse, 1877)이 들어

제퍼슨마켓도서관(2024, ⓒ김민지)

섰다. 건축가 프레데릭 위더스Frederick Clark Withers와 칼버트 보우Calvert Vaux가 빅토리안 고딕 건축 양식으로 설계한 것이었다. 이후 제퍼슨마켓 의회법원은 1945년부터 경찰서로 이용되었고, 1959년부터는 빈 건물로 방치되어 있었다. 당시 뉴욕 시장 로버트 와그너는 건물과 부지 전체를 민간 개발업자에게 매각을 추진했다. 때맞춰 웨스트사이드저축은행West Side Savings Bank 대표인 에드가 허시Edgar T. Hussey가 이 건물을 아파트 주거 기능과 극장 및 커뮤니티센터를 갖춘 복합 시설로 재건축할 것을 제안했다.

한편 마을 주민으로서 보전 활동가였던 마고 게일이 1961년 지지자들과 함께 제퍼슨마켓 보전을 위한 풀뿌리운동을 전개하기 시작했다. 동참한 인사들은 역사 건축물 보전 활동가로 활동하던 루스 비텐베르그(Ruth Wittenberg, 1899~1990), 역사학자 루이스 멈포드(Lewis Mumford, 1895~1990), 기자이자 보전 활동가인 제인 제이콥스, 작가이자 화가인 에드워드 커밍스(Edward Estlin Cummings, 1894~1962) 등이었다. 이들은 이 건물을 보존하는 것이 곧 마을의 특성을 보존하는 것이라고 생각하며 비텐베르그의 집에 모여 회의를 열고, 정치적 인맥 등 다양한 수단을 동원해 보존 운동의 의의를 전파했다. 결성 초기 목표는 시계탑 수리였지만, 점차 주민들의 지지를 얻으며 그 목표를 제퍼슨마켓의 보전과 활용으로 수정했다. 때마침 뉴욕시 도서관이 마을에 분관을 짓기 위한 장소를 찾고 있었다.

주민들은 역사적 랜드마크인 제퍼슨마켓 의회법원 건물을 보존하는 동시에, 마을에 필요한 문화 시설까지 확충할 수 있는 도서관으로의 리모델링 계획에 찬성했다.[21] 이에 시장 와그너는 주민 의견에 응답해 제퍼슨마켓의 철거 및 재개발 계획을 취소하고 공공도서관으로 전환 계획을 발표했다. 뉴욕시 도서관은 1961년 이 건물을 매입해 리모델링한 뒤 1967년 개관했다. 과거 민사 법정이었던 2층이 일반 열람실로 개조되었고, 경찰 법정이던 1층은 어린이 열람실로 사용되고 있다. 지하층은 벽돌 재료의 아치형 천장을 갖췄는데, 과거에는 수감 대기 장소였다가 현재는 참고 도서실이 되었다.

벨랩

그리니치빌리지의 또 하나의 역사 건축물의 보전 사례로 벨랩(Bell Tele-phone Labo-ratories, 1898 ~1966; 현 Westbeth Artists Housing, 1970; 463 West Street)을

꼽을 수 있다. 이곳은 원래 약 70년 간 연구소로 사용되었으며, 1960년대 초까지도 벨기업의 본사로서 기능했다. 벨랩은 주요 발명 기술의 중심부로서, 자동전화 패널, 크로스바 스위치, 음성 영화, 흑백 및 칼라 TV, 비디오 전화, 레이더, 베큠 튜브, 트랜지스터, 포노그래프 레코드, 첫 야구 중계방송 등의 탄생 근원을 여기에 두고 있다. 건축가 리처드 마이어Richard Meier의 리모델링 이후, 극장, 갤러리, 시나고그교회, 주거 공간을 갖춘 예술인 커뮤니티Westbeth Artists Community 등으로 기능해왔으며, 1975년 국가 역사랜드마크National Historic Landmark[22]에 등재되었다. 특히 웨스트사이드철도선West Side Line 남쪽 구간이 이 건물 1층을 관통했으며, 현재 주변에 하이라인공원High Line을 두고 있다.

벨랩(1970)

'오래된 건물을 보존해야 한다'는 시민의식

그렇다면 오래된 역사 건물을 보전하려는 그리니치빌리지 주민들의 노력은 어떻게 시작되었을까.

뉴욕의 관문을 상징하던 펜스테이션철도역(Pennsylvania Station, 건축 1904 ~1910; 해체 1963~1968)이 1963년 철도역 기능을 확장하기 위해 허무하게 철거되었다. 이 사건을 계기로 시민들 사이에서는 오래된 건물을 보존해야 한다는 사회적 인식이 생겨났다. 그로부터 약 60여 년 뒤 메디슨스퀘어 가든(Madison Square Garden, 1968)에 인접한 보자르 건축 양식의 미국 우정

펜스테이션철도역(1910년대)

국 뉴욕 분관(James Farley Building, 1914)이 미국의 국철기업의 매입과 리모델링을 통해 지하에 위치한 펜스테이션역의 진입관인 모이니한철도관(Moynihan Train Hall, 2021)으로 개관했다.

이러한 노력은 한 도시의 관문으로서 도시 경관을 결정하는 철도역이 갖는 상징성을 확인해준다. 뉴욕시 관문이었던 보자르 건축 양식의 펜스테이션역은 1963년 철거되었지만, 이후 그 지상부에 실내 경기장과 공연 시설을 갖춘 매디슨스퀘어가든과 지하부에 철도역이 재조성되었다. 펜스테이션역이 일종의 지하철역으로 재탄생한 것이다. 그러나 당시 예일대학 건축사 전공 교수 빈센트 스컬리(Vincent Scully, 1920~2017)는 펜스테이

모이니한철도관(2022)

선역으로 뉴욕에 도착하는 경험에 대해 "신처럼 입성했는데, 이제 쥐처럼 들어간다"라고 혹평하기도 했다.

이러한 배경에서 시민들은 펜스테이션역의 해체 직후부터 도시에서 철도역의 의미를 기억하며 최근까지 철도역의 재건축에 대해 논의해 왔다. 철도역 철거는 이듬해 '뉴욕시의 의미 있는 건물과 장소를 보호'하기 위한 뉴욕시 랜드마크법의 입법과 이 법을 실행하는 뉴욕시 산하 조직인 랜드마크보전위원회가 발족되는 계기가 되었다.

뉴욕시 랜드마크법과 뉴욕시 랜드마크보전위원회

뉴욕시 랜드마크법(New York City Landmarks Law, 1965)은 역사적으로 의미 있는 랜드마크와 마을의 특성을 해체하거나 변화시키려는 행위로부터 이들을 보호하는 목적을 갖고 있다. 이 법에 근거해 뉴욕시 랜드마크보존위원회(New York City Landmarks Preservation Commission, 1965)도 함께 출범했다. 이 위원회는 뉴욕시의 특정 건물을 랜드마크로 지정하거나 특정 공간을 역사 구역으로 지정한다. 지정 건물의 유지·관리·감독 또한 임무에 속한다. 2020년을 기준으로, 다섯 개 구역에 약 37,000개 이상의 랜드마크가 지정되어 있다. 이 위원회는 펜스테이션역 해체가 시작되고 1년 반이 지난 뒤, 랜드마크법이 입법되면서 큰 행정력을 얻게 되었다. 이에 따라 그랜드센트럴터미널(Grand Central Terminal, 건축 1903~1913; 89 East 42nd Street)이 보전되는 계기가 되었다.

사실 뉴욕시의 이러한 보전 노력은 1960년대 초부터 시작되었다. 당시 건축가 제프리 플랫(Geoffrey Platt, 1905~1985, 초대 랜드마크보전위원회 위원장, 재임 1965~1968)은 위원회의 공식 발족 이전부터 보존회를 조직해 이에 대한 관한 연구를 시작했으며, 이를 통해 마련한 법 초안을 시장 로버트 와그너에게 제출하기도 한 인물이다.

아쉽게도 법 발효 직전에 재개발을 위한 철거 대상으로서 사회적 이슈가 되었던 브로카우 맨션(Brokaw Mansion, 1890; East 79th Street and Fifth Avenue)은 철거의 운명을 피할 수 없었지만, 브루클린에 위치해 있던 네덜란드 건축 양식의 약 300년 된 위코프 하우스(Wyckoff House, 1652)는 법 발효로 랜드마크로 지정되면서 철거를 피해간 첫 번째 건물이 될 수 있었다. 덧붙이자면 브로카우 맨션은 후기 고딕-르네상스 양식으로 지어진 샤토 슈농소(Chateau de Chenonceaux, 1532)를 모델로 삼아, 이탈리아 식 외관과 프랑스식 인테리어를 갖춘 보존 가치가 높은 주택이었다. 당시 철거를 반대하는 시민들의 집회가 비등했었는데, 간발의 차이로 애석한 일이 되고 말았다.

제 3 부
상가·학교·종교·복지시설의 보전과 재개발

제 7 장

교토의
히가시야마

1. 히에이산의 천태종과 히가시야마의 선불교

교토 히가시야마東山는 재난의 땅[1] 교토분지에 왕궁을 중심으로 형성된 헤이안교平安京로부터 가모가와하천鴨川을 두고 동쪽의 구릉지에 형성된 주거지다. 이곳은 북동쪽 10km 지점의 교토 왕궁을 지키며 액운을 막아 준다고 믿어져 온 히에이산(比叡山, 848m)에서 흘러 내려오는 시라가와하천(祇園白川, 9.3km)과 히가시야먀 남동쪽 오토와산音羽山에서 숏아 흘러내리며 장수, 성공, 애정을 이끄는 힘이 있다고 믿어져 온 맑은 물淸水이 만나는 곳이다.

히가시야마가 언제 어떻게 형성되었는지는 확인되지 않는다. 하지만 히가시야마의 상징적 중심부인 야사카신사(祇園神社, 656; 이후 八坂神社)가 7세기 중엽에 개원한 역사로 미루어 그 전후로 추측된다. 이곳은 시라가와하천이 야사카신사를 남쪽에 두고 넓은 범람원을 가진 가모가와하천으로 흘러 나가는 교토의 동쪽 구릉지로, 나루터를 이용한 방문과 운송이 수월하고 식수를 취할 수 있어 주거에 적합한 곳이었을 것이다.

교토와 주변지 지도(1690)

천태종 법화파와 선종 임제종파의 사찰

오랫동안 히가시야마의 형성 과정과 마을 경관을 지배해 온 요소는 중국 대승불교大乘佛敎의 영향을 받아 형성된 일본의 두 종파인 천태종 법화파 天台宗 法華宗와 선종 임제종파禪宗 臨濟宗의 사찰들이다. 이들은 대부분 가마쿠라 시대(鎌倉時代, 1192~1333)에 왕궁과 귀족의 지원을 받아 성장해 마을의 물리적 특성을 결정해 왔다.

천태종 법화파는 8세기 일본 승려 사이초(最澄, 767~822)를 통해 교토로 전파되어 성장했다. 그 본산은 (교토를 내려다보며) 히가시야마 북쪽으로 시라가와하천이 시작되는 히에이산에 사이초가 설립한 엔랴쿠지사찰(延暦寺, 788)이다. 사이초는 중국의 천태종 본산을 방문한 뒤 경전인 『법화경蓮華經』과 명상법 그리고 차茶를 들여왔다.

헤이안 시대(平安時代, 794~1185) 말기 왕실 사찰御願寺들이 시라가와하천을 따라 현재 산조도로 북쪽으로 총 6개[2]가 세워졌고, 왕들의 퇴위 후 거주 공간으로 이용되었다. 이들은 각각 호쇼지(法勝寺, 1076~1590; 현 교토시동물원), 손쇼지(尊勝寺, 1102; 현재 철거), 사이쇼지(最勝寺, 1118; 현 오카자키 서쪽 교토회관), 엔쇼지(円勝寺, 1128; 현 교토시미술관 자리), 조쇼지(成勝寺, 1139; 현 교토시권업관 자리), 엔쇼지(延勝寺, 1149, 현 교토시권업관 서쪽 자리) 등이다.[3] 하지만 왕실 중심의 천태종 불교와 사찰들은 평민과 동떨어진 종교이자 공간이었다.

왕실 지배를 받던 불교가 평민의 일상생활과 가까워진 건 12세기 가마쿠라 시대에 중국 선불교禪佛敎의 가치가 교토로 전파되면서부터다. 중국 선불교는 대승불교의 한 종파로서 명상을 통해 마음과 사물의 본성에 이를 수 있다는 데 집중했다. 중국 당대唐代에 성장해 송조宋朝의 지원을 받아 체계화되어 명대明代까지 성장했다. 특히 일본에서는 임제종파와 정토종파浄土宗로 나뉘어 성장했다.

먼저 송조의 선종 임제종파가 차와 함께 승려 묘안 에이사이(明菴栄西, 1141~1215)에 의해 후쿠오카의 소푸쿠지사찰(聖福寺, 1195)로 들어와 교토 켄

닌지사찰(建仁寺, 1202)을 중심으로 전파되기 시작했다.[4] 켄닌지사찰과 그 동남쪽 구릉에 위치한 기요미즈데라사찰(清水寺, 778)은 함께 교토를 대표하는 사찰 구역을 형성했다. 켄닌지사찰의 선불교와 차 문화는 사찰 내부에 조성된 차실과 정원을 중심으로 무사武士 영주와 사무라이 계급 사이에서 확산되었다.

시라가와하천의 선불교 사찰

이후 임제종파 불교 사찰들이 히가시야마 곳곳에 시라가와하천을 따라 세력을 확장해 나갔다. 먼저 현재 교토시 동물원 주변 고간지 사찰들 동쪽으로 난젠지사찰(南禅寺, 1291)이 가메야마천황(亀山天皇, 제위 1260~1274) 별궁 자리에 조성되어 히가시야마 북쪽 선불교의 시작점으로 성장했다. 또한 난젠지사찰 북동쪽에 위치한 지쇼지사찰東山慈照寺의 긴가쿠지(銀閣, 1482)가 무로마치 시대(室町時代, 1336~1573)부터 꽃피운 히가시야마 문화의 시작점으로 등장했다.

　시라가와하천 동쪽에는 12세기부터 정토종파의 본산인 치온인사찰(知恩院, 1175)과 쇼렌인사찰(青蓮院, 13세기 후반) 등이 조성되었다.[5] 특히 치온인사찰 진입부인 후루몬젠도로古門前通를 중심으로 히가시야마의 오래된 상업 구역인 모토마치元町가 형성되었고, 인접한 후루가와하천古川을 중심으로 후루가와초古川町, 이시바시초石橋町, 귀신을 쫓아내는 버드나무[6]로 만든 타추미다리巽橋와 타추미신사辰巳神社를 중심으로 타추미초巽橋町 등이 형성되었다.

　특히 타추미신사 앞 시라가와하천의 배후에는 신바시다리를 중심으로 교토의 대표적인 도로형 목재 구조의 주상 복합 건축물인 마치야들이 밀집한 신바시도로新橋通가 상업 구역으로 성장했다. 그 남쪽으로는 매실나무가 위치했던 우메모토초梅本町가 입지한다. 교토시는 이곳의 마치야

를 보전하기 위해 주변을 기온-신바시 전통건축보전구역(祇園新橋 伝統的建
造物群 保存地区)으로 지정하고, 마치야의 리모델링과 보전을 지원하고 있
다. 신바시다리新橋는 일본 젊은이들 사이에서 로맨틱한 장소로 손꼽혀
신혼부부의 웨딩 촬영 무대로 애용되곤 한다.

타추미신사 앞 타추미다리(2023, ⓒ한광야)　　　　　사이호지사찰 정원(2022, ⓒ한광야)

2. 건식 정원과 차도

교토의 선불교 정원과 차도

히가시야마의 선불교 사찰들이 차도茶道를 체계화하면서, 그 사찰의 정원은 차 문화의 배경이 되었다. 특히 일본의 첫 번째 선불교 사찰인 케닌지 사찰은 녹차 문화의 중심지로 평가된다. 이 무렵 교토에서 남쪽으로 9km 떨어진 우지宇治에 녹차가 대량으로 재배되면서 녹차 소비를 부추겼다.

중국 선불교가 일본에 전파된 12세기는 남송南宋의 수도인 린안(臨安, 현 항저우(杭州))과의 교류가 빠르게 증가했던 시기다. 그리고 남송이 쇠락하면서 일부 지배 세력과 지식인 그리고 상공인이 교토로 이주해 왔을 것이다. 12세기 후반의 교토는 이렇게 송조의 문화를 빠르게 직접 받아들인 수용처였을지 모른다.

당시 그 변화상을 교토에 형성된 선불교 정원들에서 찾아볼 수 있다. 교토의 초기 선불교 사찰 정원은 송조 정원 공간의 핵심인 연못과 섬이 그대로 그 중심부를 구성하는 유사점이 있다. 그 대표 사례가 일명 '이끼 사찰苔寺'로 알려진 임제종파의 사이호지사찰(西芳寺, 749, 1339) 정원이다.

이 사찰은 교토 서쪽에 아라시야마산을 두고 가쓰라강桂川을 바라보며 서 있다. 승려 무소 소케키(夢窓疎石, 1275~1351)는 이곳 사찰의 본체 동편에 연못과 세 개의 돌들이 이상향을 상징하는 습식濕式 정원을 조성했다. 지극히 중국 도교의 영향을 받은 정원 형태였다.

이후 교토 선불교 사찰 정원은 두 단계의 변화를 거쳤다. 먼저 14~15세기부터 세상의 질서를 암석들 간의 배치로 간단히 표현하는 건식乾式 정원으로 본격적으로 탈바꿈했다. 물론 교토의 초기 선불교 사찰 정원, 즉 건식 바위정원枯山水이 헤이안 시대에 송조의 정원 조성 기법을 수용해 이미 조성되어 있었고, 11세기 후반부터는 바위, 모래, 자갈, 이끼를 이용해 산과 물을 표현하는 일본 고유의 건식 정원 조성 기법이 개발되기도 했다. 이후 에도 시대(江戸時代, 1603-1836)로 접어들면서 적극적으로 차도가 도입되어 정원은 독립 공간으로 성장해 나가기 시작했다.

사실 사찰은 단순한 종교 공간을 넘어 주변 마을들의 학교이자 생산 활동지이며, 사교와 치유의 공간이었다. 또한 그 후원자인 세력가들에게는 권력 방어의 병영兵營이자 안식처이고 묘지였다. 알려졌다시피 교토의 선불교 사찰들은 왕실, 다이묘 영주, 사무라이 등의 세력 거점으로서 다수의 군인들이 주둔하며 훈련하던 장소이기도 했다.

따라서 선불교 사찰 정원이 내전이 가장 치열하던 무로마치 시대와 센고쿠 시대(戦国時代, 1467~1615)에 다수 조성되었다는 점은 흥미로우면서도 타당하다. 세력가들은 24시간 검을 차고 다녀야 했던 무사들의 심리적 압박 해소를 위해 이러한 공간을 적극 조성했을 것이다. 긴장을 내려놓고 명상 속에서 오로지 자신에게 집중할 수 있었던 자유의 공간이다.

일본 정원의 조경법을 다룬 첫 책은 타치바나 노 토시추나(橘俊綱, 1028~1094)의 『사쿠테이기作庭記』다. 여기서 아름다운 조경 공간 연출을 위한 돌의 배치를 문제 삼으며, 물이 없는 건식 정원에 대해 설명했다. 그리고 이러한 공간이 무로마치 시대 히가시야마 문화에서 독립된 정원으로 조성되면서 가레산스이枯山水로 표현되었다. 참고로 현대의 건식 정원은 이시

니와石庭로 불린다.

　무엇보다 이러한 건식 정원은 당시 중국 차 생산의 중심지인 안후이성安徽省의 황산黃山, 특히 구름바다 위에 솟은 화강암 봉우리와 심겨진 소나무를 표현한 것이다. 여기서 바위는 도교 전설 속 영생의 유토피아蓬萊仙島를 상징한다. 그 대표적 사례가 교토 북쪽 다이운산大雲山 입구의 료안지사찰(龍安寺, 1450) 정원과 류호산龍宝山의 다이토쿠지사찰(大德寺, 1315) 콤플렉스 중 료겐인사찰(龍源院, 1505) 정원이다.

료안지와 료겐인의 건식 정원

료안지사찰 정원은 중국 황산[7]의 구름 속 유토피아를 교토의 하얀 돌이

료인지사찰 건식 정원(2022, ⓒ한광야)

상징하는 흰색 하천으로 재해석해 구현한 결과다. 임제종파 소속의 이 사찰 정원은 일본 선불교 건식 정원의 출발점으로 꼽힌다. 사찰 부지는 원래 11세기 후지와라 가문(藤原氏, 668~)의 소유지였다. 이 가문은 헤이안 시대 왕과 혼인을 통해 섭정攝政과 관백關白의 지위를 얻어 막강한 권력을 행사했다.

료안지사찰은 진입부 연못을 중심으로 세워졌던 초기 사찰인 다이주인사찰大珠院 배후에 세워진 것이었다. 이후 호소카와 카추모토(細川 勝元, 1430~1473)가 후지와라 가문의 대토지를 매입하고, 자신의 저택과 이 사찰을 조성하면서 현재 모습을 갖추었다. 15세기 후반 미상의 조경가가 여기에 흰색 자갈과 바위를 써서 직사각형(25×10m, 면적 248㎡) 형태로 건식 정원을 조성했다. 흰색 자갈은 구름을, 바위는 그 구름 위로 솟은 황산을 상징한다. 다섯 군으로 나뉜 15개 바위 주변엔 이끼를 두었다. 다섯 군의 바위 개수는 한 개에서 세 개까지 각각 다르다.

다이토쿠지사찰 콤플렉스 가운데 료겐인사찰에도 건식 정원이 존재한다. 이 콤플렉스는 선불교 수도원 목적으로 본사와 24개의 소속 사찰이 류호산 구릉지에 조성된 것이었다. 이곳에 존재하는 선禪 정원이 수백여 개에 이른다. 료겐인사찰은 중앙에 중심 건물인 호조方丈를 두고 다섯 개의 크고 작은 정원들을 갖췄다. 이 호조를 두르는 목재 마루를 따라 건식 정원의 경관 프레임이 조성된다. 이 정원에도 바다를 상징하는 흰색 자갈이 깔려 있는데, 그 물결무늬는 사물과의 관계를 의미한다. 정원은 유토피아를 상징하는 호라이산을 중심에 두고, 거북이, 학 등이 바위로 형상화되어 배치되었다. 이 사찰의 다섯 정원 가운데 일본에서 가장 작은 선 정원으로, 추보니와(坪庭, 壷庭)로 조성된 토토키코(東滴壷, 1958)가 있다.

교토 선불교 정원의 유토피아 개념이 현대 일반 주택으로 흡수되어 만들어진 무린안 주택 정원(無鄰菴, 1894)도 건식 정원으로 잘 알려져 있다. 동쪽 구릉지에 아치형 수로 구조로 유명한 난젠지사찰(南禅寺, 1291)의 삼각형 필지(면적 약 3,100㎡)에 조성되었다. 원래 이곳은 무사 집안 출신 정치

다이토쿠지사찰 건식 정원(2022, ⓒ한광야)

무린안 주택 정원(2022, ⓒ한광야)

가였던 아리토모 야마가타(山縣有朋, 1898~1900)의 두 번째 주택이었다. 정원은 지헤이 오가와 7세(小川治兵衛 VII, 1860~1933)가 디자인했다. 주택은 단층 목재로 지어진 수기야즈쿠리数寄屋造り 차실茶室과 2층 벽돌로 지어진 서양식 건물과 정원으로 구성되어 있다. 이 주택이 세워진 뒤, 인접한 비와운하(琵琶湖疏水, 1890)를 따라 공장, 세계박람회장 주변으로 세력가들이 모여들어 난젠지-시모가와라(南禅寺-下川原, 1291) 주거지가 형성되기도 했다.

무린안 주택 다다미방에서 바라본 정원(2022, ⓒ한광야)

시라가와고 쇼강의 자갈모래
(2023, ⓒ한광야)

3. 시라가와하천, 벚꽃나무, 버드나무

흰색 하천

히가시야마 선불교 사찰의 건식 정원을 채우는 흰색 자갈들은 어디서 온 것일까. 그리고 이와 관련하여 히가시야마를 관통해 게이샤 구역인 기온祇園으로 흐르는 시라가와하천은 무엇을 상징할까.

히에이산에 발원한 시라가와하천 바닥을 덮고 있는 건 흰색 화강석 모래砂利와 자갈砂利로 일명 시라가와 자갈모래白川砂利라 부른다. 비교적 일반 모래보다는 큰데, 작게는 2mm, 크게는 30~50mm에 이른다. 바로 이 모래가 교토의 건식 정원을 장식하면서 히가시야마의 정체성을 최대로 노출한다. 2018년을 기준으로 교토에는 이 모래를 사용한 사찰이 166곳, 정원이 341곳이다. 그 연면적은 약 29,000㎡에 이른다. 교토시는 1950년 대부터 이 모래 채집을 금지했다.

흰색 시라가와하천의 상징성을 이해하려면 일본 추부中部 나고야名古屋 북쪽 30km 지점에 위치한 기푸현岐阜県[8]의 분지까지 찾아가야 한다. 기푸는 4세기 야마토大和 왕국의 영역으로, 각 지역 세력들이 각축을 벌

이던 곳이다. 센고쿠 시대 나고야 태생의 다이묘 오다 노부나가(織田信長, 1534~1582)가 일본 통일 원정길에 이곳을 기푸라고 명명했다는 곳이다. 중국 주나라(周, 1066~256 BC)의 수도인 기산岐山과 공자(孔子, 551~479 BC)의 고향인 취푸曲阜에서 각각 한 글자씩 따왔다.

기푸에서 북쪽 80km 지점의 내륙 분지에는 농가 주택 가쇼즈쿠리掌造り가 군집한 시라가와고白川鄕 마을이 있다. 시라가와하천과 같은 이름을 쓰는 이곳은 하쿠산白山, 2,17m)[9]과 타카야마산(高山, 3,190m)에서 발원해 흐르는 흰색 자갈모래 하천인 쇼강(庄川, 115km)[10]을 중심으로 형성된 마을이다. 이 하천과 농촌 민가의 경관은 오랫동안 혼슈인들에게 영혼의 이미지로 각인되어 온 곳이다. 이름은 물론, 그 자갈모래까지 꼭 닮은 시라가와하천의 상징성도 이와 다르지 않을 것이다.

시라가와고 마을

벚나무와 버드나무

히가시야마의 시라가와하천 변에 심겨진 벚나무와 버드나무는 일본 마을들의 물리적 환경을 완성하는 중요한 요소다. 하천을 따라 주변에 심겨진 벚나무는 그 뿌리가 천변의 흙을 묶어두는 자연 제방 역할도 한다. 특히 줄기가 아래로 향해 보행자 얼굴 높이에서 꽃이 피는 수양벚나무는 산책로를 아름답게 장식하는 수종으로 손꼽힌다.

무릇 일본인들은 벚나무를 신성시해 신사나 사찰 주변에 식재함으로써 그 성역을 지켜오곤 했다. 또한 일상에서는 벚꽃을 구름 같은 '일시적 덩어리'나 '무상한 삶'에 비유하기도 했다. 에도 시대 학자 모투리 노리나가(本居宣長, 1730~1801)는 벚꽃이 "가장 아름다운 순간에 시드는 사물에 대한 연민物の哀れ"의 상징한다고도 말했다. 만개한 벚꽃을 즐기는 하나미花見[11] 또한 떨어진 꽃잎의 무상함을 확인하는 순간이다. 시라가와하천 위를 흘러가는 벚꽃잎들도 이러한 의미층 위에 고스란히 겹친다.

기원이 확실치는 않지만, 『일본서기日本書紀』(680~720)에 따르면 하나미가 시작된 건 대략 3세기부터다. 나라 시대(奈良時代, 710~794)에 매화나무 아래서 음주를 즐기는 왕실 문화가 헤이안 시대에 벚나무로 대체되면서 교토의 사무라이 등 상류 사회로 스며들었고, 에도 시대로 접어들면 쇼군 도쿠가와 요시무네(德川吉宗, 통치기 1716~1745) 시절에 벚나무 아래서 점심이나 사케를 즐기는 대중문화로 확산되었다.[12]

버드나무도 물 가까이 서식하면서 인간의 심신을 치유해 온 수종이다. 실제로 해열 진통 효과가 있는 약용 식물로 역사가 깊다. 독일 바이엘사의 아스피린이 버드나무 추출물로 만들어졌다는 건 익히 알려진 사실이다. 더구나 통기성이 좋지 않은 습지나 물속에서도 잘 자라서 가뭄이 들면 사람들은 이 나무 앞에서 비를 기원하곤 했다. 흥미롭게도 악령을 막거나 쫓아내는 능력이 있다고 믿어지기도 하고, 줄기의 인燐 성분 탓에 발광성이 있어서 유령이나 도깨비의 존재로 오해 받기도 했던 수종이다.

히가시야마의 버드나무들은 내리는 빗물을 모두 흡수해 두었다가 눈물처럼 떨어뜨리는 모습을 시라가와하천 변에 잘 보여준다고 얘기되곤 한다. 특히 하천 물소리를 자연스럽게 흡수하는 방음 기능에 한여름 강한 햇볕까지 막아주는 방열 기능도 있다고 전해진다. 또 재질이 질기고 유연해 곡선 가공에 용이하므로 각종 생활용품의 재료로도 애용되어 왔다.

시라가와하천변 버드나무(2023, ⓒ한광야)

4. 다카세가와운하와 기온, 미야가와초, 폰토초

17세기 초 교토 상인들이 추진한 가모가와하천鴨川 수로 정비 사업과 그 인근에 조성된 다카세가와운하(高瀬川, 1611)의 개통으로 히가시야마는 큰 변화를 맞는다. 당시 '수로水路의 아버지'로 불렸던 상인 수미노쿠라 로이(角倉了以, 1554~1614)의 주도로, 히가시야마 남쪽 호코지사찰(方広寺, 1595) 재건에 필요한 목재를 운반하기 위해 가모가와강에 운하 건설이 추진되었다. 하지만 수로 정비 중에도 범람이 잦았기 때문에, 1605년부터 아예 가모가와강의 물길을 끌어와 니조도로부터 후시미伏見区에 이르는 다카세가와운하를 개통하게 된다.

수미노쿠라 료이는 도요토미 히데요시부터 도쿠가와 이에야스 지배기까지 교역 허가朱印를 획득하고 무장 상선을 운영하면서 베트남 남부까지 교역했다. 다카세가와운하를 포함해 가추라강, 상류 하천인 호주가와保津川, 아이치현의 텐류가와天竜川, 시즈오카현의 후지가와富士川 등 여러 하천의 정비를 도맡았다. 그 보상으로 교토의 물자 운송 독점권이 따라왔다.

가모가와하천 정비와 다카세가와운하 개통은 하천 범람을 통제하고, 운하를 통해 남쪽 후시미를 지나 우지가와강(宇治川 또는 淀川)을 통해 오사카까지 교역 선로를 연장시켰다. 그 결과 대규모 지역 인구를 교토로 불러들였으며, 하천 변에 가용지를 조성했고, 하천 동쪽 기온의 하나마치花街와 미야가와초宮川町, 하천 서쪽의 폰토초先斗町가 성장하면서 히가시야마-기온이 교토의 예술, 문화, 유흥 활동의 거점으로 성장하는 출발점이 되었다.

기온, 하나마치, 가부키 극장

가모가와하천이 정비되면서 그 영향으로 에도 시대 초기부터 히가시야마의 중심부인 기온祇園이 시조도로四条通를 중심으로 개발되었다. 참고로 기온이란 지명은 부처가 대중에게 설법했던 제타바나Jetavana의 중국어 지명인 기유안祇園에서 온 것이다.

기온은 원래 야사카신사 참배객을 위한 숙박 구역으로 형성되었으며, 기온 마츠리(祇園祭, 869)가 본격적인 교토의 축제로 성장하면서 점차 상점 구역까지 확대되었을 것이다. 야사카신사는 교토에서 일어나던 화재, 홍수, 지진, 전염병 등을 관장하는 신들을 달래기 위한 매년 7월 정화 예식에서 시작해 축제로 성장한 기온 마츠리의 중심부였다.

이후 기온은 센고쿠 시대에 유흥 구역으로 성장했다. 유곽遊廓과 홍등가柳町가 형성되고, 주변에는 야사카신사 참배객을 위한 오차야(お茶屋, 찻집)들도 개업했다. 도요토미 히데요시의 공창제 실행에 따라 교토의 초기 유곽은 1589년 니조마데소로(二条万里小路, 현 교토시 나카교구)를 중심으로 니조야나기초二条柳町에 처음 조성되었는데, 에도 시대에 들어서면 로쿠조미수지초六条三筋로 이전해 나간다. 마찬가지로 기온의 유곽도 1640년 시마바라(嶋原, 1640~1958)로 이전해 나갔다.

이후 기온의 유곽 구역은 주로 다과를 파는 오차야에서 이후 술과 안주를 파는 주점으로 변화했으며, 점차 게이코芸子, 게이샤芸者, 마이코舞妓의 가무 활동이 더해진 게이샤 구역으로 유명세를 얻으며 성장해 나갔다. 17세기 중반에 이르면 100개 이상의 오차야가 성업하면서 카가이花街 또는 하나마치花街로 불리게 되었다.

일본 도시에서 하나마치는 홍등가 유곽의 대체 상업 유흥 구역으로, 보통 하천을 따라 형성된 길고 좁은 석재 바닥 골목에 마치야를 두고 형성되었다. 주로 게이샤의 거주 주택인 오키야置屋, 게이샤의 영업장이자 찻집인 오차야, 게이샤의 모임 장소이자 연극장인 가부렌조歌舞練所, 활동을 관

기온의 하나미코지 입구와 이치리키테이(2023, ⓒ한광야)
하나미코지도로의 마치야(2022, ⓒ한광야)

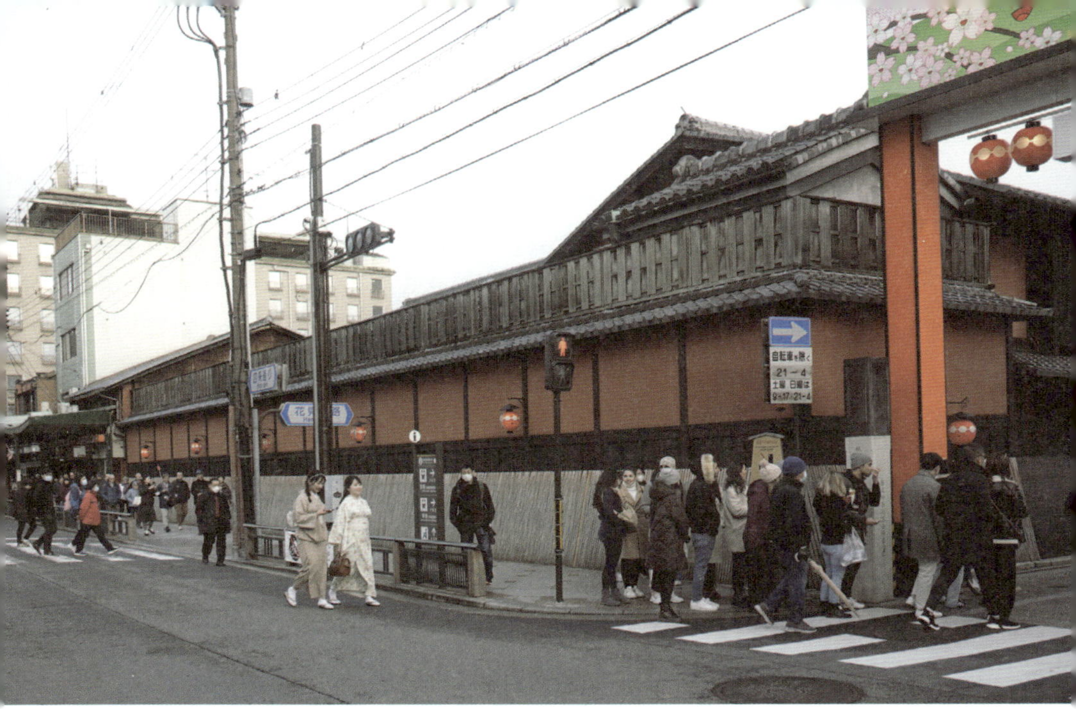
自転車を除く
21－4
土曜 日曜は
9～17 21－4

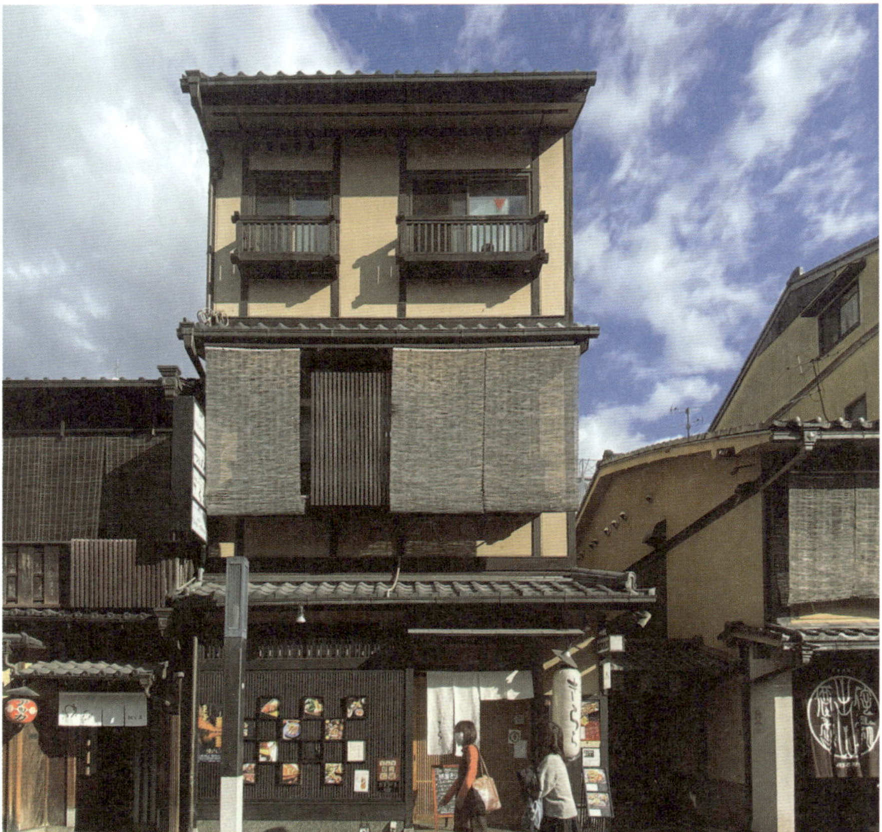

할하는 켄반(檢番, 見番), 학교인 뇨코바女紅場学園 등으로 구성되었다.

교토는 가모가와하천을 중심으로 하천 변과 기온에 총 다섯 곳의 카가이가 있었다. 특히 기온의 하나마치는 가부키 극장 주변의 지원 시설들을 중심으로 일본 공연예술 문화의 핵심지로도 성장해왔다. 기온 공연 문화의 상징적 중심부는 시조도로와 가모가와하천이 만나는 오하시다리四条大橋였다. 이 다리는 기온 마츠리 축제의 하이라이트인 야마보코순행山鉾巡行의 개막식장이라는 의의를 지니고 있다.

에도 시대 초기에 시조도로와 오하시다리를 중심으로 가모가와하천 변에는 막부의 공식 허가를 받은 일곱 개의 극장이 개관했다. 하지만 그 주도권을 점차 오사카에 넘겨주었으며, 결국 에도 시대 중기부터는 세 개의 극장만 남아 기능했다. 시조도로를 중심으로 위치한 미나미좌(四条南座, 1610)와 기타좌北座, 그리고 야마토대로 서쪽의 가부키 극장이 그것이

시조도로와 미나미좌(1929 이후)

다. 야마토대로의 가부키 극장은 1794년 대화재로 소실되었고, 기타좌
는 시조도로 확장으로 1892년 해체 후 현재는 그 자리에 기온오모이데
박물관北座ぎをん思いで博物館이 들어서 있다. 미나미좌 건물은 1929년 모
모야마 시대 건축 양식으로 지상 4층, 지하 1층 규모로 지어져 현재도 기
능하고 있다.

아울러 기온에는 시조도로 남쪽으로 게이샤 구역인 하나마치와 남쪽
미나미가와祇園町南側를 중심으로 다수의 오차야가 밀집되어 있다. 먼저
하나마치엔 일본 최고의 요정이던 이치리키테이(一力亭, 1703 전후; 현재 一
力茶屋)가 입지했다. 특히 이곳은 시기우라 가문杉浦氏이 약 300년간 게이
사 파티 사업을 통해 당대 세력가들의 사교 활동의 중심부로 기능했던
곳이다.

또한 이치리키테이 남쪽으로 하나미소로花見小路 동쪽에는 미야고오
도리(祇園甲部歌舞練場, 1951)의 목조 구조 팔작지붕을 가진 가부키 극장(祇園
甲部歌舞練場, 1873)을 중심으로, 역시 2층 목조 구조 팔작지붕 건물인 야사
카구락부(八坂俱楽部, 1913)가 위치해 있었으며, 야사카뇨코바학원재단(八坂
女紅場学園)이 설립한 마이코·게이사 학교인 뇨코바학교(八坂女紅場学園,
1916, 1951)와 야에이카이칸극장(弥栄会館, 1936)이 입지해 있었다.

미야가와초, 타카세가와 폰토초

교토에서 처음 가부키가 공연된 건 17세기 초 가모가와하천 변의 미야가
와초宮川町에서다. 이곳에서는 남장한 무녀 이즈모 노 오쿠니(出雲阿国,
1578~1613)가 술집 여자를 희롱하는 춤과 내용의 오쿠니 가부키阿国歌舞伎
가 인기를 끌었다. 이러한 배경에서 미야가와초에는 에도 시대 초기 가
부키를 공연하는 시바이코야芝居小屋가 위치해 있었고, 필요에 따라 인접
하천 변에서도 이러한 공연이 진행되었을 것이다. 또한 시바이코야의 연

Re:boot
Room 335
二代目
政次郎
先斗町
歌舞練場
STEAK
REVOLUTION
Room 335

先斗町

극장 고객을 대상으로 한 오차야가 번성하면서 에도 시대 중기 미야가와
초는 유흥가로 자리 잡아가기 시작했다.

또한 가모가와하천 변 서쪽 배후에는 시조도로에서 산조도로까지 다
카세가와운하와 기야마치도로木屋町通가 조성되면서 좁고 긴 폰토초도로
先斗町通를 따라 유흥 구역이 형성되었다. 참고로 폰토초라는 이름은 다리
를 뜻하는 포르투갈어 '폰토Ponte'에서 유래했다는 설이 유력하다.

17세기 초부터 다카세가와운하가 교토와 가모가와하천, 다카세가와
하천이 합류하는 후시미까지 연결하는 운송 수단으로 기능하면서, 그에
인접한 폰토초는 1712년을 전후로 음식점 허가를 획득한 다수의 오차야
와 식사까지 제공하는 여관인 하타고야旅籠屋가 성업했다. 이후 폰토초
상점들이 게이코 고용 허가까지 취득하게 되면서 폰토초는 일반 상업 가
로에서 하나마치로 변화했다.

폰토초의 중심인 가부렌조극장(先斗町歌舞練場, 1927)[13]은 1870년대부터
매년 5월 티하우스와 게이샤의 기부로 개최되는 게이샤 공연 축제인 가
모가와오도리(鴨川をどり, 1872)의 무대로 기능해 왔다. 이 극장은 1920년대
에 4층 높이의 콘크리트 구조에 동양적 파사드를 가진 극장으로 재건축
되어 현재에 이르고 있다.

미야가와초도로(2023, ⓒ한광야)
폰토초도로와 가부렌조극장(2024, ⓒ한광야)
폰토초도로(2023, ⓒ한광야)

5. 카논덴 쇼인즈쿠리와
   교마치야 도시 상업 주택

히가시야마는 역사상 일본 주택의 주요 유형들이 개발·등장한 주택 문화의 전시장이다. 헤이안 시대 귀족 관료 계급公家의 신덴즈쿠리寢殿造, 가마쿠라 시대 무사 계급武家의 부케즈쿠리武家造, 무로마치 시대 사교와 모임의 공간이 추가된 쇼인즈쿠리書院造, 그리고 에도 시대부터 상업 활동의 핵심이었던 상공인인 초닌町人의 도로형 상가 주택인 교마치야(京町家, 京町屋)가 대표적이다.

먼저 교마치야는 교토의 격자형 도로체계를 따라 도로에 직면해 정면이 연속되도록 시공함으로써 하나의 상업 도로 블록을 형성하고 상업 도시로서 교토의 성장을 이끈 건축이다. 특히 에도 시대에 개발된 바닥재인 다다미畳, 미닫이문인 쇼지障子, 미닫이 벽인 후스마襖 등을 조합해 기능과 필요에 유연한 공간 확장 기법을 완성했다는 점에서 중요한 가치를 갖는다. 또한 교마치야는 쇼인즈쿠리의 중심 공간인 도코노마床の間를 일본 주택 내부의 상징적 중심 공간으로 흡수하고, 선불교 사찰의 건식 정원을 받아들여 정원 공간인 마당庭과 한 평 정원坪庭을 내부의 상업과 주거 공간의 완충·녹지 공간으로 활용함으로써 교토 주택의 DNA를 완성했다는 점에서 의의가 크다.

신덴즈쿠리는 중국 문화에서 벗어나 일본의 독자 문화国風文化 개발을 선언하고, 일본의 당나라 사절단(遣唐使, 607~838) 파견을 19차로 종료하는 역사적 배경 아래서 탄생했다. 이는 일본의 기후와 미적 가치에 기반해 10-11세기에 나타난 주택으로, 건물 내부 벽을 최소화해 개방적 구조를 갖추고, 신발을 벗고 사용하는 실내에서 의자나 침대를 사용하지 않고 다다미 매트에 앉거나 누워 생활하며, 기와 대신 히노키 목재 줄기로 지붕을 덮고, 기둥에 채색을 더하지 않는 자연 재료의 특성을 그대로 보여주었다.

부케즈쿠리는 대형 필지를 중심으로 내부 지향적인 주택 구조를 갖는다는 점에서 신덴즈쿠리와 유사하지만, 외부 공격에 대응하는 무사의 공간과 무기고, 불을 지피고 망을 보는 타워인 야구라(櫓, 矢倉) 등을 추가로 갖추고 있었다. 뒤이어 무로마치시대는 문인 계급이 몰락하고 무사 계급이 새로운 귀족으로 등장해 문인 계급이 누렸던 사교와 예술을 모방하던 시대였다. 무사들은 다도나 렌가連歌 모임, 또는 중국 예술품 전시 등의 사교 문화를 유행시키며, 이를 위한 공간을 게스트하우스로 흡수한 쇼인즈쿠리를 개발했다. 즉, 쇼인즈쿠리는 내부에 공적 공간이 추가된 주택이었다.

지쇼지사찰의 카논덴

히가시야마 북쪽 구릉지에 위치한 선불교 지쇼지사찰(慈照寺, 1482)[14]의 중심 건물인 카논덴(観音殿, 1490)은 이렇게 일본 주택의 획기적 전환점이 된 쇼인즈쿠리의 특성을 갖춘 첫 번째 건축물로 평가된다. 카논덴은 2층 규모 건물로, 2층에는 불상을 두고, 1층에는 다다미 바닥재가 선택적으로 깔려 있다. 동쪽 외벽체를 이동시키면 내부에서 바깥 연못의 경관을 즐길 수 있다.

카논덴의 특징을 잘 보여주는 것들을 꼽아보면, 거주 공간 단위의 바닥재 다다미, 주택 내부 공간을 확장·변화시키는 미닫이문 쇼지, 미닫이 벽 후스마, 그리고 주택의 핵심 공간 도코노마床の間 등이 있다. 바로 이러한 요소들이 이후 일본 도시 건축의 표준이 되는 도시형 주상 복합 주택인 마치야의 건축적 특성을 결정하게 되는 것들이다. 이것들의 특징을 차례로 짚어보자.

먼저 중심 공간 요소로 등장한 다다미와 다다미가 깔린 자시키座敷다. 다다미는 짚으로 제작되어 여름에는 습기를 흡수하고 겨울에 습기를 배

지쇼지사찰 카논덴

출하는 식으로 습도를 조절하고 공기를 정화해준다. 크기는 0.91×1.82m, 두께는 약 5.5cm 정도다.[15] 정신적으로 여유를 느끼는 공간 규모를 고려한 것으로, 현재도 일본 건축의 평면 계획과 입면 설계에서 모든 것들의 기준이 되는 규격화된 모듈 요소다.

주택 내부 공간을 확장·변화시키는 쇼지는 전통 종이를 바른 복도 쪽 미닫이문이며, 후스마는 내부 미닫이 벽이다. 무엇보다 쇼지는 종이를 통해 습기를 흡수하고 햇빛의 양을 조절한다. 후스마는 방과 방 사이 내부의 통풍과 환기성을 높이며, 필요에 따라 공간을 확장시킨다. 이 둘은 내·외부 공간을 연결·확장시키는 실용적인 기능을 수행한다. 카논덴은 동쪽 쇼지를 모두 열어 내부에서 앞쪽 정원 공간과 원경을 감상할 수 있다. 다만 아주 사적인 공간을 보장하지 못하는 단점이 있다.

방의 상좌上座에 바닥을 한층 높게 만든 도코노마는 일본 주택 내부의 상징적 중심 공간이자 일본 주택의 DNA로서, 무로마치 시대에 개발된 것으로 추정된다. 이상향을 그린 그림이나 의미 있는 글귀가 담긴 족자를 걸어 두고, 향을 피우며, 꽃꽂이나 분재, 양초대 등이 위치해 있는 공간이다. 고대 이탈리아 주택의 타블리눔tablinum이나 영미권의 알코브alcove와 벽난로 공간과 유사한 것으로, 집주인의 지력과 재력을 표현하며, 손님을 맞는 모임 공간으로 사용되었다. 다기茶器 등을 전시하는 선반違い棚과 문방 용품을 전시하는 붙박이 탁자 등과 함께 근현대 일본 건축의 특징을 드러내는 표준으로 활용되었다.

상인 계급과 교마치야

지역 및 시골 인구가 도시로 몰려들면서 주택 수급에 문제가 발생하곤 한다. 교토는 이에 어떻게 대처했을까. 교토는 17세기에 약 40만 명 규모의[16] 도시로 성장했다. 도쿠가와 막부 지배기에 수도 기능을 에도에 빼앗

기고 그 상징성만 보유한 채, 쇠퇴와 성장을 반복해 왔다.[17] 그러나 이 시기에도 히가시야마와 기온은 가모가와하천과 다카세가와운하 개통에 따라 지역 거점 기능을 유지하면 상업 활동의 중심부로 지속적인 성장을 누렸다. 급증한 도시 인구를 상업 기능으로 흡수·관리하기 위해 교토에는 도로체계에 기반한 새로운 도시 주택 유형인 교마치야(京町家, 京町屋)가 개발되었다. 규격화된 건축재와 표준화된 시공법은 교마치야의 빠른 정착과 확산을 도왔다.

교마치야는 에도 시대의 지배 계급이던 무사들이 순차적으로 몰락하고, 이를 대신해 상인 계급이 새로운 세력으로 부상하면서 등장했다. 이들은 헤이안 시대 관료 계급에 이끌려 지방에서 징용되어 온 상공인들인 초닌町人으로, 교토에 정착하면서 비어 있는 대형 주택을 임대하거나 매입해[18] 도로에 접한 공간을 상업 활동과 작업 공간 그리고 생활 거점으로 활용하기 시작했다. 도로를 따라 폭이 좁은 복수의 필지들로 분할된 교마치야의 공간들이 이들의 주거와 활동의 거점이 되어갔다.

이러한 새로운 주택 건설 수요에 부응해 주요 건축재와 시공법이 개

「히가시야마유락도병풍(동산유악도병풍, 1620)」

발되어 표준화되었다. 무엇보다 창호 크기가 통일되었고, 물결 형태의 기와인 산가와라(桟瓦, 一文字瓦, 1674)가 개발되었으며, 이와 함께 다다미 매트가 서민 주택에 실내 바닥재로 폭넓게 보급되었다. 특히 신가와라가 빗물을 막아내면서 실내 바닥재인 다다미 매트의 이용이 더욱 증가했다.

결국 히가시야마는 초닌 인구의 증가와 상공업 구역의 확장에 힘입어 교토 초닌 문화의 중심부가 되었다. 특히 시조도로는 가모가와하천과 다카세가와운하의 시작점이자 기온 마츠리와 야마보코순행山鉾巡行 등의 행사가 집중되면서 교류의 핵심지로 부상했다. 이에 시조도로 양편의 상점들이 기온 마츠리의 행사 비용 분담금祇園祭地口錢을 걷어 행사를 지원하기도 했다.

이러한 도로 기반의 행사 비용 분담금은 주로 도로 전면에 직면한 건물 전면 너비에 비례해 부과되는 세금地口錢 형태를 띠었다. 따라서 도로 전체의 가치를 여러 상점이 균등하게 나누어 높일 수 있도록 다수의 필지가 일정한 크기로 연속·분할되었다. 개별 필지의 너비가 좁아지고 안쪽으로 길어지는 까닭이 여기에 있었다.

에도 시대 중기의 교마치야

히가시야마의 교마치야는 도로에 직면해 너비가 좁은 연속 필지(표준 너비 5.4m) 위에서 전면에는 상업 공간인 미세노마見世の間를 두고, 그 배후를 주거 공간走り庭으로 활용해 온 1-3층 규모의 주상 복합 건물이었다. 목재 구조에 흙벽을 두르고 구운 흙 타일로 마감되었다. 근대 시기 한국의 적산가옥에서 그 형태를 찾아볼 수 있다.

교마치야는 에도 시대 초기에 지어지기 시작해 대부분은 메이지 시대와 쇼와 시대를 거치며 제2차 세계대전 이전에 건축되었다.[19] 그 형태는 상업과 주거 기능의 조합 정도와 파사드의 건축적 특성을 기반으로 크게 세 유형이 분류된다. 먼저 단층형 주거 전용 교마치야인 히라야平屋, 1600년대에 등장한 1.5층 높이의 주거 전용 교마치야인 시모타야仕舞屋가 있다. 메이지 시대 말기부터 쇼와 시대 초기까지는 2층 규모의 마치야가, 다이쇼 시대 이후에는 3층짜리 마치야三階建가 등장했다.

교토시가 진행한 1998년 조사에 의하면, 교마치야는 교토 중심부에 약 2만8천여 채, 교토시 전체로는 약 5만 채가 남아 있다. 2010년 전후의 조사에서는 그 숫자가 47,735채로 빠르게 감소했고, 그중 10%는 공실이었다. 또한 이 가운데 에도 시대의 것은 2%, 메이지 시대의 것은 14%, 나머지는 대부분 쇼와 시대에 세워진 것들로, 매년 2%의 마치야가 해체되고 있는 중이다.

교마치야의 가치와 건축적 특성

히가시야마의 교마치야가 특별한 것은 도로 중심의 경관을 완성하는 동시에, 향香道, 꽃華道, 차茶道 등의 문화적 가치까지 흡수해 일상의 도시 주택으로 거듭났기 때문이다. 즉, 교마치아는 헤이안 시대 말기의 도로에 면한 주택이 무로마치 시대부터 발달한 쇼인즈쿠리의 특성들을 흡수한 뒤, 에도 시대에 번성한 도로 기반의 상업 활동과 그 문화까지 흡수하면서 좁고 긴 필지 위에서 성장한 역사적인 도시형 상업 주택이다.

교마치야는 일반적으로 도로에 직면한 전면부 상업 공간見世の間, 후면 주거 공간走り庭, 긴 필지의 전면과 후면을 연결하는 흙바닥인 통행 공간通り庭, 이를 나눠주는 마당庭과 완충 공간인 한 평 정원坪庭으로 구성되었다. 이렇게 조성된 교마치야는 기능적으로 도로로부터 불필요한 개방을 차단해 거주자의 사생활을 보호했으며, 여기에 빛과 바람을 허용하는 격자창인 고시格子와 돌출형 격자창인 데고시出格子를 장식 요소로 추가했다.

히가시야마의 교마치야는 시라가와하천과 신바시다리를 중심으로 후

루몬젠도로古門前通의 모토마치元町, 후루가와초古川町, 타추미다리巽橋 주변의 타추미초巽橋町 등에 집중되어 있고, 이는 신바시건축보전구역(Gion Shimbashi Preservation District, 1976)[20]으로 지정되어 있다. 또한 기온의 야사카신사와 기요미즈데라를 연결하는 이시베코지도로石塀小路를 시작으로 이치넨자카一念坂/一年坂, 니넨자카二寧坂/二年坂, 산넨자카産寧坂/三年坂, 키요미주자카清水坂의 언덕길을 따라 일군의 교토 주택-상가 건축물인 교마치야와 료칸이 집중되어 있는데, 이는 산넨자카건축보전구역(Sannenzaka Preservation District, 1976)으로 지정되었다.

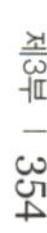

후루몬젠도로로변 마치야호텔(2022, ⓒ한광야)

니넨자카 고갯길과 카페 골목

제 8 장

브뤼헤와 암스테르담의 베긴회수녀원 블록

1. 저지대 도시의 자치 행정과
   베긴회 수녀의 활동

저지대 도시의 자치 행정권

서유럽의 저지대 지역Low Countries은 라인강Rhine River, 뮤즈강Meuse River, 쉘트강Scheldt River, 엠스강Ems River의 삼각주로서 북동쪽으로 북해와 영국해협을 바라보는 해안 지대와 둔덕으로 이루어져 있다.[1] 이곳의 대표적인 거점 도시들을 꼽아보면, 서쪽으로 플랑드르 지역의 브뤼헤Bruges, 이프르Ypres, 겐트Ghent와 브라반트 지역의 리에주Liège, 안트베르펜Antwerpen, 그리고 네덜란드의 황금시대(Gouden Eeuw, 1588~1672)를 주도한 지란트의 미들버그Middelburg, 로테르담Rotterdam, 헤이그Hague, 암스테르담Amsterdam 등이 있다.

 이 도시들은 중세 시대에 자치 행정권city charter을 획득하고, 독립적인 입법·행정 기구들을 운영했다는 특징을 갖고 있다. 그 주체는 귀족 영주들로부터 자치권을 획득한 상인과 교역자 등의 시민 계급이었다. 영주는 그 대가로 수입을 얻었지만, 대신 점차 이들의 정치적 권한은 상실되어 갔다. 이후 시민 계급이 군사력과 행정력을 확장한 곳에서 도시국가city

state가 성장하게 된다. 자치 행정권은 성벽 시공권defensive wall right, 시장 개장과 수익 창출권market right, 상품 교역권staple right, 통행세권toll right, 동전 발행권mint right, 세금 취득권taxation right, 표준 측정소 운영권weighing right 등과 개인의 이동 자유권, 행정 주체 선출권 등을 포함했다.

자치 행정권을 가장 먼저 획득한 이곳 도시들로는 벨기에 지역의 게라즈버겐(Geraardsbergen, 1068), 브뤼헤(1128), 이프르(1174), 겐트(1178), 루벤(Leuven, 1211), 안트베르펜(1221), 메헬렌(Mechelen, 1301) 등이 있으며, 네덜란드 지역의 위트레흐트(Utrecht, 1122), 미들버그(1217), 도르드레히트(Dordrecht, 1220), 호로닝언(Groningen, 1245), 하렘(Haarlem, 1245), 델프트(Delft, 1246), 라이덴(Leiden, 1266), 암스테르담(1300), 로테르담(1340) 등이 있다.

플랑드르와 지란트 등 서유럽 저지대 지역 지도(14세기)

생산 활동과 저지대 도시의 성장

이 저지대 지역은 역사상 로마 시대로까지 거슬러 올라가는 오래된 직물 생산지였다. 로마 시대엔 대표적인 모직물 생산지였으며, 9세기부터는 라인강 유역에서 린넨이 교역되기 시작했다. 11세기에 들어서면 플랑드르와 브라반트 지역까지 린넨 생산이 확장되었다. 특히 모직물과 린넨은 소규모 가내 수공업 형태로 가공이 가능하다는 장점을 갖고 있다. 여기에 16세기부터 레이스 가공물이 더해지고 17세기부터는 면직물 생산도 증가되었다.

이곳 저지대 도시들이 지도에 등장한 건 12세기를 전후해서다. 이탈리아 북부 항구 도시인 제노바(Genova, Genoa, Zena)와 협력하며 성장하던 무렵이다. 도시들은 자치권을 획득했고, 이 과정에서 장인 길드guild와 시민 의회council가 주도하는 도시국가의 체계도 구축되어 갔다. 특히 저지대 해안과 주변 항구 도시들은 내륙의 직물 생산 거점들과 생산 및 교역상의 연합 체계를 형성해 나갔다.

이러한 저지대 도시들의 성장 과정에는 다음과 같은 두 가지 특징이 보인다.

첫째, 당시는 역사적으로 십자군전쟁 시기(Crusades, 1096~1291)였다. 따라서 인력과 물자의 이동과 교류가 활발했다. 이 과정에서 해상 교역의 중심 도시였던 베네치아와 피렌체가 11세기부터 성장했고, 12세기부터는 제노바까지 여기에 가세했다. 언급했듯이 제노바의 성장은 브뤼헤를 시작으로 이곳 북해에 면한 저지대 도시들의 발전을 가속화시켰다. 운송 체계가 갖춰졌으며, 길드와 의회는 제품과 인력의 자유로운 이동을 유도했다. 일종의 전쟁으로 전쟁 물자까지 생산하며 항구 거점으로 성장해 나갔다.

둘째, 배수 시설이 개선되고 홍수가 통제되면서 저지대 습지라는 환경적 한계가 극복되기 시작했다. 먼저 북부 프랑스, 동부 잉글랜드, 플랑드르 지역 등 조수 간만의 차가 크고 태풍 탓에 하천 범람이 잦았던 서유럽 삼각 구역에 1185년경부터 풍차가 도입됨으로써 그간 버려져 있던 저지대 땅들이 되살아났다. 그때까지는 이 구역의 도시라곤 위트레흐트Utrecht, 캄펜Kampen, 데벤테르Deventer, 즈볼레Zwolle, 네메헨Nijmegen, 주트펜Zutphen 등에 제한되었을 뿐이다. 그러나 여러 설비로 유량이 통제 가능해지면서 경작지가 확보되고 도시가 확장되었다. 13세기에 설치된 배수국(drainage board)의 역할도 컸다.

여성의 부상과 베긴회 수녀의 활동

이제 이 장의 주제인 상기 저지대 도시들에 다수 분포했던 인상적인 베긴회수녀원 건축물에 대해 살펴볼 차례다. 본론에 앞서 베긴회수녀회와 관련한 역사를 짧게 짚어보자.

베긴회수녀회는 13세기 초 서유럽을 휩쓴 '종교의 부활'이라는 분위기를 반영하는 단체다. 수녀원에 들어가 종교에 헌신하던 여성 외에도, 세상과 완전히 단절되지 않으면서 신에게 헌신하는 반半종교적인 삶을 추구하던 여성들의 공동체였다. 이들의 수녀원은 대부분 서유럽 저지대

『숙녀들의 도시(Le Livre de la Cité des Dames)』 삽화(1405)

도시 지역에 설립되었으며, 병원, 특히 나환자 병원 근처에 주거지를 마련했다. 베긴회 수녀들은 미혼이거나 남편과 사별한 여성들이 종교적 서약을 하지 않은 채, 사회 속에서 자유롭게 오고 갔으며, 원하면 언제든지 자유 의지로 수도원 공동체를 탈퇴할 수 있었다. 이들의 활동은 12세기 말부터 16세기까지 가장 활발하게 전개되었으며, 이는 당시 여성의 사회적 역할이 점차 증대하던 시대상의 일면을 반영하는 것이다.

저지대 도시들 가운 가장 먼저 조성된 건 메헬렌Mechelen에 위치한 베긴회대수녀원(Het Groot Begijnhof van Mechelen, 13세기 초)으로, 15세기에 상주인구가 이미 1,500~1,900명 선에 달했다. 리에주의 산크리스토페베긴회수녀원Beguinage Saint-Christophe de Liège은 13세기 중반 상주인구가 1,000여

안트베르펜 베긴회수녀원(2013, ⓒ한광야)

명에 달했다.[2] 뒤이어 등장한 루벤(1232 이전), 안트베르펜(1234), 브뤼헤 (1244), 브뤼셀(1245) 등에도 수녀원이 조성되었으며, 네덜란드 지역권의 암 스테르담, 브레다Breda, 위트레흐트 소재 베긴회수녀원들의 영향력이 높 았다. 특히 암스테르담 베긴회수녀원은 17세기 네덜란드 종교개혁의 여 파로 다시 한번 대규모 확장의 기회를 맞았다. 당시 플랑드르 지역에는 약 360개의 수녀원이 운영되고 있었던 것으로 추정된다.

서유럽 저지대 도시에서 베긴회수녀회의 활동이 두드러졌던 배경은 이렇다. 먼저 이 지역 남성 인구의 급감과 관련이 깊다. 당시는 십자군전 쟁으로 인한 대규모 원정과 지역 도시들 간의 각종 분쟁들, 그리고 해상 교역의 확장에 따라 도시 남성들의 유출과 사망이 급증한 시기다. 성비 불균형으로 인한 여성 만혼자나 미혼자 인구도 증가했다. 사회가 여성 인구의 과잉으로 흘러갈 수밖에 없는 환경이었다. 따라서 이 '잉여' 여성 인구는 직접적인 생산 활동에 참여해야만 했다. 자연스럽게 이 지역 여 성들의 경제 참여도가 높아지고, 12세기 후반에 이르면, 이른바 "아내와 수녀라는, 그때껏 여성에게 사회적으로 용인되던 두 범주를 넘어서서 대 안의 여성상을 만들려는 노력이 구체화"[3]되는 수준에까지 도달한다.

베긴회수녀회의 역할과 소명은 바로 이러한 사회복지적 요구에 부응 하는 것이었다. 베긴회 수녀들은 "도시 생활에서 필요한 다양한 역할들, 즉 아이 돌보기, 젖먹이기, 길쌈, 양조, 가내 수공업처럼 스스로의 노동력 으로 돈을 벌 수 있는 역할들로 생계를 유지했다."[4] 특히 이즈음 도시 부 유층이나 사회 엘리트층 또는 교회 조직이 병원이나 고아원 등의 사회 시 설들을 설립했는데, 여기서 베긴회 수녀들이 중추적 역할을 담당했다.[5] 이후 이들의 영향력은 점차 확대되었고, 이른바 네덜란드의 황금시대를 지나면서 그 전성기를 맞는다.

그러나 베긴회수녀회는 프랑스혁명(Révolution Française, 1789)을 전후로 전개된 지배 권력의 구조 개편과 반종교 정책 등을 이유로 점차 그 기세 를 잃어갔다. 물론 베긴회수녀원은 민간 재산이라는 특성상 그 성격과 기능을 유지하면서 도시 내 가톨릭 세력의 활동 거점으로 남아 명맥을 유지할 수 있었다. 하지만 암스테르담의 베긴회수녀원을 제외하고 네덜란드 권 내 다수의 베긴회수녀원들은 그 소유와 관리를 시민 의회로 이전시켜야 했으며, 그 역할과 형태를 호스피스, 고아원, 학교 등으로 변경시켰다. 20세기 초에 이르면, 브뤼헤, 리에주, 메헬렌, 루벤, 겐트 지역에서 약 1,000명 정도의 수녀들이 그 활동을 유지해 나갔다.

2. 마전터와 코트야드의 구호소

베긴회수녀원의 건물과 기능

베긴회수녀원 건물은 수녀들의 종교 활동은 물론, 거주, 노동을 위한 공간을 중심으로 조성되었는데, 무엇보다 시골이나 도시 외곽에 지어지던 기존의 수녀원들과 달리, 도시에 위치한다는 점에서 차별화되었다. 이는 베긴회 수녀들이 주변의 공동체들과 가깝게 연결되어 노동과 봉사 활동을 전개해 나갔다는 의미다.

　수녀원은 보통 도시 경계

루이 티트가트(Louis Tytgadt), 「카펫을 수선하는 베긴회 수녀들」(1900)

지에 종교 시설과 묘지 등을 중심으로 성곽이나 하천에 둘러싸여 있었다. 수녀들이 거주하는 주택, 대모 주택Grande-Demoiselle Residence, 진료소 등을 함께 두었으며, 그 안팎으로 양조장, 빵집, 농장 등의 노동 공간과 구호소 주택 등 봉사 활동의 공간도 존재했다. 주변에 남자 사제들이 거주하는 사제관Presbytery이 있기도 했는데, 이들은 오후 7시 이후 수녀원 접근이 불가했다. 수녀원은 공용 문을 통해 외부의 시설들과 선택적으로 연결되었다.

그런데 베긴회수녀원의 입지 환경과 그 성장사를 고려해보면, 이렇게 구성된 건물의 성격을 단순한 수녀원으로만 한정할 수 없다는 걸 이해하게 된다. 오히려 베긴회수녀원은 당시 도시를 구성하는 일원으로서, 직물 공장이라는 생산 시설의 역할과 사회복지 활동의 거점이라는 적극적인 사회 기능을 담당하고 있었다. 즉, 이 수녀원의 입지 특성은 보다 세속과 가까운 위치에서 경제 활동이 용이하고, 도시의 사회복지 기능도 충족시키는 최적의 여건이 고려된 결과였다. 또한 초기 수녀원들은 도성 외부 하천 변이나 해자 주변에 조성되었지만, 보통 도시들이 성장해 영역을 확장하고 도성을 새롭게 구축하는 과정에서 수녀원은 도성 내부로 흡수되곤 했다.

베긴회수녀원의 경제 활동

베긴회수녀원을 중심으로 전개되었던 경제 활동 가운데 대표적인 것이 모직물의 생산 및 가공과 유통이다. 유럽 초기의 모직물 생산과 유통은 북해를 중심으로 잉글랜드와 그를 마주 보는 서유럽 항구 도시들에서 활발했다. 13세기부터 15세기까지 양모 생산의 중심이었던 잉글랜드에서 생산된 양모는 바다를 건너와 브뤼헤, 겐트, 이프르 등지에서 당대 최고의 직조공들에 의해 모직물로 가공되어 교역되었다. 브뤼헤의 베긴회 수

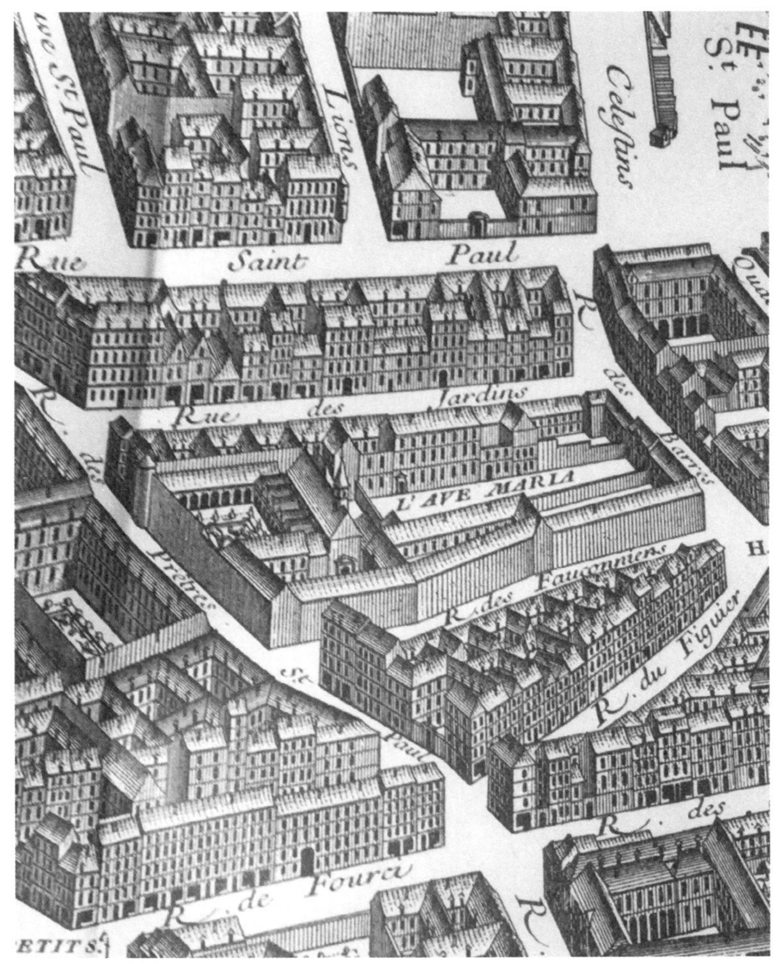

녀들은 이 수익성 높은 모직물 가공에 적극 참여했다. 나아가 이에 대한 기술력을 바탕으로 파리로 이주해 그 기술을 전파하며,[6] 파리 베긴회수녀원의 활동을 촉진시키기도 했다. 요컨대 이 시기 베긴회수녀원은 중소 규모 도시에 위치한 일종의 산업단지 기능을 수행하고 있었다.

이 모직물 생산과 관련된 수녀원의 환경적 요소들을 짚어보면, 먼저 입지 상 하천 변에 조성되곤 했던 수녀원은 모직물 생산 과정—세척, 가

파리 베긴회수녀원 지도(1898)

공, 염색 등—에서 필요한 담수 확보가 용이했다. 그리고 직물 생산의 중심 공간이었던 마전터Bleaching field가 특징적이다. 이곳은 일종의 잔디 벌판으로, 생산 후 세탁한 직물을 널어 건조시키는 곳이었다. 저지대 도시들의 햇볕과 대기는 원하는 직물의 색을 내기에 적절한 환경 요소였다. 수녀원의 이러한 경제 활동이 활발해지면서 관련 종사자들이 늘어나고 이들을 수용하기 위한 대규모 숙소가 조성된 것도 기억해 둘 필요가 있다. 아울러 직물 생산 과정에서 발생하는 부작용—오물, 악취, 소음 등—으로 인해 수녀원의 도시 내 입지에 대한 저항이 발생하기도 했다.

베긴회수녀원의 사회복지 활동

베긴회수녀원의 또 다른 중요 기능으로 사회복지 활동이 있었다. 사회적 약자들에게 주택을 제공하고, 빈민 구호소, 병원, 요양원, 고아원 등 도심에 대규모 부지를 마련하기 어려운 복지 시설들을 자체 운영하면서 병자를 간호하고 아이들을 돌봤다. 이러한 활동에 집중하는 베긴회수녀원은 베긴회호프예(Begijnen hofje, 구민원(救民院))[7]라고 불렸다.

중세 시대 유럽의 빈민 구호소(almshouses, poorhouse 또는 hospital)는 다수가 종교적 배경에서 교회 기능이 확장하며 그 하부 기관으로 설치되거나 정부 보조금으로 운영되는 사회 복지기관들과 통합 운영되어왔다. 시설은 보통 'ㅁ'자 형태의 코트court와 코트야드courtyard, 'ㄴ'자 형태의 빈민·노약자 거주 공간으로 구성된다. 코트야드는 건물이나 단지로 둘러싸여 '닫힌' 형태지만 하늘이 열린 공간을 가리키는데, 숙박 시설이나 공공건물 내부의 만남의 장소였다. 코트야드는 동·서양의 구분 없이 공통적인 건축 요소로 존재했으며, 현대 건축들에도 전통 건축 양식으로 자주 활용되는 공간이다.

유럽 도시에서 이러한 빈민 구호소는 영국에서 가장 먼저 시작되었다.

야코프 라위스달(Jacob van Ruisdael), 「마전터 풍경」(1665)

가장 먼저 생긴 구호소는 왕명 하에 요크York의 세인트피터대성당Anglo-Saxon St Peter's Cathedra 옆에 세워진 요크구호소(Almshouses of York, 936)다. 현재까지도 운영되고 있는 가장 오래된 병원 구호소는 1132년 잉글랜드 남부 햄프서 지역의 윈체스터Winchester에 조성된 세인트크로스호스피탈(Hospital of St. Cross, 1132)이다.

잉글랜드에 이어 네덜란드 도시들에서도 종교 활동 구역과 코트야드을 두고 테라스 주택들이 'U'자 형태로 조성된 호프예들이 등장했다. 주로 부유한 시민이나 상인 길드가 중심이 된 민간 조직들이 설립 운영했으며, 암스테르담, 델프트, 헤이그, 호로닝언Groningen, 할렘, 라이덴, 위트레흐트 등에 위치해 있었다.

3. 브뤼헤의 베긴회수녀원

브뤼헤의 베긴회수녀원

북해에 면한 항구 도시 브뤼헤는 역사 속에서 벨기에, 프랑스 북부, 네덜란드 서부 지역권에서 유럽 내륙과 북해를 연결하는 교역과 운송의 거점으로 기능해 왔다. 보통 이 지역은 플랑드르Flanders[8]로 불려 왔으며, 동서로 약 50km의 해안을 따라 브뤼헤, 겐트, 안트베르펜이 항구 기능을 갖고 상호 경쟁하며 성장해 왔다.

브뤼헤의 베긴회수녀원(Het Prinselijk Begijnhof Ten Wijngaerde, Le Béguinage de Bruges, 1245)은 오래된 도시 중심부인 마르크트광장(Markt, 1220) 남쪽 약 800m 지점의 도성과 해자의 안쪽에 위치한다. 여기서 남서쪽으로 약 400m 지점의 브뤼헤철도역(Gare de Bruges, 1838)과 연결된다. 이 역은 동쪽

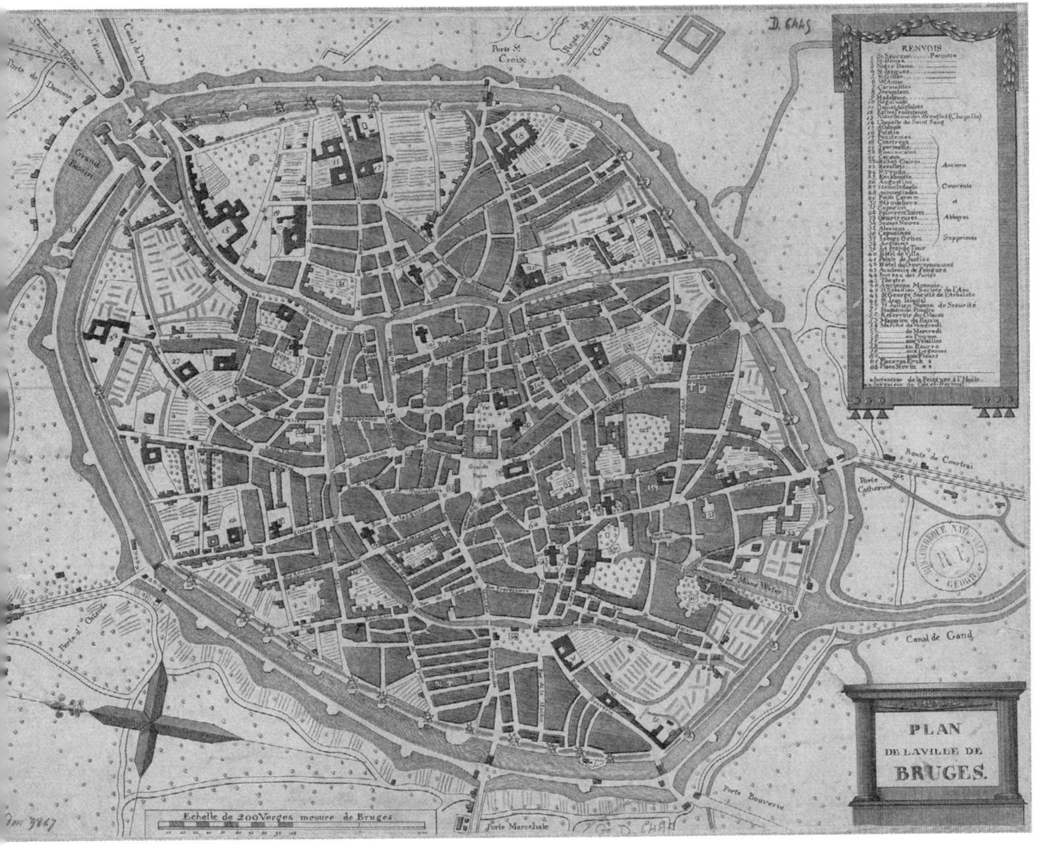

브뤼헤 지도(19세기)

내륙의 브뤼셀과 북서쪽으로 북해 항구인 오스텐드Ostend를 연결하는 철
도선(Belgian Railway Line 50A)의 중간 거점이다.

　브뤼헤의 베긴회수녀원은 유네스코 세계문화유산으로 등재된 플랑드
르 지역의 12개 베긴회수녀원들의 입지적 특성과 건축 보전 상태를 가장
잘 보여주는 대표 수녀원이다. 무엇보다 브뤼헤는 제1·2차 세계대전 당
시 폭격을 피한 도시로서 중세 도시의 구조와 형태를 온전히 보전해왔다.

　수녀원이 이곳에 세워진 건 방적과 방직 등 브뤼헤의 생산 활동이 성
장해 나가던 13세기 무렵이다. 십자군전쟁이 종전되고, 개척된 항로를
통해 중동 산 린넨이 본격적으로 이베리아반도의 이슬람 세력으로부터

유입되던 때다. 이미 1225년경부터 가톨릭 여성들은 도시 중심부에서 먼 레이에강La Reie 습지에 모여 생계를 위해 직물 생산 활동에 종사하고, 노약자와 병자를 간호하며 공동 거주하고 있었다. 12세기 중엽 그 북쪽으로 개원한 신트-얀호스피탈Oud Sint-Janshospitaal, Old St. John's Hospital이 그 증거다.

이즈음 플랑드르 백작부인 마가레타(Margaretha of Constantinople, 1202~1278)가 베긴회수녀원의 조성을 도왔다. 그녀는 브뤼헤와 겐트를 관할하던 발터 주교(Walter van Marvis, 재임 1219~1252)에게 요청해 브뤼헤 도성 남쪽 바깥에 위치한 묘지 예배당을 1244년 레이에강 반대편 포도밭으로 이전시키고, 이듬해 그 이적지에 도미니코수도회의 지원을 받아 진료소를 개소하고 수녀원을 조성했다.

이후 베긴회수녀원은 1297년 브뤼헤 도성이 확장되면서 도시 내부로 흡수되어 독립된 교구로 승인받았다. 브뤼헤의 두 번째 베긴회수녀원도 1270년 브뤼헤 동쪽 교외지인 신트-크루즈Sint-Kruis에 조성되었지만, 이는 17세기에 해체되었다. 1299년에는 프랑스의 필리프 왕(Philip the Fair, 재위 1285~1314)으로부터 왕자수녀원Princely Beguinage라는 칭호와 함께 직접 지원을 받기 시작하며 로마 교황청으로부터 독립성을 획득했다. 1300년에는 베긴회 수녀들의 기도, 노동 등 일상생활에 관한 첫 번째 활동 규율이 제정되고 체계화되었다.

브뤼헤의 베긴회수녀원은 15-18세기에 번성했다. 기록에 따르면, 이 수녀원은 1441년 총 152명이 입주해 활동했으며, 매년 평균 네 명이 새로 입주해 들어왔다. 수녀들은 수녀원 주택을 인계받아 거주했고, 주변 농장과 양조장에서 일했다. 무엇보다 모직물 생산이란 경제 활동에 종사했다. 이후 칼뱅주의자들에 의해 해체되어 잠시 폐쇄되었지만(1566), 이후 재개원했다(1605). 이 무렵 상류층 출신 수녀들의 입주도 허용되어 사회적 위상이 높아졌다.

브뤼헤 베긴회 수녀들의 행렬(1880)

베긴회수녀원의 코트야드와 주택

브뤼헤가 운하와 하천 중심의 고딕풍 중세 도시라면, 베긴회수녀원은 이러한 특성을 가장 잘 보전해온 대표적 공간이다. 수녀원은 남북으로 약 250m, 동서로 약 200m 길이의 부지에 위치한다. 고딕 건축 양식으로 지어진 성당과 숲으로 조성된 코트야드(Enclos Central du Béguinage, 약 80×60m)를 중앙에 두고, 약 30채의 주택들이 모여 콤플렉스를 구성하고 있다. 일부는 15세기에 건축되었지만, 대부분 16-18세기에 건축된 것을 확장했다. 지역색을 보여주는 박공 형태의 갈색 기와지붕과 2층 목재 구조의 백색 주택은 중앙에 녹색 문과 층별로 작은 창문을 두고 굴뚝까지 갖췄다. 코트야드는 바람에 기운 듯한 포플러나무들이 방풍림을 이루고 있으며, 주변에 노랑 수선화 화단이 신비스러움을 자아내고 있다.

수녀원은 해자로 기능하는 미네호수를 통해 인접 도시로부터 분리되

브뤼헤 베긴회수녀원 코트야드(2013, ⓒ한광야)

고, 호수 동쪽 비엔가드플레인광장Winjnggaardplein에서 세 개의 아치형 돌 다리인 비엔가드다리Wijnggaardbrug로 연결된다. 이 다리는 서쪽 수녀원 중심 진입부와 동쪽 사제관을 연결하며, 사랑의 호수 운하 경관의 중심 부를 구성해 왔다. 수녀원의 정문 진입부는 1776년 석공 헨드릭 불틴크 Hendrik Bultynck에 의해 시공되었다.

정문 진입구와 미네호수에 면해 있는 신트엘리자베드성당(Begijnhofkerk

신트엘리자베드성당(2016)

Sint Elisabeth, 1245, 1605, 1700)은 13세기에 처음 지어졌고, 1584년에 발생한 화재로 자리를 조금 옮겨 벽돌을 이용한 플레미쉬-브라반트 고딕Flemish-Brabantine Gothic 양식으로 재건축되었다. 성당 입구에 위치한 마리아상은 옛 성당에서 가져온 것[9]이다. 뒤이어 18세기에 바로크 건축 양식 요소들이 성당 내부에 추가되었다.

수녀원 남쪽 두 번째 입구에선 네오고딕 건축 양식의 사스문(Saspoort, 1900)이 사스다리Sas Bridge를 통해 연결된다. 이곳에는 운하의 수문 관리자가 거주했던 16세기 건축물인 사스 주택Sashuis이 20세기에 건축된 40번 주택Houses no. 40과 함께 있다.

대모 주택 콤플렉스와 주변 주택들

수녀원 코트야드의 남서쪽 모서리에는 14세기에 시공된 작은 예배당을 중심으로 총 네 개의 건물들이 콤플렉스를 구성하고 있다. 이곳에서 예배당과 부속 진료소(1645)가 구舊 호스피스Dopsconvent 가든으로 연결되며, 수녀원의 주택들 가운데 장식을 갖춘 가장 큰 규모의 17세기 건물인 구舊 대모 주택(Groothuis, House no. 30)이 네 개의 베이를 가진 전면과 아기를 품은 마돈나상 문을 두고 위치한다. 코트야드 동쪽에는 수녀원의 첫 주택(Het Museum Begijnhuisje, House no. 1)이 17-18세기 가구, 레이스 세공품 등을 소장한 박물관으로 기능하며 당시 베긴회 수녀들의 일상을 소개한다.

코트야드 북쪽 정문 진입부에는 수녀원 안내소 기능을 하는 14, 17, 19세기의 건물House no. 2이 L형 평면에 1층 높이의 다섯 개 베이를 두고 서 있다. 여기에 인접해 16세기 주택House no. 4이 2층 높이의 두 개의 주택으로 구성되어 위치한다. 코트야드 북쪽에는 1930년대에 시공된 일군의 주택들Houses no. 8-20이 배후에 독립된 소규모 가든을 두고 위치하며, 코트야드 서쪽에도 일군의 주택들Houses no. 22-30이 위치해 있다.

대모 주택(21018)

　수녀원은 프랑스혁명으로 큰 변화를 겪는다. 한때 혁명 정부에 의해 폐쇄를 당하기도 했다. 19세기 초에 다시 문을 열었지만, 옛 명성을 되찾지 못했고, 1930년 브뤼헤의 마지막 베긴회 수녀가 세상을 떠난다. 1937년 수녀원은 베네딕트회의 수녀원으로 전환되었고, 코트야드의 서쪽 주택들도 함께 확장 개조되어 비엔가드수녀원Monasterium De Wijngaard으로 재개원했다.

　베긴회수녀원은 1939년 벨기에 역사 유적으로 등재되었으나, 쇠퇴의 길을 면치는 못했다. 1972년 그 소유권이 브뤼헤시로 넘어갔다. 1991년 신트엘리자베드성당 건축이 보전되었고, 개별 건물들이 순차적으로 현대 생활에 적합하도록 리모델링되었다. 2002년 브뤼헤 베긴회수녀원은 벨기에의 12개의 수녀원과 함께 유네스코 세계문화유산에 등재되었다.

주택1호 파사드(21018)

신트-얀호스피탈과 뮐레네레구호소

브뤼헤의 베긴회수녀원은 주변에 일련의 호스피탈과 구호소를 두고 있다.

먼저 베긴회수녀원 북쪽 마리아스트라트도로Mariastraat을 중심으로 12세기 중엽에 개원한 신트-얀호스피탈이 위치해 있다. 13세기에 고딕 건축 양식으로 세워진 성모마리아성당(Onze-Lieve-Vrouwekerk, 1280s)이 가까운 곳이다. 이 호스피탈은 유럽에서 현존하는 가장 오래된 병원 건물들 가운데 하나로 순례자 및 여행객을 위한 시설로 이용되었다.

수도원의 옛 건물들 중에는 17세기에 제약소(Apotheek Sint-Janshospitaal, 1643~1971, Mariastraat 38)로 쓰이면서 내부에서 약초를 재배하던 곳이 있다. 이 공간은 19세기에 접어들어 신트-얀호스피탈에 추가되면서 크게 확장

신트-얀호스피탈(2022)

되었다. 1977년 신트-얀호스피탈의 병원 기능이 브뤼헤의 외곽순환도로
(R30) 밖 북쪽의 신트-피터스Sint-Pieters의 새 병원으로 이전해 나가면서, 신
트-얀호스피탈은 브뤼헤시 주관의 박물관으로 운영되고 있다. 특히 이곳
은 15세기 플랑드르 풍경화의 대가인 한스 멤링(Hans Memling, 1430~1494)의
컬렉션으로 유명하다.

　또한 베긴회수녀원에서 강 동쪽으로 일군의 구호소들이 밀집되어 기
능해 왔다. 이 구호소들은 14세기부터 길드 상인과 부유층 미망인들의
예배당을 중심에 두고 그 주변에 차례로 지어져 노약자들을 수용했다. 대
표적인 것으로 17세기에 문을 연 뮐레네레구호소(Godshuis Meulenaere, 현
Nieuwe Gentweg 8-22)는 23채의 2층 주택들이 코트야드를 중앙에 두고 위치
한다. 그 주변에 18세기에 개소한 드보스구호소(Godshuis de Vos, 현 Noord-
straat 6-14)는 코트야드를 중심으로 6채의 2층 주택들로 구성된다.

뮐레네레구호소(2008)

4. 암스테르담의 베긴회수녀원

도시의 자치 행정권과 암스테르담의 황금시대

면적 약 100에이커의 작은 마을 암스테르담이 북해 항구로 성장한 건 14세기다. 암스테르담은 암스텔강의 둑(1270), 담스퀘어(De Dam, 1275), 측량소(Waag op de Dam, 1341)가 조성되고, 옛 성당(Oude Kerk, 1213, 1306)이 재건되는 과정을 거쳐 내륙에서 북해로 연결되는 지리적 특성에 탄력을 받아 성장하기 시작했다. 14세기 초엔 위트레흐트 주교 기 반 아베네스(Gwijde van Avesnes, 재임 1301~1317)로부터 도시의 자치 행정권을 획득했다.

이 암스테르담 중세 구역 남서쪽 가장자리에 1150년을 전후해 활동을 시작한 베긴회수녀회가 수녀원(Het Begijnhof, 1346~1389)을 조성했다. 이후 암스테르담의 첫 번째 도시 방어 체계로 해자인 신겔운하(Single, Stedegracht, 1480)[10]가 도성과 함께 건설되어 베긴회수녀원의 배후 경계를 정의했다. 신겔운하는 1613년 도성이 해체될 때까지 물과 함께 성장해 온 중세 시대 암스테르담의 경계를 결정했다.

한편 브뤼헤의 황금시대(1134~1350~1500)가 저물고, 인접 항구인 안트베르펜의 쉘트강의 부두 기능이 1585년 폐쇄되면서, 안트베르펜의 포르투갈 유대인들이 암스테르담으로 이주해 정착하며 도시 성장을 이끌었다. 암스테르담은 1603~1613년 도성을 해체하며 확장했고, 운하를 개통했으며, 새 시장(Nieuwmarkt, 1614)도 조성했다. 특히 암스테르담은 개종(Alteratie van Amsterdam, 1578)을 통해 프로테스탄트 남부교회(Zuiderkerk, 1611), 북부교회(Noorderkerk, 1623), 서부교회(Westerkerk, 1638), 동부교회(Oosterkerk, 1671)가 순차적으로 조성되며 프로테스탄트교의 도시가 되었다. 특히 이 시기는 네덜란드 종교개혁(1517) 이후 스페인과의 80년 전쟁(Nederlandse Opstand, 1568~1648)과 위트레흐트협정(Union of Utrecht, 1579)을 통해 북부 7주가 주도

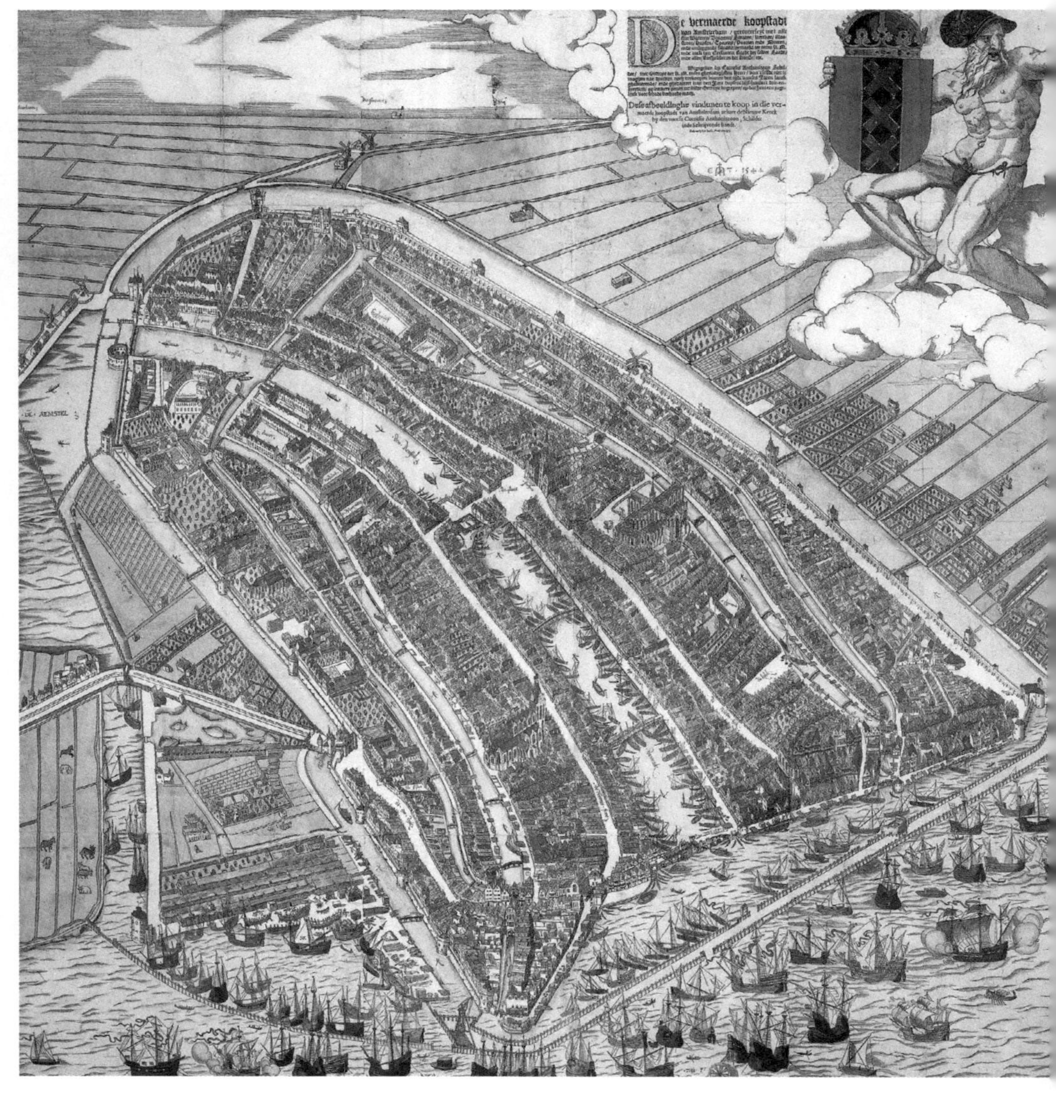

하는 네덜란드의 독립이 쟁취된 때와 맞물린다.

　이러한 배경 속에서 네덜란드 상인들은 발트해 교역권을 넘어, 아프리카, 인도, 스리랑카, 인도네시아, 브라질, 북아메리카 등을 포함하는 거대한 세계 무역권을 조성하며 네덜란드의 황금시대[11]이자 암스테르담의 황금시대를 이끌었다. 이 무렵 암스테르담에는 네덜란드 동인도기업

암스테르담 조감도(1557)

(Vereenigde Oost-Indische Compagnie, 1602)이 사무소를 열었고, 첫 번째 주식시장(Amsterdam Bourse, 1602)이 개장했으며, 서인도기업(West-Indische Compagnie, 1621)이 사업을 시작했다.

이 시기에 축적된 부는 운하 개발과 도시 확장으로 이어졌다. 영국의 건축가 안토니 모리스Anthony Edwn James Morris의 설명을 빌리면, 당시 암스테르담은 "하나의 거대한 기업으로서 기능했고, 시민들은 주식을 소유"했으며, "개별적인 소득차가 발생할 수는 있었지만 드물었기에 단체정신collective spirit이 팽배"했다. 이 과정에서 "집단적 의사 결정을 위한 사회적 합의와 법적 사항이 개발되었다."[12] 이러한 의사 결정 과정은 17세기 운하 기반의 도시계획안에 근거한 대규모 도시 개발을 가능하게 했다.

이 과정에서 암스테르담은 신겔운하 서쪽으로 도시 확장을 이끄는 세 운하(Herengracht, 1585; Keizersgracht, 1593; Prinsengracht, 1622)로 이루어진 '환環운하구역Grachtengordel'을 조성했다. 이곳 운하들이 17세기 네덜란드 황금시대의 중추였는데, 이때 암스테르담의 도시 면적이 16세기 후반 약 450에이커에서 19세기 초반 약 1,800에이커로 증가했다.

특히 프린센그라흐트운하의 다리 주변으로 맥주 등 기타 생산품을 생산하는 공장과 노동자 구역인 요단Jordaan이 조성되었고, 북부시장(Prinsenmarkt, 1616; 현 Noordermarkt, 1623)과 북부교회 및 서부교회를 중심으로 프로테스탄트 교구가 형성되었다. 17세기에 접어들면 암스테르담의 정체성을 담고 있는 여성 중심의 주택과 빈민 구호소 및 노약자 주거지인 호프예hofje가 요단 주변에 다수 조성되었다.

네덜란드 베긴회수녀원과 호프예

14세기 이후 저지대 지역의 베긴회 수녀들의 활동은 네덜란드 도시들로 확산되었다. 네덜란드에서 베긴회수녀회의 첫 활동은 암스테르담에서 확인되며(1150년 전후), 이후 베긴회수녀원(Het Begijnhof, 1389년 이전)이 조성되었다. 차차 활동 범위를 넓혀간 수녀회는 14세기에 델프트, 할렘, 지릭제이Zierikzee, 미들버그, 라이덴, 도르드레히트, 위트레흐트 등에 수녀원을 조성해갔다.[13]

가톨릭 산하 베긴회수녀원은 네덜란드 도시들에서 민간 주도의 빈민 구호소와 여성 주택으로 기능한 호프예와 유사한 기능을 갖고 있었다. 아예 네덜란드 호프예의 기원을 베긴회수녀원과 연결시켜 생각하기도 한다. 델프트공과대학의 빌레메인 프로엣 교수Willemijn Wilms Floet에 따르면, 네덜란드에는 1395년 이후 200개 이상의 호프예가 조성되었고, 그중 약 110개가 현재까지도 주택으로 기능하고 있다. 특히 네덜란드는 17세기 황금시대를 통과하면서 주요 도시마다 민간 투자자들이 중심이 되어 호프예를 집중 조성했다. 그 대표적 사례로 델프트의 알몽드호프예(Hofie van Almonde, 1607, Delft), 헤이그의 보우위호프예(Hofie van Wouw, 1647, Hague), 라이덴 남서쪽 도자스트랏도로Douzastraat에 위치한 테베링스호프예(Tevelings-hofie, 1655, Leiden) 등이 있다.

네덜란드의 호프예는 보통 'U'자, 'L'자 형태의 블록이나 필지 위에 성당과 공용 정원인 코트야드를 중심에 두고 조성된 주거 콤플렉스다. 언급한 것처럼 초기에는 베긴회 수녀들의 주택이나 구호소로 활용되었다. 좁고 긴 필지 위에 3층 규모의 주택들이 연이어 배치되어 하나의 블록을 구성했는데, 특히 지붕, 창호, 굴뚝, 장식 등의 형태와 재질이 유사해 해당 도시의 건축적 특성 변화를 파악하는 데 유용한 건축물이 되어준다.

그 입지는 도시 경계 하천이나 운하 주변에 두었는데, 도성을 뒤로 둔 채 그 내부에 위치했으며, 특히 옛 수도원 부지나 화재 등으로 시설이 해체된 농장 등의 부지에 조성되곤 했다. 병원, 고아원 등이 그와 자주 인접해 위치한 시설들이다. 이러한 입지성으로 인해 호프예는 보통 외부인의 불필요한 접근과 시각적 노출을 차단해 물리적 안전을 확보하는 폐쇄적 공간 구조를 갖고 있다. 할렘이나 라이덴의 호프예는 도시 곳곳에 흩어

저 조성되어 있기도 하며, 암스테르담의 호프예는 도심 외곽에 한 곳 또
는 요단과 같이 일정 구역에 집중되어 위치한다.

암스테르담의 베긴회수녀원

호프예의 도시 암스테르담에서 베긴회수녀원의 설립 시점은 대략 수녀
원 예배당이 건립된 1392년 이전으로 이해된다. 이곳의 베긴회 수녀는
종신서약을 하고 수도원에서 은거하는 일반적인 수녀nun와 달리, 도시
거주 미혼·미망인 여성으로 구성되어 교구사제에게 순결서약을 하고 매
일 미사에 참석하며 종교 생활을 이어갔다. 무엇보다 이들은 주변의 병

헤이그 보우위호프예(2015)

자와 노약자를 간병하고 적극적으로 생산 활동에 종사하면서 생계를 유지했다.

암스테르담기록소Amsterdam City Archives 자료에 따르면, 이 도시에서 'beguines'라는 단어가 처음 발견되는 것은 「암스테르담 집행관의 기록 accounts of the Bailiff of Amstelland」(1307)이란 공식 문서에서다. 또 암스테르담의 거상 코페 반 데러 레인Coppe van der Lane의 미망인인 로브리치 반 데러 레인Lobbrich van der Lane이 1364년 베긴회 호프에 소유권을 이곳에서 거주해 온 베긴회 수녀들에게 넘겼다는 기록이 있다. 1300년대 제작된 지도에서도 베긴회수녀원 자리에 주택과 녹색 오픈 스페이스인 현재 코트야드가 확인된다.[14]

암스테르담의 베긴회수녀원은 저지대라는 지형과 여러 운하의 위치를 고려해 좁은 필지에 적합한 도시 주거의 특징을 잘 보여주는 건축물이라는 의미가 있다. 사실 신겔운하가 정의하는 중세 구역 남서쪽 모서리 안쪽인 이 수녀원의 부지는 그 지상층이 주변의 지상층보다 1m가 낮다.

부지는 북쪽으로 암스테르담시립고아원(Burgerweeshuis, Municipal Orphanage, 1580; 현 Amsterdams Historisch Museum, 1975)에 인접하고, 북서쪽엔 새교회(Nieuwezijds Kapel, 구(舊) Heilige Stede)가 위치하며, 서쪽으로는 니우베지드보어부르크발Nieuwezijds Voorburgwal, 남쪽으로 스푸이Spui, 동쪽으로 베긴회수녀원의 개천으로 불렸던 베기넨스루트운하Gedempte Begijnens-loot로 둘러싸여 주변과 분리되었다. 동쪽의 칼버스트라트도로Kalverstraat에서 베기넨스티그골목Begijnensteeg을 지나 베기넨스루트운하를 가로지르는 다리를 건너면 베기넨스루트문(Begijnensloot Gate, 1574)으로 연결되었다. 18세기 초 남쪽에 스푸이문(Spui Gate, 1725)이 추가되어 19세기부터 수녀원의 주출입구로 기능했다.

베긴회수녀원에는 성모 마리아에게 바쳐진 작은 예배당(Chapel for Blessed Virgin Mary, 1397)을 필두로 수녀원이 확장될 때마다 새로운 예배당들이 건립되어 성 요한Saint John the Evangelist과 사도 마태Apostle Matthew 등에게

1634
LEEUWARDEN
1746
DE KERF BML
ANNO 1607
ANNO 1607
27

헌정되었다. 수녀원은 1421년과 1452년 두 차례의 대화재로 심하게 손상되었지만, 다이아몬드 형태(남북으로 약 120-10m, 동서로 약 70m)의 공용 공간인 코트야드를 중심에 두고 약 40채의 주택들과 독립된 구조체의 성당으로 복원되었다. 특히 수녀원 내의 목조 주택(Het Houten Huys,1528, 34 Begijnhof)은 암스테르담에서 가장 오래된 목조 주택 가운데 하나로 꼽힌다.

16세기 종교개혁기에 접어들면서 베긴회수녀원에도 큰 변화가 밀려든다. 북부 네덜란드가 스페인으로부터 독립하고, '암스테르담의 개종(Alteratie van Amsterdam, 1578)'과 함께 네덜란드가 급성장한 황금시대(1588-1672)와 겹치는 시간대다. 암스테르담에서 가장 오래된 가톨릭 성당이 프로테스탄트 교회로 전환된 것도 이때다. 성니콜라스성당St. Nicolaschurch, 1213이 옛 교회Oude Kerk로 바뀌었고, 암스테르담의 기적의 장소로서 일명 '조용한 행렬Stille Omgang'을 이끌었던 성채성당(Heilige Stede, 1392)은 새 교회Nieuwezijds Kapel로 전환되었다.

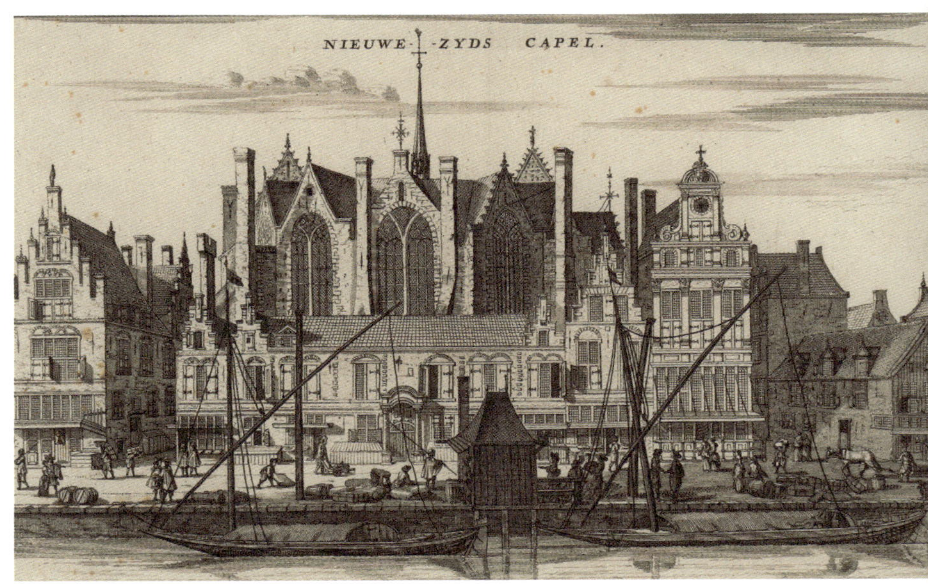

칼버스트라트도로(2024, ⓒ김민지)　　　　　　　　　　　　　　　　　　성채성당(1663)

이 시기 베긴회수녀원 내부의 가톨릭 성당도 영국 청교도 세력에게 양도되어 약 30년 동안 폐쇄되었고, 이후 영국 개혁교회English Reformed Church로 전환되었다. 개혁교회 내 강단의 옆면 패널은 현재 몬드리안(Pieter Cornelis Mondriaan, 1872~1944)의 조각으로 장식되어 있다. 개혁교회 맞은편의 두 주택은 암스테르담 태생으로 고딕 양식의 건축가 필립 빈분(Philip Vingboons, 1607~1678)의 주도로 가톨릭 신자들을 위한 베긴회수녀원 예배당(Begijnhof Kapel, 1671)으로 개조되었다. 이 예배당은 밖에서 외관상 확인이 어려워 숨겨진 교회Schuilkerk라고도 불리는데, 수녀원 수호성인의 이름을 따 세인트존-우르술라교회Church of the Saints John and Ursula로 명명되었다. 내부에는 암스테르담의 기적을 기리는 벽화가 걸려 있다. 또한 베긴회수녀원 북쪽에 시립고아원(Burgerweeshuis, 1580, Kalverstraat 92; 현 Amsterdams Historisch Museum, 1975)이 코트야드를 중심으로 조성되었다. 이와 함께 다수의 베긴회수녀원 주택들도 건축되었다.

한편 암스테르담 베긴회수녀원은 한 개인이 한 번에 조성하는 일반적인 호프예와 달리, 47개의 개별 민간 소유 주택들이 모여 그룹을 만들며 형성된 결과다. 보통 암스테르담 건축 양식으로 건축된 3-5층 규모의 주택들로, 17-18세기의 파사드와 개별적인 건축 특성을 갖고 있다. 대화재를 겪고 1528년경부터 건축법에 따라 주로 벽돌 건물로 재건축되었지만, 그중 18개는 여전히 고딕 건축 양식의 목조 구조를 갖추고 있다. 이 주택들은 한 채를 한 명이 전부 소유하는 경우도 있었고, 각 층별로 한 명이 개별 소유·거주하기도 했다. 도로에 면한 주택의 경우 지상층에 상점을 두고 있으며, 상점은 내부 코트야드로 연결되었다.

베긴회수녀원의 23, 24, 25번지 주택들은 1855~1910년 사이 베긴회가 사회봉사를 하며 거주했던 곳이다. 모두 3층 규모의 목조 구조로 한 명이 한 주택을 소유한 것으로 보이며, 지상층에 상점과 오피스를 두고, 주택마다 부엌과 화장실을 하나씩 두고 있다. 현재는 은퇴한 가톨릭 여성들의 주거지로 사용되고 있다.[15] 또한 주택 32, 33번지 역시 3층 규모

영국 개혁교회(2024, ⓒ김민지)

의 목재 구조이며, 파사드는 석재 타일과 벽돌로 만들어졌다. 모두 건물 전면에만 문이 위치한 독특한 양식을 취하고 있다.[16] 2층과 3층에 개별 부엌을 두고 있는 것으로 보아 개별 층을 한 명씩 소유하며 거주한 듯하다. 지상층에는 상점을 두었고, 내부 코트야드까지 일반인의 접근이 가능했다.

요단에서 호프예의 확산

어느덧 종교개혁기가 지난 1672년부터 18세기까지 베긴회수녀원은 쇠퇴기로 접어들었다가 이후 현재에 이르기까지 다시 재생의 길을 걷고 있

암스테르담 베긴회수녀원 중앙 건물

다. 그 쇠퇴기는 네덜란드가 다수의 경쟁 세력들로부터 침략 받아 경제
적으로도 침체를 맞은 시기와 겹친다. 그럼에도 17-18세기 사이 암스테
르담의 공장과 노동자 구역이었던 요단Jordaan에서는 계몽주의자들이 주
도한 카르투이저호프예(Karthuizer hofie, 1650)를 필두로, 다수의 대형 호프
예가 건축되었다.

암스테르담 요단은 호프예가 집중되었던 곳이다. 프린센그라흐트운
하Prinsengracht가 개통되어 1612년을 전후로 그 서쪽 외곽에 노동자의 거
주지로 조성된 곳이다. 이와 함께 민간 주도로 노령의 여성들을 위한 호
프예도 집중 조성되었다. 요단의 도로와 운하는 과거 하천과 보행로를
따라 조성되어 암스테르담 전체의 도로체계와는 구별된다.

요단의 대표적인 호프예로는, 직물상 클레즈 안스로Claes Claeszoon Anslo

요단 카르투이저호프예(2024, ⓒ김민지)

요단 클레즈호프예 코트야드(2024, ⓒ김민지)

가 설립한 암스테르담에서 가장 아름다운 호프예로 평가되는 클레즈호프예(Claes Claesz Hofje, 1647; Eerste Egelantiersdwarsstraat 1), 요단에서 가장 큰 호프예로 아이를 가진 미망인을 위한 104개의 주택들로 구성된 카르투이저호프예(Karthuizerhofje, 1650; Karthuizersstraat 89-171), 50세 이상 고령의 메노파Mennonite 여성들을 위해 건립되어 1970년대부터 학생 기숙사로도 이용된 존스호프예(Zon's Hofje, 1765; Prinsengracht 159-171), 얀 반 브리넨이 설립한 스타양조장Het Brienens Gesticht de Star을 개조해 가톨릭교 노약자 빈민 구호소로 조성한 반브리넨호프예(Hofje van Brienen, 1797; Prins-engracht 89-133) 등이 있다. 덧붙여 린덴호프예(Linden-hofie; 1614, Lindengracht 94)는 구세군이 1939년부터 어린이 호스피스 시설로 이용하고 있다.[17]

네덜란드의 호프예는 20세기에 큰 변화를 겪었다. 특히 사회주택법(Sociale Woningwet, 1901) 제정으로 주택의 최소 기준이 마련되어 환기가 어렵고 작은 주택 유닛들은 해체되었으며, 오래된 호프예들은 공공 지원을 통해 복원되고 리모델링되기 시작했다. 요컨대 요단의 호프예들은 1970년대까지도 버려져 있는 곳이 많았지만, 이후 예술가, 학생, 노년층의 노력으로 재건되어 현재는 주로 예술가와 학생의 기숙 공간으로 이용되고 있다. 최근 모던 아트 갤러리의 밀집지로서 누어더마르크트Noordermarkt와 베스터스트라트도로Westerstraat를 중심으로 특화된 예술 상점과 음식점이 개업하면서 이곳 부동산 가치가 상승했다.

암스테르담 베긴회수녀원에는 1979년 리노베이션 전까지 약 40여 채 주택에 약 140개의 주거 유닛이 위치해 있었다. 그중 원룸형이 110개, 투룸형이 25개였다. 거주자도 약 140명에 달했다. 최근에는 중저소득층 독신 여성들이 도심에 거주할 수 있도록 호프예가 소유가 아닌 임대로 운영되고 있다.

요단 린덴호프예(2024, ⓒ김민지)

제 9 장

서울의
명륜동 - 혜화동

1. 성리학적 한양과 도교적 동촌

도교적 이상향 동촌, 흥덕동천의 계곡

개경에서 조선을 건국한 이성계(太祖 李成桂, 재위 1392~1398)는 1394년 도읍을 한양漢陽으로 옮겼다. 한양은 정도전(鄭道傳, 1342~1398)의 주도로 성리학적 이념과 중앙집권주의의 실현을 위한 유교적 이상향이 구현된 대칭형태의 격자 구조를 바탕으로 삼았다.[1] 그러나 이러한 공간 구성의 논리는 중앙에서 외곽으로 멀어질수록 구릉지를 만나 와해되는 모양새였다. 이는 경복궁을 중심에 두고 서촌西村[2]과 그 반대쪽인 동북쪽에 위치한 동촌東村에서 확인된다.

동촌은 한양 도성을 뒤에 두고 와룡산과 그곳에서 발원해 남쪽으로 흐르는 흥덕동천의 계곡 구릉지였다. 서촌이 서소문과 숭례문을 통해 중국 산둥반도와 베이징으로 향하는 지역이었다면, 동촌은 동소문인 홍화문(弘化門, 惠化門, 1396)을 통해 미아리고개를 넘어 의정부, 양주, 철원, 멀리 여진女眞의 세력 거점인 함경도까지 연결되었던 한반도 북부 지역으로의 관문[3]이었다. 이러한 배경에서 가톨릭 세력을 시작으로 다수의 종교 세력들은 동촌에 그 거점을 형성했다.

동촌은 개경으로부터 공자에게 제사를 지내는 문묘와 고등 공무원을 양성하던 고려 시대 교육기관인 국자감國子監이 이전해 와, 이를 중심으로 새롭게 조성된 일종의 교육 중심 마을이었다. 이러한 배경에서 '교육을 귀하게 여긴다'라는 뜻으로 숭교방崇敎坊이라 명명되었다. 그 풍경은 구릉과 하천을 따라 산수 체계를 중심으로 이상적인 입지를 선택해 온 도교적 이상향의 모습을 연상케 한다. 당시 숭교방은 성균관 주변을 제외하면 한양 도성 내부임에도 흥덕동천興德洞川의 깊은 계곡을 두고 구릉지에 형성된 미개발지[4]였다. 이곳은 한양 조성 직후부터 창경궁(1418)이 지어지면서 왕궁의 안전을 확보하기 위해 반촌의 노비 구역을 제외하면 주변 민가 형성이 의도적으로 규제되었던 곳이다. 숭교방에 민가가 자리 잡기 시작한 건 18세기 중후반이 되어서다.[5]

숭교방은 한양의 중심 도로인 종로(鍾路, 雲從街)에서 흥덕동천을 따라 동쪽에 낙산을 두고 북쪽의 와룡산을 보며 거슬러 올라오는 개천 길(현 대

한양 도성도(1750년대)

학로와 혜화로)로 접근되었다. 개천 길 서쪽으로 배꽃고개 배오개시장(梨峴市場, 1760년대 이후)과 동쪽 이화동의 배나무 밭, 낙산駱駝山 잣나무 숲을 지나 두 갈래의 하천이 만나는 광례교(廣禮橋, 현 혜화역 4번 출구 부근)에 이른다. 여기에 서쪽으로 향하는 반수천泮水川과 북쪽으로 향하는 홍덕동천이 두 개의 개천 길을 다시 열어주었다.

문묘, 성균관, 반수천, 숭절사

광례교에서 서쪽을 향하는 반수천 길은 현재 아남 아파트 단지 내 위치에 있던 숭절사(崇節祠, 1725; 이후 四賢祠)에 이른다. 숭절사는 영조(英祖, 재위 1724~1776) 재위 동안 중국의 네 태학생太學生의 신위를 모시고,[6] 이들의 학문과 교육을 성균관의 규범으로 삼으려는 목적 하에 조성된 곳이다. 숭절사에서 반촌泮村 시장(현 대명거리)을 지나면 북쪽으로 성균관(成均館, 1398)이 보인다.

성균관은 나라의 학교라는 뜻으로 반궁泮宮으로도 불렸다. 그 진입부인 반수교(泮水橋, 香石橋, 명륜동1가 16번지)는 반수천의 상류천인 서반수

문묘향사배열도

대성전

와 동반수의 합류 지점으로, 창경궁 동쪽의 산수를 즐길 수 있는 경관점이었다. 이곳에 유학생들의 당파 활동을 금하려고 영조가 세운 탕평비(蕩平碑, 1742)가 위치해 있다. 반수교를 건너 북쪽으로 들어가면, 공자의 위패를 모신 대성전大成殿과 문묘文廟가 나온다. 그 뒤로 대사성大司成의 취임식이 거행되었으며, 강의 공간이자 재회齋會가 열렸던 명륜당明倫堂이 위치해 있다.[7] 성균관의 정통성을 증명하듯 금으로 쓴 주자의 편액과 명나라 사신으로 조선에 왔던 주지번朱之蕃의 편액이 걸려 있으며, 명륜당 좌우로 기숙사로 쓰였던 동재東齋와 서재西齋가 길게 늘어서 있다. 이곳 마당에 심어진 수령 6백 년 정도의 은행나무 두 그루가 행단杏壇이란 교육의 공간을 만들어낸다.

낙산, 흥덕동천

광례교 동북쪽 낙산 구릉지에는 조선 전기에 우의정과 좌의정을 역임한 문신 박은(朴訔, 1370~1422)이 잣나무 숲과 백림정柏林亭을 조성했던 잣골(柏洞, 현 가톨릭대학교 성신캠퍼스)이 위치해 있었다. 광례교는 이곳을 지나 동쪽 언덕을 넘어 혜화문으로 이어졌다. 또한 북쪽으로는 흥덕동천을 지나 고려 시대의 불교 사찰(현 올림픽기념국민생활관 부근)이 입지했고, 주변의 연못(구(舊) 보성중학교 수영장 부지)과 군자정君子亭을 중심으로 흥덕골(興德洞, 宋洞)이 위치했다. 군자정 주변에는 봄부터 추위에 강한 앵두나무櫻桃木[8]가 연분홍색으로 개화해 아름다운 경관을 만들며 경도십영京都十詠 중 하나로 꼽혔다.

　태조는 양위 후 이곳 고려 시대 사찰에 별궁을 짓고 거주했다. 태조 사망 후에 별궁은 도성 내 주요 사찰인 흥덕사(興德寺, 1407)로 개조되었다. 흥덕사는 이후 조선 불교의 대표 종파인 교종敎宗의 본사(本寺, 都會所)로 기능하며, 노비 50명과 주변 토지 200결[9](약 1.4×1.4km)을 소유했다. 이는 현재

흥덕동천 계곡 따라 형성된 성균관로17길(2024, ⓒ전홍표)

명륜동과 혜화동 전체를 포함하는 규모다. 이후 홍덕사는 연산군(燕山君, 재위 1494~1506)의 폐불 정책으로 폐쇄되었다가 훗날 노론老論의 거두 송시열(宋時烈, 1607~1689)의 소유지가 되었다.

명성황후의 요청으로 고종(高宗, 재위 1863~1907)은 이곳에 관우關羽의 사당인 북묘(北關王廟, 1883, 명륜동1가 2번지 및 그 주변)를 조성하기도 했다. 그러나 북묘는 1908년 동묘로 통합되었고, 북묘와 그 주변지는 1915년 불교중앙학림에 매각되었다. 이후 종로구 수송동에서 개교했던 보성학교가 1927년 이곳 불교중앙학림 건물 동쪽 구舊 군자정君子亭 주변으로 이전해 왔다.

반촌의 현방과 시장

한양 천도와 함께 개경, 국자감이 이전해 오면서 그곳에 소속되어 있던 노비인 반인泮人도 함께 이주했고, 반촌천을 따라 새로운 마을인 반촌泮村을 형성했다.[10] 반촌 가호와 인구 규모는 성종(成宗, 재위 1457~1470) 때를 기

준으로 약 340호에 2,000~4,000명 사이로 추정된다.[11] 반촌은 문묘와 성균관에 예속되어 제물을 준비하고 청소를 담당하는 노비들의 특수 부락으로 외부인이 들어와 살 수 없었다. 하지만 반촌은 성균관 재학생의 민간 하숙촌으로도 기능했고, 과거 때 지방에서 올라온 선비들이 머무르는 여관촌[12]이기도 했다.

반인들은 임진왜란과 병자호란 후 상업 활동을 지원받기 위해 소를 도축하고 우육을 판매하는 현방懸房 운영의 독점권[13]을 획득했다. 당시 조선은 1398년(태조 7) 이후 농업 국가로서 소의 도살을 억제하는 정책을 유지하고 있었다.[14] 반인은 현방에서 도축한 고기를 성균관에 공급하고 반수천에서 판매하면서 주변 시장의 형성을 이끌었다. 여기서 나오는 부산물인 소뿔도 활을 만드는 재료로 동대문 주변의 훈련원과 하도감 등에 납품되었고, 소가죽과 소기름 역시 큰 수익 사업으로 연결되었다.

창경궁, 경모궁, 여객주인권

성균관은 조선 왕이 문묘를 참배하는 '알성謁聖'의 장소이자, 왕세자의 교육 공간으로, 창덕궁 동쪽 별궁인 창경궁(昌慶宮, 壽康宮, 1418)[15]과 동쪽 담의 집춘문(集春門, 현재 경학어린이공원 부지)을 통해 연결되었다. 창경궁은 '동궁동조東宮東朝', 즉 "동궁은 세자의 거처로, 덕을 기르고 대업을 계승할 세자를 위해 상서로운 기운이 떠오르는 동쪽에 두어야 한다. 대비나 대왕대비가 무병장수하려면 동쪽에서 솟는 태양의 기운을 받아야 하니 그 궁을 동쪽에 둔다"라는 공간 배치 논리를 품고 있었다.

창경궁 내 중심 건물인 명정전(明政殿, 1484) 뒤로 왕이 신하들과 경연經筵을 벌이던 숭문당崇文堂이 위치하며, 궁 북쪽에는 정조正祖 이후 왕의 서재로 사용된 영춘헌迎春軒과 함께 2.2m 높이의 화강암으로 세워진 관천대(觀天臺, 1688)와 풍기대風旗臺가 위치해 일종의 천문 기상 관측 센터로 기

반촌 시장이 위치했던 대명거리(2019, ⓒ한광야)

창경궁(2024, ⓒ전홍표)

서울대학교
치의학대학원

능했다. 인접한 창덕궁 후원後園에는 연꽃 연못인 부용지芙蓉池를 중심으로 왕실 연구 기관이자 도서관으로 기능한 규장각(奎章閣, 1776)과 서향각書香閣이 입지했고, 그 남쪽에 부용정芙蓉亭과 과거 시험 장소였던 영화당暎花堂이 위치했다.

창경궁 동쪽의 현재 서울대학교 의과대학이 위치한 구릉지에는 창경궁 후원인 함춘원(含春苑, 1493)이 조성되어 창경궁의 동북쪽 문인 월근문(月勤門, 1779)으로 연결되었다. 함춘원은 풍수해석에 의해 창경궁 동편의 지세를 보강하려는 목적으로 조성되었는데, 이곳에 왕실에 필요한 약재를 재배하는 과수원과 식물원이 있었다. 인조(仁祖, 재위 1623~1649) 때는 방마장放馬場으로도 사용되었다.

서울대학교병원(2024, ⓒ전홍표)

1764년 영조가 사도세자思悼世子의 사당인 수은묘垂恩廟를 순화방(順化坊, 현 휘경동)에서 함춘원으로 이전시켰고, 정조는 수은묘를 중심으로 아버지의 사당인 경모궁(景慕宮, 1776 현 서울대학교병원)을 조성했다. 경모궁은 자신의 어머니 혜경궁 홍씨가 거처하는 창경궁 자경전慈慶殿에서 바라볼 수 있도록 했다. 경모궁 주변에는 마을이 조성되어 이곳 주민들이 지방에서 상경한 상인들에게 숙식을 제공하거나 그들의 물건을 보관해 주면서 거래까지 주선하는 여객주인권旅客主人權을 획득해 거주했다.

혜화문, 배오개시장

한양 도성의 실질적인 북문으로 사용되었던 혜화문(惠化門, 1396)은 한양의 북동쪽 지역과 남쪽 이현의 배오개시장과 종로, 동대문 밖 지역으로 연결되는 중간 거점이었다. 이렇게 사통팔달한 이 지역에 거주하던 반촌 상

창경궁로 중심으로 혜화문과 가톨릭대학교 성신교정(2024, ⓒ전홍표)

인들은 동대문 가까이 입지했던 왕실 근위대인 어영청御營廳과 화약 제조를 담당한 염초청焰硝廳, 무관을 선발하고 병법 훈련을 관장하는 훈련도감訓鍊都監, 그 하급 부대인 하도감下都監 등 군 관련 관청들과 밀접한 관계를 맺고 있었다.

광장시장의 기원이 되는 배오개시장(梨峴市場, 1760~1800년대 추정)은 현재 인의동仁義洞에 큰 배나무가 있던 고개라는 이야기와 호랑이가 자주 나타나 백 명은 모여야 지나갈 수 있는 고개라는 이야기가 공존하며 그 이름이 만들어진 곳이다. 일제 강점기 일본인들이 남대문시장 경영권을 장악하게 되면서, 이에 대응해 조선 상인들이 조선 자본으로 동대문시장(廣藏市場, 1905)을 개장한 것이 그 유래다. 개장 당시 청계천 광교와 장교 사이에 조성되어 광장시장으로 불렸으며, 현재는 동대문 상권의 중심부로 성장했다.

2. 교육령, 학교, 지식인 커뮤니티

교육령과 종교 기반의 학교들

한양 도성 안 조용한 구릉지였던 명륜동과 혜화동이 이른바 '학교의 마을'로 변화하기 시작한 건 일제 강점기 '제1차 조선교육령'(1911) 공포부터다. 그리고 여기에 '사립학교 규칙 및 전문학교 규칙'(1915) 공포가 그 변화에 동력을 더했다. 예컨대 혜화동엔 사립숭정의숙(1910, 현 혜화초등학교)[16]을 필두로 다수의 학교들이 경쟁적으로 개교하면서 교육 시설이 급증했다. 당시 명륜동과 혜화동은 개발 가능한 넓은 부지를 확보하고 있었고, 대중교통이 개통되면서 도심에서 이곳으로 버스와 노면 전차의 접근이 용이해졌기에 가능한 일이었다. 게다가 각 교계에서 운영해 오던 기존 학교들의 확장도 시급해진 상황이었고, 명륜동과 혜화동에 이미 자리 잡고 있던 교육 기관들―성균관, 백동수도원, 대한의원과 부속의학교, 경성제국대학 등―이 조성해 놓은 배후 분위기도 적절했다. 대표적인 종교 기반의 학교들을 짚어보자.

먼저 베네딕트수도회의 백동수도원(柏洞修道院, 1909~1927, 혜화동 161번지)이다. 낙산의 구릉지로 혜화문에 인접한 백동은 1784년 창설된 한국천주교회의 활동 거점으로 성장해 오고 있었다. 조선의 가톨릭교도들도 1866년을 전후로 혜화문 주변에 다수 거주하기 시작했다.

백동수도원이 건립된 건 당시 천주교 경성대교구 대주교로 용산 예수성심신학교(1887~1942)와 명동 종현성당(鐘峴聖堂, 1892~1898, 현 명동성당)을 세우는 데 앞장선 귀스타브 뮈텔(Archbishop Gustave-Charles-Marie Mutel, 민덕효, 1854~1933)이 독일 베네딕트수도회에 조선의 선교 활동을 요청하면서부터다. 이에 뮌헨 서쪽 35km지점의 상트오틸리엔베네딕트선교수도회(Benedictine Congregation of St. Ottilie, Benediktinerkongregation von St. Ottilien, 1884) 신부와 수사들이 백동에 땅 3만 평을 매입하고 수도원을 개원했다.

베네딕트수도회의 백동수도원은 종교 활동과 함께 교육 기능도 수행했다. 하지만 예산 확보와 교육 사업에 어려움을 겪으며, 활동 거점을 원산으로 옮겨버린다. 이 과정에서 수도원은 파리 외방전교회(Paris Foreign Missions Society, 外邦傳敎會, 1658)에 매각되었고, 외방전교회는 수도원 건물을 백동성당으로 이용했다. 그리고 벽돌조 고딕 양식의 제물포본당(1897, 증축 1937, 현 답동성당)을 설계한 피에레 시잘레(Pierre Chizallet, 池士元, 1882~1970)가 초대 주임 신부로 임명되었다. 이후 백동성당은 약현 본당(1893)과 종현 본당(1898)에 이어 서울에서 세 번째 독립 본당이 되었으며, 1960년 현재 건물이 신축되었다.

한국전쟁 직후인 1953년에는 백동성당에 가톨릭대학교 캠퍼스가 조성되었다. 이 학교는 파리 외방전교회가 제천에 설립한 성요셉신학교

(1855)에 기원을 두고 있으며, 1887년 용산구 원효로의 현재 성심여자고등학교 부지로 이전해 예수성심신학교로 재설립되었다. 그리고 다시 현재 혜화동의 성신 교정으로 이주해 왔으며, 1959년 가톨릭대학교로 교명이 바뀌었다. 현재 바로 옆 캠퍼스를 쓰고 있는 동성중고등학교는 원래 봉래동(현재 중구 만리동)에 있던 숭례문상업학교(1907)가 이전해온 것이다.

성균관은 1895년 3년제 대학으로 전환되었고, 1911년 조선총독부에 의해 경학원(經學院, 1911)으로 바뀌었다. 이후 명륜학원(1930; 명륜전문학교, 1942)으로 인가를 받았으나, 1943년에 폐교했다. 이후 독립운동가이자 교육자였던 김창숙(金昌淑, 1879~1962)을 중심으로 조선 시대 성균관이 지니고 있던 최고 교육 기관의 의의를 계승해 성균관대학교(1946)를 설립되어 1953년 종합대학으로 승격되었다.

불교계의 첫 교육기관은 동대문 밖 원흥사(元興寺, 1899; 창신동 128-32번지, 현 창신초등학교 자리)에서 개교한 명진학교(明進學校, 1906)다. 원래 영미정穎眉亭이라는 별장이 있던 자리인데, 대한제국 정부가 매입한 뒤 원흥사로 조성한 곳이다. 이 명진학교를 이은 중앙학림(中央學林, 1915~1922)이 명륜동

백동수도원 자리에 들어선 가톨릭대학교 성신교정(2020, ⓒ한광야)

북묘(北廟, 명륜동1가 2번지 및 그 주변) 자리로 이전해 와 재학생 120명 규모로 재개교했다. 이후 중앙불교전수학교(1928)와 혜화전문학교(1940~1945)를 거쳐 동국대학교(1946)가 되었다. 1947년 현재 필동 자리로 이전했으며, 1953년 종합대학으로 승격되었다.

아울러 원래 조계사 주변 러시아어학교 자리(수송동 46)에 고종의 측근이자 친러파였던 이용익(李容翊, 1854-1907)이 설립했던 보성중학교(1906)가 이쪽으로 옮겨왔다. 1924년 재단법인 조선불교중앙교무원이 천도교 세력으로부터 이 학교를 인수한 뒤, 1925년 중앙학림에 인접해 혜화동 1번지에 교사를 짓고 1927년 재개교했다. 보성중학교는 1940년 인근 성북동에 한국 최초의 사립 박물관인 보화각(葆華閣, 1938; 현 간송미술관)을 연 전형필(全鎣弼, 1906~1962)이 인수했다.

보화각 (2024, ⓒ최윤정)

공업전습소, 병원과 의학교, 경성제국대학교

기술 인력 양성을 위한 한국 최초의 기술학교인 공업전습소(1907, 이후 경성
공업전문학교)가 현재 한국방송대학교 역사관 자리에 본관 건물을 조성했
다. 목공과 토목 기술을 비롯해 도기와 염직 등 실습 위주의 교육을 진행
했고, 학생들은 실습 수당을 받으며 교육 받았다. 이후 실험 연구가 가능
한 중앙시험소(1912)를 설립해 기술 발전을 지원했으며, 관립 학교인 경성
공업전문학교(1916)로 승격했다.

한국 최초의 서양식 병원인 대한의원(大韓醫院, 1907; 조선총독부의원, 1910;
경성의학전문학교부속의원, 1928)도 혜화동 남쪽 마등산 위 경모궁 자리(현재 서
울대학교병원 자리)에 그 본관(1908)을 세웠다. 이 본관 시계탑은 한국에서 가
장 오래된 서양식 시계탑이기도 하다. 당시 조선총독부의원은 진료비가
비싸 이용자의 반 이상이 일본인이었다. 이후 대한의원 내 의학강습소
(1907)는 순차적으로 경성의학전문학교(1916), 경성제국대학 의학부(1927),
서울대학교 의과대학(1946)으로 변화했다. 아울러 현재 혜화동로터리 서
쪽 아남 아파트 단지 내 숭절사 자리로 총독부가 운영하는 경성고등상
업학교(京城高等商業學校, 1915; 1922~1946; 이후 서울대학교 상과대학)[17]가 이전해
왔다.

명륜동과 혜화동 일대가 본격적인 근대 교육 거점으로 거듭난 건 아
무래도 인접한 연건동·동숭동 일대—근처에 동대문발전소가 있어 전기
공급이 비교적 원활한 곳이었다—에 경성제국대학(1924)이 들어서면서부
터다. 동숭동東崇洞은 숭교방의 동쪽이란 의미로, 낙산의 구릉을 따라 도
성 내부에 위치했다.

경성제국대학은 당시 한반도에서 유일한 4년제 대학이었으나, 설립
무렵에는 단과대학별로 캠퍼스가 분산되어 있었다. 예과 캠퍼스는 1923
년 청량리(현 한림대학교 치과병원 자리)에 조성되었다가 1938년(예과 15회)부터
중랑천을 따라 현재의 공릉동(현 서울과학기술대학교 자리)에 재조성되었다.

Slow Garden

현재 대학로 동쪽 동숭동과 서쪽 연건동에 조성된 건 각각 법문학부(1925)와 의학부(1927)만이었다. 이후 대학 본부가 동숭동에 들어섰다(1931).

경성제국대학은 1946년 국립 서울대학교로 개편되었다. 1966년에 발표된 서울대학교종합6개년계획에 근거해 대학 본부를 중심으로 법과대학, 문리과대학, 의과대학, 미술대학 등 단과대학들이 도시형 대학 캠퍼스로 본 캠퍼스[18]를 조성했고, 공과대학은 공릉동의 공업 캠퍼스, 농과대학은 수원시 서둔동의 농업 캠퍼스 등 별도의 캠퍼스로 기능했다. 대학로와 당시 일명 '(파리의) 세느강'이라고 불리던 대학천의 문화는 대학의 중심부로서 점차 북쪽 혜화동로터리까지 그 영향력을 확장했다. 이때부터 1975년 신림동 이전 전까지 대학로는 젊은이들이 즐겨 찾는 낭만의 거리가 되었다.

3. 문화주택, 근대 한옥, 노면 전차

근대 도시계획과 직주 분리

현대 도시계획은 서로 어울리지 않는 용도를 공간적으로 분리하려는 노력에서부터 시작한다. 그 대표적인 사례가 20세기 초 뉴욕시 용도지역제(Zoning Resolution, 1916)로, 과다 개발된 상업용 고층 건물로부터 주거지 일조권을 확보하고, 공업 시설로부터 주거 환경을 보호하기 위해 실행되었다. 도쿄의 도시계획법(都市計画法, 1919)도 마찬가지다. 이에 근거해 간토대지진(1923) 이후 도쿄의 직주 분리가 본격화되기 시작했고, 1960년대부터는 직주 원격의 교외 주거지 개발이 확장되었다.

조선시가지계획령(1934)[19]도 이러한 영향의 소산이다. 이는 명동明洞을 주거 기능이 배제된 도시 중심 상업 구역으로 조성하고, 그 주변에 주거지를 조성하는 근대 도시계획의 일환이었다. 도시의 중심과 외곽 주거지는 1915년 개통된 노면 전차로 연결되기 시작했다. 명륜동과 혜화동은 구릉과 하천을 둔 안락한 분위기에 당시 경성의 중심부—명동과 을지로, 종로와 광화문 일대—와 가깝게 연결되어 직주 분리된 주거지의 장점이 충분했다. 특히 혜화동은 서대문과 청량리를 연결하는 전차가 개통하며 유동 인구가 급증했다.

문화주택과 장면 주택

명륜동과 혜화동은 1910년대부터 학교 중심 주거지로서, 중산층 이상의 조선인과 일본인이 함께 거주하는 마을로 성장했다. 명륜동과 혜화동을 나누는 흥덕동천(현 혜화로)을 중심으로 동쪽에는 주로 일본 지식인과 사업가들이, 서쪽에는 재력 있는 조선인들이 서양식 주택과 도시 한옥을 짓고 거주했다. 이러한 혼합식 주거지 개발은 1930년대부터 혜화로를 지나 성북로를 따라 인접한 성북동까지 확장되었다. 이후 이곳은 서울의 대표적인 지식인 마을로 주목받으며, 당대 명망가들의 거주지로 거듭났다.

명륜동·혜화동과 그 인근에 거주했던 몇몇 명망가들의 주택들을 꼽아본다. 국무총리를 지낸 장면(張勉, 1899~1966)의 주택(1937, 명륜동 36-1번지), 대규모 도시 한옥 개발업자였던 건양사 대표 정세권의 주택(1940년대, 명륜 1가), 익산 함라마을 만석꾼 김병순의 아들 김해균(金海均, 1910~)의 경성 주택이자 해방 정국의 주요 정치인인 박헌영(朴憲永, 1900~1955)의 혜화장(惠化莊, 종로구 혜화로5길 49), 전형필의 북단장北壇莊 그리고 이승만 대통령이 거주했던 이화장(梨花莊, 이화장1길 32) 등이다.

특히 혜화동엔 서양화된 일본 주택인 이른바 문화주택文化住宅이 사립 숭정의숙(1910; 경성혜화공립심상소학교, 1938; 혜화초등학교, 1972)과 다나카주택

(1941; 현 한양도성전시관, 혜화동 27-1번지)을 중심으로 건축되었다. 당시 일본 사회에서 '문화'란 메이지유신(明治維新, 1868~1889) 이후 동경하던 서구의 근대적 가치를 의미했다. 이러한 취지에서 문화주택은 "빨간 기와지붕에 모르타르의 외벽, 실내 응접실과 테이블 식 식당"[20] 등 서양식 건축 및 공간 요소를 흡수하고, 실내에 화장실이 있는 근대식 일본 주택을 가리켰다. 일본인 개발업자들을 통해 당시 경성제국대학교와 부속병원에 종사하는 교수 및 의료진들이 다수 거주했던 혜화동에 이러한 문화주택의 가치가 빠르게 유입되고 있었다.

혜화동의 대표적인 문화주택인 다나카주택은 1941년 현재 한양도성전시관 자리에 입지했다. 원래 중추원(中樞院, 1894)이 있던 자리다. 1941년 일본인 영화 제작자이자 조선영화제작주식회사의 사장이었던 사부로 다나카(田中三郎)의 주택으로 지어진 이곳은 당시 한양 도성 성벽을 담장으로 이용하고, 성곽을 해체한 자리에 서양식 공간 구조와 외관을 가진 목조 주택으로 건축되었다. 응접실과 입식 부엌도 갖췄다. 1959년 이후로 20년간 대법원장 공관으로 사용되었고, 1981년부터 33년간 서울특별시장 공관으로도 이용되었다. 2014~2016년 사이 관민 협력 하에 서울시 지원으로 리모델링되었으며, 현재 한양도성전시관으로 활용되고 있다.

혜화로 중심에 자리 잡은 장면 주택은 1930년대 한옥에 문화주택과 서양식 건축 양식이 혼합된 주택이다. 혜화로에 직면한 모서리 필지(면적 436㎡)에 놓인 단층 가옥으로, 1937년 건축되어 1966년까지 거주했다. 전체 필지가 약 1m 높이의 석축을 두고 높여 조성되었고, 대문 뒤 담장이 집 내부 시야를 감춰 보안성을 높였다. 필지에는 한옥 안채, 서양식 사랑채, 경호원실, 수행원실이 위치했다. 정면 6칸 한옥인 안채는 중앙에 2칸의 거실, 양 옆 2칸의 온돌방이 있고, 내부 채광을 높이기 위해 서까래 아래에 유리창을 두었다. 사랑채에는 응접실을 두고 있다.

장면 주택(2019, ⓒ한광야)
다나카주택(2024, ⓒ한광야)

근대 한옥

비슷한 시기에 근대 한옥들이 혜화로를 따라 현재 명륜동1가 구역에 집중적으로 지어졌다. 대형 필지에 접근 도로를 조성해 소형 필지로 분할한 뒤, 소위 '도시 한옥'이라는 소규모 한옥들이 군을 이루어 밀도 높게 건축되었다. 일제 강점기와 광복을 전후로 이곳에 들어선 한옥들의 규모는 "1936년 이전의 경우 명륜동1가 25번지의 필지 규모는 평균 75.4㎡가 주를 이루며, 1936년~1963년 사이 형성된 명륜동1가 34번지 일대의 필지는 평균 183㎡"[21]이었다.

이 시기 근대 한옥은 전통적인 농촌 한옥 양식을 소규모 필지에 투영해 단순하게 표준화하고 근대적 건축 부재를 추가한 도시형 한옥이었다. 서울시립대학교 교수 송인호는 이러한 근대 한옥을 1930년대부터 1960년대까지 서울 도심과 그 주변에 집단적으로 건축된 중소 규모의 도시 한옥이라 명명하며, "형성 과정, 공급 방식, 도시 조직"을 중심으로 특성화했다.[22] 혜화로와 성북로를 따라 지어진 한무숙 주택, 최순우 주택, 이태준 주택, 한소제 주택이 대표적 사례다.

이 근대 한옥들은 조선 시대 경인 지역 중상류 주택을 모델 삼되 구매자 요청에 의하지 않고, "공장에서 생산된 건축 자재—벽돌, 유리, 타일, 함석 등 건축 재료와 니스, 페인트 등 장식적·기능적 마감재—를 사용해 만들어진 주택 상품"이라는 의미가 있다.[23] 또한 도로를 따라 균일한 규모의 필지 위에 남쪽으로 열린 'ㄱ'자 혹은 'Ⅱ'자 평면을 기반으로, 중앙 대청마루를 중심으로 양쪽에 침실을 두고, 화장실은 대문가에 두는 내부 지향적 배치를 택했다.[24]

한무숙 주택

명륜동 언덕길인 혜화로9길은 성균관과 명륜동 그리고 혜화동을 동서 방
향으로 곡선길로 연결하며, 주변에 앵두골을 두었던 오래된 길이다. 여
기에 인접해 혜화로7길이 굽어지는 구간에 작가 한무숙(韓茂淑, 1918~1993)

한무숙 주택(2023, ⓒ한광야)

의 주택이 있다. 작가가 1953년부터 약 40년간 거주했던 근대 한옥으로, 당시 유명한 '대목大木인 심목수'가 지었다. 그 뒷집 역시 그가 지은 도시 한옥이었으나 훗날 효은쉐르빌(2002)로 재건축되었다. 그 동쪽에는 1980 년대 과거 앵두밭 위에 지어진 공동 주택이 있는데, 바로 이곳에 노무현 전 대통령이 당선 전까지 거주했었다. 한무숙 주택은 작가 사망 후 1993 년부터 한무숙문학관[25]으로 개조되어 일반에 개방되고 있다.

한무숙 주택은 1930년대에 지어진 근대 한옥으로, 행랑채 공간에 3층 높이의 서양식 확장부가 더해졌으며, 2006년 보수 공사로 리모델링되었다. 남향에 중앙 마당을 중심으로 'Ⅱ'자 형태로 주택이 배치되어 있다. 중앙 대청마루와 여기에 연결된 동쪽 건물은 작가의 호를 따 향정헌香庭軒으로 명명되어 전시 공간과 응접실로 사용되고 있다. 대청마루 서쪽 건물은 안채로서, 거주 공간과 나선형 계단으로 연결된 위층 서재 공간으로 구성되어 있다.

흥미로운 건 한무숙의 주택이 지난 100년 가까운 시간 동안 지속적으로 개선되고 확장되어 왔다는 사실이다. 난방 시스템의 변화가 가장 특징적인데, 문학관 김호기 관장이 설명하듯, "이 개량 한옥의 첫 난방은 장작불에서 시작해, 연탄, (기름)보일러, 가스보일러로 대체되어 왔고, 이 과정에서 부엌, 마루, 방 등의 구조도 지속적으로 변화해 왔다." 근대 한옥의 변화상을 잘 보여주고 있는 사례가 아닐 수 없다.

한소제 주택

혜화동로터리에서 혜화로를 따라 들어가면 혜화동쪽으로 한국 최초의 여성 의사들 중의 한명인 한소제(韓少濟, 1899~1997)가 1940년대 건축해 1961년 도미하기 전까지 거주했던 도시 한옥(1930년대; 현 현 혜화동 주민센터) 이 위치한다. 한소제가 이곳에 거주했던 이유는 무엇보다 인접한 경성의

학전문학교와 부속병원 때문이었을 것이다.

한소제는 한국 개신교 초기 개척자인 평안북도 의주 출신인 한석진 목사의 큰 딸로서 인사동의 승동교회에서 운영하던 승동남녀소학교와 정신여학교를 졸업하고, 1919~1923년까지 도쿄 신주쿠에 위치한 도쿄여자의과대학(Tokyo Women's Medical University, 東京女子医科大学, 1900)에서 남편인 신동기씨와 함께 유학해 의사가 되었고, 1926~1928년 도미하여 미시간주 알비온컬리지(Albion College, 1835)에서 수학하고 의사로 활동했다. 이후 한소제는 귀국하여 서울, 전주, 신의주 등에서 활동했으며, 일제 강점기에 기독교여자청년회YWCA와 걸스카우트 운동을 진행하다가 5·16 군사정변의 여파로 1961년 도미해 로스엔젤레스에서 거주했다.

한소제의 근대 한옥은 국내 최초의 슈퍼마켓으로 평가되는 한남체인의 옆 자리에 ㄷ 형태로 건축되었다. 이후 주택은 한국 제빵 업계의 사관학교로 평가되며 삼선교에서 창업한 나폴레옹제과점(1968) 대표인 양인자 회장이 1970년경에 매입하여 거주했다. 이후 이 주택은 노후화로 관리가 어려워지면서 종로구청이 2004년 매입하여 전통 한옥의 구조를 갖도록 대규모 리모델링을 통해 2006년 혜화동 주민센터로 개원했다. 안방과 사랑채는 민원실로 바뀌었고, 안방과 사랑채를 연결하는 작은 공간은 상담실이 되었다. 사랑방는 공연이 있을 때마다 문을 들어올려 무대로 활용되며 마당과 정원이 관객석으로 기능한다.

최순우 주택과 이태준 주택

혜화로에서 이어진 성북로를 따라가다 보면, 조선 시대에 조성된 선잠단지先蠶壇址 건너편 골목에서 1930년대에 지어진 또 하나의 근대 한옥 최순우 주택(성북동 128-18)이 보인다. 이 주택의 주인 최순우(崔淳雨, 1916~1984)는 제4대 국립중앙박물관장을 지낸 저명한 미술사학자다. 깊은 애정과 뛰

최순우 주택(2024, ⓒ한광야)

어난 안목으로 우리 문화재의 아름다움을 찾아내고 보존하는 데 일생을 바쳤다. 그는 1976년부터 이 주택에 10년 가까이 머물렀다.

최순우 주택은 395㎡ 대지에 북쪽을 향한 대문과 가운데 마당을 두고 건물 2동이 위치하며, 남쪽에 뒷마당을 두었다. 건물은 'ㄱ'자 안채와 'ㄴ' 자 바깥채가 'ㅁ'자 평면을 완성하는 전형적인 경기 지방 한옥이다. 2002년 내셔널트러스트운동 제1호 대상으로 매입되어, 2003~2004년 사이 복원을 거쳐 일반에 개방되었다. 현재 안채는 전시 공간으로, 동편 행랑채는 사무 공간으로, 서편 행랑채는 회의실과 방문객 휴게 공간으로 사용되고 있다.

한편 혜화로와 성북로 교차점에서 성북로를 따라 올라가다 보면, 성북천 건너 한국 단편소설의 선구자로 불리는 작가 이태준(李泰俊, 1904~1978)의 근대 한옥(1933, 성북로26길 8)이 보인다. 작가는 스스로 수필집 『무서록』에 수록된 「목수들」에 이 집을 지은 내력을 밝혀두기도 했다.

앞에는 성북천을 두고 뒤에는 동산을 둔 터에 서남향 배치로 주택은 자리 잡고 있다. 홑처마에 팔작기와지붕이다. 전통 한옥 구조와 다르게 중앙에 2칸 대청마루와 툇마루를 두고 있다. 동쪽에는 안채를, 안방 뒤로는 부엌, 화장실을 두고 있으며, 대청마루의 서쪽에는 건넌방을 두고 있다. 대청 앞에는 우물이 있으며, 마당에는 석상, 석등, 화계花階 등 전통적인 한국 정원의 요소들을 두고, 감나무와 사철나무를 심었다. 이 주택은 1999년 작가의 외손녀가 '수연산방'이란 찻집으로 개조해 일반인에게 문을 열었다.

이태준 주택(2024, ⓒ 한광야)

도성을 넘은 외곽 확장

1936년을 전후해 경성은 도성 넘어 외곽으로 그 영역을 넓혀갔다. 도심 주거지 조성을 의도했던 총독부의 '조선시가지계획령(1934)' 여파였다. 총독부는 도성 외부의 돈암, 영등포, 대현 지구를 포함해 총 10개 지구에서 토지 구획 및 정리 사업을 추진하며 민간의 주택 개발 사업을 유도했다. 총독부령 제8호(1936) 고시에 따르면, 도성에서 한강까지의 경계는 1914년 면적 36㎢에서 1936년 136㎢로 확장했다. 이에 부응해 거주 인구도 1910년 약 24만 명에서 1925년 약 30만 명, 1936년 약 70만 명에 이르렀다.[26]

이러한 경성의 확장 과정에서 명륜동과 혜화동은 도성의 북동쪽 끝 마을에서 새로운 도시 확장 거점으로 그 위상이 바뀌었다. 특히 혜화동로터리에 노면 전차와 버스가 개통되면서 광화문과 명동에서 시작해 외곽의 삼선평과 돈암동네거리를 연결하는 새로운 도시 거점으로 빠르게 성장했다. 이즈음 혜화동로터리에 혜화우체국(경성혜화동우편소, 1932; 경성혜화정우편소, 1936; 경성혜화정우편국, 1941)과 혜화파출소가 위치하면서 마을의 중심부를 형성했다.

사실 노면 전차의 개통은 경복궁에서 개최되었던 조선물산공진회(朝鮮物産共進會, 1915년 9월 11일~10월 30일)에 힘입은 바 크다. 이 박람회를 준비하면서 총 8개의 노선이 개통되었고, 도성의 혜화문은 1916년을 전후로 순차적으로 해체되었다. 노면 전차의 핵심 노선은 창경원선(종로4가-총독부의원-창경원, 1910)이었고, 이후 창경원-경성고등상업학교(1939)인 현재 혜화동로터리 부근까지 연장되었다가 다시 혜화동로터리에서 돈암동네거리까지 돈암동선(1941)으로 연장되었다. 뒤이어 혜화동·명륜동 일대와 창경궁식물원-총독부의원, 남쪽의 본정(현 충무로)-대화정(大和町, 현 필동)을 연결하는 11호선醫院通이 개통되었다.

1920년대 말부터는 버스 노선도 개통되었다. 당시 핵심 노선은 황금

정(黃金町, 현 을지로)으로부터 종로4가를 지나 총독부의원을 거쳐 경성고등상업학교로 이어지는 노선(1928)과 창덕궁-창경원-혜화문을 거쳐 종로5가를 연결하는 노선(1933), 그리고 창경원에서 현재 혜화로터리 부근의 경성고등상업학교까지 이어지는 노선(1939)이었다.

전차 개통 후 혜화동 지도(1936)

4. 마을의 분화, 혜화동로터리,
다세대·다가구 주택과 아파트

마을의 분화, 시장과 슈퍼마켓

명륜동과 혜화동은 해방 이후 빠르게 성장하며 복수의 마을들로 분화되었다. 먼저 명륜동은 크게 성균관대학교를 중심으로 형성된 아랫마을(명륜동2가, 3가, 4가)과 북쪽 구릉지인 윗마을(명륜동1가), 혜화로 동쪽의 혜화동으로 구분되었다. 특히 아랫마을은 성균관대학교, 가톨릭대학교, 서울대학교 학생들을 대상으로 형성된 상업 구역과 하숙 커뮤니티로 기능했다. 반면, 명륜동1가의 혜화초등학교(현 서울국제학교) 아래의 경사지와 혜화동 다나카주택 주변에는 재력가의 대형 필지 주택들과 그 부속 주택들이 또 하나의 마을을 구성했다.

명륜동과 혜화동은 1980년대 초반까지 빠르게 주거 인구가 증가하면서 시장, 슈퍼마켓, 정육점, 목욕탕 등 마을 생활 기반이 중심부를 구성했고, 쓰레기장이 경계를 형성했다. 실제로 명륜동 아랫마을은 명륜시장(현 대명길)을 중심으로 기능했으며, 윗마을은 웃 시장을 중심으로 기능했다. 이러한 마을시장의 기능은 1980년대부터 채소, 과일, 생선을 판매하는 이동식 트럭 상점이 방문하면서 점차 쇠퇴하기 시작했다. 1964년 혜화로에 개업한 한남체인은 한국 초기의 근대적 체인 슈퍼마켓으로 냉동시설을 갖추고 혜화동의 마을시장 기능을 대신했다. 뒤이어 창경궁로 버스 정거장 옆 명륜극장(1964~1977)이 폐업한 자리에 대형 슈퍼마켓인 농심가(1981, 현 CGV)가 개업하면서 인접한 명륜시장의 기능을 흡수했다.

하지만 명륜동과 혜화동에는 주민들의 일상생활의 구심점으로 기능하는 도서관, 공원, 복지시설 등이 부재했다. 따라서 주민들 간 교류는 조기축구회와 초등학교 운동회 등 학교 운동장을 중심으로 진행되거나 시장에서의 상거래, 그리고 성당이나 교회 등 종교 시설과 행사에 한정될 수밖에 없었다. 이러한 마을 공공시설 및 네트워크의 부재는 이후 진행되는 마을의 사회적 연대 와해를 가속시켰다고 생각된다.

학교 거점과 혜화동로터리

명륜동과 혜화동 마을의 정체성을 결정해온 건 무엇보다 원형의 혜화동 로터리였다. 1960년대에 노면 전찻길 위로 꽃 터널이 조성되어 장관이 연출되기도 한 곳이다. 이후 혜화동고가차로(1971)가 건설되면서 꽃 터널은 철거되었지만, 그 중심부에 노란색 구형球形 분수가 조성되어 만남의 장소로 기능하면서 마을의 정체성을 유지했다. 이후 분수 북동쪽 가로를 따라 일군의 3-4층 건물들이 길게 늘어서고, 함께 조성된 가로수들이 마을의 경관을 완성했다. 하지만 아쉽게도 이 분수는 2008년 이명박 서울시장의 도심복합문화축조성사업의 일환으로 해체되었다.

　혜화동로터리에는 우체국과 파출소, 은행들과 현대식 편의점, 패스트 푸드점, 중국집, 약국, 서점, 제과점 등이 위치했다. 특히 서울시 문화유산으로 지정된 동양서림은 한국의 1세대 서양화가로 활동했던 장욱진 화백의 부인인 이순경 여사가 개업한 곳이다.[27] 동양서림은 1960년대부터 인접한 학교들을 두고 성장했으며, 이후 마을의 문학인들의 거점으로도 기능했다.

　혜화동로터리는 1960~1970년대 인근 중·고교생들의 통학 중심부였다. 1965년 선교사 언더우드 목사가 정동에서 설립한 경신중·고등학교(1885)가 종로구 연지동에서 혜화동 현재 부지로 이전해 왔으며, 동대문여자고등학교(1965, 현 혜화여자고등학교)가 1973년 현재 혜화초등학교 부지로 이전해 왔다. 또한 서울사범대학부속여자중학교(1969)가 서울사범대학부속초등학교(구(舊) 한성사범학교 부속관립소학교, 1895) 옆에 개교했고, 한국

방송통신대학교(1972)가 공업전습소 부지에 개교했다. 이러한 배경에서 혜화동로터리 일대는 거대한 학생 인구의 중심부로 기능하면서 학교 상권을 조성했다.

그러나 혜화동로터리는 인접한 대학로의 조성과 지하철 4호선 혜화역(1985) 개통으로 대규모 유동 인구를 그에 양보하며, 도시 중심부과 서울 동북권을 연결하는 교통 거점 기능을 점차 잃어갔다.

강남 개발, 학교들의 이전

서울을 대표하는 학교 마을로 빠르게 성장하던 명륜동과 혜화동이 큰 변화를 맞은 건 1970~1980년대 중앙 정부가 추진한 서울 강남 개발에서부

혜화동로터리(2024, ⓒ한광야)

터다. 그에 맞춰 명륜동과 혜화동에 밀집해 있던 여러 학교들이 그 신개발지로 이전해 나가기 시작했다. 명륜동에서 개교한 후 연지동에 터를 두고 있던 은석초등학교(1963, 연지동 1번지)가 1979년 가장 먼저 장안동으로 이전한 것이 시작이었다. 뒤이어 88서울올림픽과 연계되어 잠실 개발을 촉진하기 위해 보성중·고등학교(1988)가 그리로 이전해 나갔다. 이후 그 부지에는 올림픽기념국민생활관(1997)과 과학영재학교(1988, 현 서울과학고등학교)가 개교했고, 혜화초등학교 부지에는 서울국제고등학교(2008)가 개교했다. 또한 동대문여자고등학교(1965)가 1973년 현재 혜화초등학교 자리로 이전해 혜화여자고등학교로 개명했으나, 2000년 다시 수유동으로 이전해 나갔다.

이 과정에서 기존 거주민들이 빠르게 유출되면서 마을의 사회적 구성이 인위적 변화를 겪었다. 마을의 대표적인 주택 유형이었던 근대 한옥과 문화주택도 다세대·다가구 주택과 소규모 아파트 단지로 재개발되었다. 이러한 도시마을의 변화는 도시권 내 구성 단위인 마을과 도시와의 정책적 조율과 협력의 중요성을 확인시켜준다. 즉, 명륜동과 혜화동 일대는 급작스런 도시 확장에 의거한 일련의 정책 사업들로 마을이 미처 대비하지 못한채로 과도한 성장과 쇠퇴를 빠르게 겪어온 셈이다.

다세대·다가구 주택과 아파트 개발

명륜동과 혜화동에 새로운 주택 형태인 다세대 주택(공동 주택, 빌라)과 다가구 주택(단독 주택)이 등장한 시점은 1980년대다. 이미 이 마을의 단독 주택 소유자들은 1980년대 초부터 임대 사업 목적으로 주택 개조를 진행했고, 이에 따라 단독 주택의 지하와 창고가 주거 공간으로 개조되면서 임대 주택으로 변화했다. 그리고 강남 개발이 진행되면서 이사 나간 다수의 대형 주택과 근대 한옥들은 마을에서 다세대 및 다가구 주택을

주로 시공하고 분양하는 건설업자들에 의해 붉은 벽돌의 다세대 및 다가구 주택으로 개조되었다.

명륜동과 혜화동 최초의 공동 주택인 현대하이츠빌라(1986, 명륜1가 22)는 완공 당시 총 세 동으로 각각 지상 3층, 지하 1층 규모로 한 동에 6세대가 거주했다. 보통 1980년대 공동 주택은 고급 주택인 빌라와 서민들이 거주하는 연립주택으로 나뉘어 불렸다. 이후 세 개 동에서 현재 남서쪽 한 동을 남겨두고 두 동은 2006년 건양 하늘터 아파트(1동, 12층, 55세대)로 재건축되었다.

한무숙문학관 북쪽 인근의 근대 한옥도 2000년대 초에 해체되고 그 자리에 다세대 주택인 효은세르빌(2002, 혜화로9길 24-6)이 들어섰다. 일반 주거 2종의 용도지역제 규제를 받으며, 북쪽으로 향한 필지(면적 245㎡, 건폐율

아파트와 다세대·다가구 주택(2024, ⓒ한광야)　　　　　아남아파트(2024, ⓒ한광야)

59.4%, 용적률 229%)에 지상 4층(12.5m)짜리 철근콘크리트구조로 엘리베이터를 두고 있다. 도시 주거지의 개발 규제 제한 내에서 최대의 건축 공간을 확보하며 지어진 보편적인 공동 주택 유형이다. 중앙 계단을 중심으로 층별 2세대씩 총 8세대 유닛(면적 약 66㎡, 20평)을 두고 있으며, 각 유닛은 2베드 유닛이고, 지하 1층에 주차장(규모 6대)을 두고 있다.

혜화동로터리 서쪽에 입지했던 경성고등상업학교 자리에는 재단법인 우석학원(友石學園, 1938) 소유의 경성여자의학전문학교(1900; 조선여자의학강습소, 1929; 경성여자의학강습소, 1933; 수도의과대학, 1957)가 이전해 있었다. 이후 부속병원인 혜화병원(1941)과 함께 수도의과대학(1957)으로 유지되다가 우석대학교(友石大學校, 1964~1971)로 개명해 운영되었다. 뒤이어 우석대학교 의과대학 및 혜화병원이 1971년 고려대학교로 흡수되어 명륜동 부지에 고려대학교 의과대학 및 부속병원으로 재조성되어 운영되었다.

그러다 서울올림픽 준비 과정에서 안암동 이전이 결정되었고, 결국 1991년에 이전해 나가면서 그 부지에 아남건설(1986; 전신 일만무역공사, 1939) 주도로 아남 아파트 단지(1995, 3동, 20층, 436세대, 현 창경궁뜰아남아아파트)가 조

성되었다. 한양 도성 내 첫 아파트 단지로서 주상복합동과 함께 현재까지 총 600여 가구를 구성하고 있다. 이른바 '정치 1번지'로 불리는 종로구에서 몇몇 정치인들이 출마를 위해 잠깐씩 거주했던 곳이기도 하다.

5. 서울대학교, 대학로, 소극장과 문화예술 대학

서울대학교, 대학로와 소극장

명륜동 남동쪽인 동숭동에 위치했던 경성제국대학은 해방 후 국립서울대학교로 개편되어 대학 본부와 함께 법과대학, 문리과대학, 의과대학, 미술대학 등 단과대학별로 대학로에 각기 자리 잡았다. 1975년 의과대학을 제외한 모든 단과대학들이 관악구 신림동으로 이전할 때까지, 동숭동은 지식인과 젊음, 낭만, 민주화운동의 공간으로 기능해 왔다.

대학로라는 지명이 공식적으로 지도에 등장한 건 1960년대 중반 무렵이다. 혜화동에서 동숭동으로 흘러 나가던, 이른바 '세느강'으로 불리던 흥덕동천이 복개되어 '문리대길'로 개통되었고, 이후 남쪽으로 혜화동로터리-쌍림동 구간의 도로가 대학로로 명명되었다. 이후 서울 지하철 4호선 공사를 통해 대학로는 왕복 7차선 도로로 확장되어 장충단공원 앞까지 연장되었다. 이렇게 개통된 대학로는 4.19혁명(1960), 한일회담반대운동(1964), 유신철폐운동(1974) 등을 포함해 1980년대까지 한국 사회의 민주화 과정에서 정의와 민주주의를 갈망하는 학생들의 시위와 저항의 공간으로 자리 잡았다.

1972년 서울대학교종합발전계획에 따라 서울대학교 이전 계획이 입

안되었다. 대학 교육의 발상지로서 동숭동 캠퍼스가 갖고 있는 역사적 가치와 장소성을 보존해야 한다는 주장과 일제 강점기 경성제국대학이 갖는 흔적을 지워버림으로써 일제의 잔재를 청산해야 한다는 주장이 서로 논쟁을 불러왔다. 결국 중앙 정부는 동숭동 캠퍼스의 이전을 추진했다. 1973년 대한주택공사가 기존 문리과대학과 사범대학 부지를 매입해 동숭동 캠퍼스 부지의 활용 방안과 매각을 준비했다. 당시 서울대학교 동숭동 캠퍼스 활용 방안으로는 다음 세 가지 접근법이 논의되었다.

첫째는 중앙 정부의 관점으로, 캠퍼스를 허물고 그 자리에 5-15층 높이의 26개 동으로 구성된 약 2,000세대의 대형 고급 아파트 단지를 건설하자는 것이었다. 둘째는 서울대학교 구성원들의 관점으로, 이곳이 근대 대학 교육의 발상지로서 동숭동 캠퍼스의 역사적 가치를 인정해 캠퍼스를 전

대학로 흥사단 앞 구간(2019, ⓒ한광야)

상가·학교·종교·복지시설의 보전과 재개발 | 437

체 또는 부분적으로라도 보전해야 한다는 주장이었다. 즉, 동숭동 캠퍼스는 일제 강점기의 잔재를 청산하며 미래 대학의 사명을 위해 캠퍼스의 대안적 활용이 필요하다는 주장이었다. 또 하나는 의과대학 교수단의 관점으로, 동숭동 캠퍼스로 기존 의과대학 시설들을 이전해 '종합의학캠퍼스'로 활용하고, 기존 부속병원 부지에 병원 기능을 확장하자는 주장이었다.

이러한 세 가지 부지 활용 방안들 가운데 중앙 정부가 추진하려던 부지의 일반 매각과 아파트 개발안은 거센 반대 여론에 부딪혀 무산되었다. 하지만 대한주택공사는 1974년 결국 경성제국대학 본관과 주변 부지를 한국문화예술진흥원과 기아산업에 매각했다.

이 과정에서 서울시는 그간 경제개발우선정책으로 미뤄져 왔던 문화 공간 조성 여론에 힘을 실어 부지 개발에 관여했다. 즉, 서울대학교 이전으로 사대문 안에 생겨난 빈 공간을 서울시의 중심 문화 공간으로 조성해 보려는 사업을 한국문화예술진흥원과 함께 진행한 것이다. 이에 문리과대학 정원 부지에 마로니에공원(Marronnier 公園, 1975)이 조성되었다. 공원은 야외무대, 연못, 분수 공원, 조형물 전시 공간 등을 갖춰 당시로서는 보기 드문 도시 공원으로 기능했다.

마로니에공원 주변으로는 한국문화예술진흥원(1981, 현 예술가의집)을 중심으로 종합문화회관 미술회관(1979, 현 아르코미술관), 문예진흥원 예술극장(1981, 현 아르코예술극장)과 샘터사옥 및 화랑(1979) 등이 신축되어 개관했다. 그리고 기아산업은 매입한 부지에 학산기술도서관(1978)을 개관했다. 또한 법과대학 부지에는 서울사범대학부속여자중학교, 한국국제협력단, 국제교육진흥원 등이 조성되었다.

한편 서울시는 1985년 지하철 4호선 혜화역 개통과 함께 대학로 '차 없는 거리' 조성 목적으로 대학로 도시 설계를 추진했다. 혜화동로터리에서 이화사거리 사이 1.1km 구간에 플라타너스 가로수로 길을 조성해 '문화예술의 거리'라 명명하고, 이를 문화 시설과 연극 커뮤니티 및 버스킹 문화의 중심부로 재단장했다. 이를 위해 대학로 도로변 건물들 높이

마로니에공원 옆에 재현된 흥덕동천 수변(2024, ⓒ한광야)

와 형태와 외장재 규격까지 통제해 통일된 가로 환경을 조성하기 시작했다. 또한 대학로 700m 구간이 1985년부터 주말과 공휴일 오후 시간에 '차 없는 거리'라는 개방 공간이 되었고, 이와 함께 각종 문화 행사가 열리기 시작했다. 하지만 이 행사는 청소년 탈선을 초래하고 주변 면학 분위기를 해친다는 이유로 1989년 중지되었다.

대학로가 연극 활동의 중심부로 등장한 것이 이 무렵이다. 문예진흥원 예술극장이 개관한 후 주변으로 다수의 문화 단체와 연극인 활동 거점들이 성장하면서 샘터파랑새극장(1984), 바탕골소극장(1986), 마로니에소극장(1986), 연우소극장(1987), 동숭아트센터(1989) 등 10여 개의 소극장들이 개관했다. 이에 따라 민간 연극 및 뮤지컬 단체들도 1980년대 후반부터 명동과 정동, 신촌으로부터 임대료가 상대적으로 저렴한 동숭동으로 이전해 극단 사무실과 소극장을 조성했다.

이 과정에서 1991년 연극·영화 활성화를 위해 기획된 '연극영화의 해' 행사가 진행되기 시작했다. 현재까지 대학로에는 약 160개의 소극장들이 연극, 영화, 음악, 뮤지컬 등의 공연 거점을 구성하고 있다. 특히 1990년대 대학로 소극장 공연 문화의 중심부를 구성하며 '지하철1호선'이라는 번안 뮤지컬을 상영했던 학전블루소극장(1991)과 학전그린소극장(1996)이 공연 예술의 중심지로서 성장했고, 예술가들의 새로운 창작 활동이 시작되는 공간으로 자리 잡았다.[28] 2004년 중앙 정부와 서울시는 '문화예술진흥법' 및 '서울시 문화지구관리 및 육성에 관한 조례'에 의거해 대학로 일대를 인사동에 이어 두 번째 문화 지구로 지정했다.

성균관대학교의 확장과 예술대학들의 대학로 이주

오랫동안 침체되어 있던 명륜동과 혜화동은 1996년 삼성재단의 성균관대학교 재인수로 변화를 시작하게 되었다. 삼성재단은 1965년부터 성균

관대학교 운영에 참여한 적이 있었지만, 1977년 그 운영을 포기했었다. 삼성재단의 성균관대학교 재인수 및 투자의 결과는 당시까지 공급 부족을 겪고 있던, 캠퍼스 내외 부지의 기숙사 개발로 나타났다. 이에 따라 1990년대 말부터 명륜동과 혜화동에서 민간 하숙 시장이 활성화되고 마을 부동산 가치가 상승했다. 명륜동과 혜화동에 거주하는 외국인 교원과 학생 인구가 증가했으며, 특히 외국인 투숙을 위한 도시형 한옥의 게스트하우스 개조도 진행되었다.

대학로에는 2000년대 초부터 다수의 수도권 내 대학교들이 예술 공연 클러스터를 구축하며 지역 문화의 중심부를 완성해 왔다. 현재 동숭동에는 상명대학교, 동덕여자대학교, 중앙대학교, 국민대학교 등 11개 대학교의 공연 예술 관련 교육 및 공연 시설들이 본교 캠퍼스로부터 독립되

성균관대학교 앞(2024, ⓒ한광야)

어 곳곳에 분포되어 있다.

이러한 변화는 먼저 2000년대 초에 상명대학교 예술디자인대학원 (2001)이 조성되면서 시작되었고, 이듬해 동덕여자대학교 공연예술센터 (2002), 중앙대학교 공연영상예술원(2002), 우석대학교 우석레퍼토리극장 (2002)이 개관했다. 뒤이어 홍익대학교 재단은 구舊 서울대학교 미술대학 부지(1963~1976, 한국디자인진흥원, 1976~2001)를 매입해 대학로 캠퍼스(2002)를 조성했다. 이후 국민대학교 제로원디자인센터(2004), 청운대학교 공연예술센터(2006), 서경대학교 공연단지(2007), 예원예술대학 실습실(2007), 전북과학대학 실습실(2007), 한국예술종합학교 대학로 캠퍼스(2015) 등도 잇따라 문을 열었다.

이러한 흐름 속에 대학로는 문화 트렌드 변화를 주도하면서 대중과의 소통이 절대적인 공연·미술·건축·디자인 분야의 문화·예술 교육 기관들에게 상호 간 협력과 경쟁의 매력적인 공간으로 성장해 왔다. 여기에 학교 재단들에게 오프 캠퍼스 부동산 매입을 허가한 2006년 중앙 정부의 학교법 재정은 큰 촉진재가 되었다. 이후 이 교육 기관들은 다시 이 일대를 새로운 문화·예술 활동의 대학 마을로 변화시키고 있다.

에필로그

나는 지난 10여 년간 도시마을의 변화상과 그곳에서 살아온 주민들에 관해 시간과 골목을 더듬으며 탐구했다. 도시 변화는 마을에서 시작되고, 살고 싶은 마을이란 늘 그렇듯 주민들의 부단한 관심과 노력의 결과라는 걸 깨닫는 과정이었다. 비유컨대 100년 된 마을의 모습이란 초록의 나무들로 완성되는 것이었다. 하늘 아래 이런 공간에서 과거를 공유하고 더 좋은 곳을 향해 함께 오늘을 산다는 것은 도시인들에게 행운과 같은 일이다.

그동안 연구를 함께 진행해온 동국대학교 건축공학부 도시설계연구실의 자랑스러운 미래 연구자들인 권수진, 김고은, 손강현, 신재형, 양재영, 이준호, 전홍표, 정원주, 최윤정, 함지유, 졸업생 곽혜빈, 김민지, 신재영, 유지인 그리고 홍콩의 김환, 귀한 사진을 준비해준 암스테르담의 김민지, 든든한 동행자가 되어준 신윤석 선생님께 감사드린다. 내게 도시마을의 의미와 관점을 새롭게 일깨워주신 서울해방촌도시재생주민협의체 하성수 대표님과 (고)손행조 대표님, 보람된 해방촌의 마을 일들을 함께 진행해주신 이한술 선생님과 정성철 소장님께 감사드린다. 학회 강연과 포럼을 함께 진행해주신 김호정 교수님, 김형일 교수님, 오다니엘 교수님, 임동원 소장님, 장항준 대표님, 조인숙 박사님께 감사드린다. 오래된 도심의 변화를 위한 나의 노력에 아낌없이 지원해주신 국가건축정책위원회 권영걸 위원장님과 김종헌 교수님, 7기 위원님들, 기획단에게도 감사드린다.

주
참고문헌
찾아보기

주

프롤로그

1) Jonathan Barnett, Redesigning Cities: Principles, Practice, Implementation, Routledge, 2000.

서론

1) Kawaharada, Dennis. Pacific Journeys: Home and Away. https://denniskawaharada.wordpress.com/edo-period-roads/Introduction

제1부 | 제1장

1) 1630년 청교도들이 도착하기 전까지 보스턴은 토착인인 알곤킨인(Algonquin Native Americans)에 의해 마샤무욱(Mashauwomuk)이라 불렀다. 이것이 쇼멋 반도의 기원이 된다. 알곤킨인은 뉴잉글랜드를 포함해 캐나나 동부, 로키산맥 일대, 뉴저지 등에서 거주했던 토착 세력이다.

2) Secretary of State, State of Massachusetts. MHC Reconnaissance Survey Town Report. Boston, 1981, pp. 2-3.

3) 작가 올리버 홈즈(Oliver Wendell Holmes, 1809-1894)가 1860년 『월간 애틀랜틱(The Atlantic Monthly)』에서 사용하며 확산되었다.

4) City of Boston Archives and Records Management Division. Guide to the Almshouse Records. 보스턴의 첫 번째 빈민구호소는 원도심에 위치했으나(1662) 화재로 전소되었다. 이후 비콘도로에 조성되었으나(1725), 다시 그 기능이 레버렛도로(Leverett Street)로 이전되었다가(1811) 부지가 매각되어버렸다(1825). 이후 일부 기능만 보스턴 노동소(House of Industry)로 편입되어 사슴 섬(Deer Island)으로 이전해 나갔다(1853).

5) 하버드 의과대학은 케임브리지에서 보스턴의 현재 다운타운이 있는 워싱턴도로로 이전했고(1810), 이후 보스턴 커먼의 배후 도로인 메이슨도로(Mason Street)로(1816), 그리고 다시 매스종합병원 남쪽 그로브도로(Grove Street)로 이전했다

(1847). 이후 다시 코플리스퀘어(Copley Square)로 이전했다(1883).

6) Ritz, Erin and Clio Admin. Your Guide to History. South End Historical Society and the South End Historic District, 2017.

7) Ritz, Erin and Clio Admin. Your Guide to History. South End Historical Society and the South End Historic District, 2017.

8) Shand-Tucci, Douglass. The Gods of Copley Square. Back Bay Historical/Boston-centric Global Studies and the New England Historical Genealogical Society, 2009.

9) 생트-제네비에브 도서관(1850)은 파리의 최초 도서관 건축이다. 본래 이곳은 에라스무스(Erasmus), 로욜라(Ignatius of Loyola), 칼뱅(John Calvin) 등이 공부하던 중세 몽테뉴칼리지(College de Montaigu, 1314) 자리였다. 프랑스혁명 이후 칼리지는 병원과 군사감옥으로 이용되다가 해체되었다. 새 도서관은 보자르미술학교에서 고전 건축과 르네상스 건축을 공부한 앙리 라부르스트(Henri Labrouste, 1801-1875)가 설계했으며 1851년 개관했다.

10) Abreu, Mallory. A Glimpse of the Past at the Gibson House: The historic home turned museum, in the Back Bay, offers a perfectly preserved snapshot of Boston life in Victorian times. In Boston Magazine. August 30th, 2016.

11) The Gibson Society. 2009. Gibson House Museum History. Gibson House Museum.

12) Ibid.

13) Ibid.

14) Tom Acitelli. Boston Reclamation: The 5 Most Significant Infills in the City's History. Curbed Boston. May 16, 2017.

15) 김환, 한광야. 「미국 보스턴 백베이 블록의 계획과 현황에 관한 고찰」. 『도시설계』. 제9권, 제3호(2008).

16) 같은 글.

17) 같은 글. 백베이의 일반적인 도로 폭은 22m이며, 2차선의 차로(3.6m×2개)와 양쪽의 도로주차(3m×2차선), 양쪽의 보행로(4.4m×2개)로 구성된다.

18) 같은 글.

19) 같은 글.

20) 같은 글.

21) Southworth, Michael and Susan Southworth. The Boston Society of Architects'

AIA Guide. Boston, 1992, pp. 212-215.

22) 뉴버리도로(Newbury Street)의 명칭은 독립전쟁 당시 청교도들이 승리를 거둔 뉴버리전투(Battle of Newbury, 1643)에서 따온 것이다.

23) Lyndon, Donlyn. The City Observed: Boston, A Guide to the Architecture of the Hub. New York: Random House Inc., 1982.

24) Ibid.

25) 보일스턴도로는 원래 보스턴 구도심 외곽을 지나는 프로그레인(Frog Lane)으로 불렸으며, 이후 보스턴 태생의 하버드대학 기부자인 워드 보일스턴(Ward Nicholas Boylston, 1747-1828)을 기리며 개칭되었다.

26) 백베이 철도역(Back Bay Station, 1828, 1899, 신축 1987)은 도심 일자리와 교외 주거지를 연결하는 통근철도 거점으로 기능해왔다. 보스턴의 상징적 관문은 동쪽 롱워프 부두와 인접한 사우스 철도역(South Station, 1899, 신축 1985)이지만, 백베이 철도역은 도심 깊숙이 코플리스퀘어광장까지 접근되는 중심역이다. 1834년부터 보스턴과 뉴턴, 이후 우스터(Worcester)까지 연결하는 보스턴-우스터 철도선(Boston and Worcester Railroad)을 운행했다. 이후 보스턴-우스터 철도기업의 자회사인 보스턴-알바니 철도기업(Boston and Albany Railroad)이 백베이 개발에 따른 수요를 흡수하기 위해 백베이에 콜럼버스애비뉴 철도역(Columbus Avenue Station, 1880)을 개통했다. 이 역은 1899년을 전후로 트리니티플레이스 철도역(Trinity Place Station the westbound-only)과 헌팅턴애비뉴 철도역(Huntington Avenue Stations. eastbound-only)으로 대체되었다. 또한 보스턴과 프로비던스를 연결하는 보스턴-프로비던스 철도선(Boston and Providence Railroad)의 모기업인 뉴헤이븐 철도기업(New Haven Railroad)이 구(舊) 백베이 철도역(Back Bay Station, 1899, 1928)을 개통했다. 1964년 백베이 철도역은 두 개의 철도역과 통합되었고, 통근열차(MBTA Co-mmuter Rail), 지하철(MBTA Subway), 도시 간 철도(Amtrak Intercity Rail)의 환승 거점으로 기능해왔다. 1987년 당시 마이클 듀카키스 주지사(Governor Michael Dukakis)가 기존 철도역을 대체하며 주도한 오렌지라인 사우스웨스트회랑 프로젝트(Orange Line's Southwest Corridor Project)의 일부로 현재 백베이 철도역이 개통한다.

27) 2021 Buildings of New England: Exploring New England and Showcasing Amazing Architecture and History One Building at a Time. Isabella Stewart Gardner Townhouse, 1860. January 11, 2021 Buildings of New England

28) 이사벨라 스튜어트는 당시 뉴욕에서 고딕 부흥 양식으로 지어진 그레이스교회

(Grace Church, 1847, 800-804 Broadway)를 다녔다고 한다. 16세에 파리에 거주했고, 이듬해 밀라노를 방문해 기안 자코모 폴디 페조니 컬렉션(Gian Giacomo Poldi Pezzoli's collection) 같은 르네상스 예술품들을 감상했다.

29) 벤 드레이퍼는 부친이 설립한 방직기계 기업(Draper Corporation)의 소유자였다. 1908년부터 공화당 대표로 두 차례 주지사를 역임했다. 드레이펴 맨션이 건축되기 전엔 말보로도로 90번지 주택(90 Marlborough)에서 거주했다.

30) Aline Kaplan. Social Commentary and Informed Opinions. The Next Phase Blog

제1부 | 제2장

1) 바르셀로나는 지중해를 따라 유럽 대륙과 이베리아 반도를 동서로 연결하는 육로와 해로의 이동 거점이었다. 특히 카탈루냐가 아라곤왕국(Kingdom of Aragon, 1035-1706)과 통합되던 1137년부터 이 지역권에서 가장 큰 거점으로 성장했다. 1230년에 서쪽 람블라스가로를 경계로 두 번째 도성을 조성했고, 1359년부터 그 가로 너머로 영역을 넓혀 세 번째 도성을 조성했다. 1365년 전후로 인구 약 34,000명의 도시가 되었다.

2) 나폴레옹 1세와의 스페인 독립전쟁(1807-1814) 기간 동안 잠시 프랑스의 지배를 받았다.

3) Bausells, Marta. 2016. Story of Cities no. 13: Barcelona's Unloved Planner Invents Science of Urbanisation. The Guardian. April 1, 2016.

4) 레이삼플레 구역은 19세기를 전후해 성곽으로 둘러싸여 있던 지중해의 구도시가 어떻게 근현대 도시로 변모했는지를 보여주는 사례로 평가된다.

5) 그라시아타운(Vila de Gràcia, 면적 4.2㎢, 인구 12만 명)은 1626년 노스트라세뇨라수도원(Coligio Nostra Senyora de Gràcia, 1626)이 개원하며 형성되었다.

6) 콘셀데센트(Consell de Cent, 1249) 중심의 바르셀로나 행정 구조는 1249년 아라곤왕국의 야우메 1세(Jaume el Conqueridor, 통치기 1213-1276)에 의해 완성되었다.

7) 레이삼플레 도시 블록의 너비(113m)과 길이(113m)는 일데폰스 세르다가 고안한 방정식에사 도출된 것으로, 한 건물의 거주자 수, 도심 거주자의 소유 토지 면적, 건물의 너비, 길이, 전면 가로의 폭이 중요한 변수로 적용되었다.

8) 바르셀로나의 필지조례는 각 필지 당 건폐율을 50%, 건물 높이는 일반 도로의 폭과 동일한 20m로 제한했다. 이후 블록조례는 블록 당 건폐율을 73.6%, 건물 길이는 28m, 블록야드 내 건물 높이는 4.4m로 상향 제한했다. 또한 혼잡조례는 건물 높이를 24.4m로 하향 제한하되, 블록야드 내 건물 높이를 5.5m까지 상향했다. 마지막으로 메트로폴리탄 플랜은 건물 높이 제한을 강화해, 건물 높이는 20.75m, 블록야드 내 건물 높이는 4.5m로 각각 제한했다.

9) 카탈루냐 모더니즘은 건축을 포함해 전 예술 분야에서 일어난 사회운동이다. 프랑스와 벨기에의 아르누보, 독일의 유겐트(청춘) 양식(Jugendstil), 오스트리아-헝가리의 비엔나 분리파(Vienna Secession), 스코틀랜드의 글래스고 양식(Glasgow Style) 등에 비교된다.

10) Nunez I Navarro. Rehabilitation of Casa Lleo I Morera: History of the Building and its Uses. https://www.nyn.es/en/rehabilitation/casa-lleo-i-morera

11) 로지아(loggia)는 이탈리아 도시들의 중심 광장에 위치한 중심 건물 파사드에 기둥이나 아치로 지지되는 발코니와 유사한 형태의 긴 갤러리 및 복도 공간을 말한다.

12) 사그라다파밀리아성당(Basílicade la Sagrada Família, 1882)은 1882년 건축가 프란치스코 데 파울라 델 빌라(Francisco de Paula del Villar, 1828-1901)의 설계로 네오고딕 건축 양식으로 공사가 시작되었다. 그러다 1883년 그가 사임하면서 안토니 가우디가 이를 대신했다. 기존 네오고딕 건축 양식에 안토니 가우디의 곡선들이 혼합되었고, 몬세라트 산(Mt. Montserrat)에서 채취된 석재를 활용해, 높이 약 170m, 약 9천 명의 인원을 수용할 수 있는 규모로 시공되어왔다. 가우디는 1926년 시공이 25% 정도 진행된 상황에서 사망했으며, 이후 민간 기부로 시공되어 2026년 가우디 사망 100주년에 맞춰 완공될 예정이다

13) Castrezzati, Michele. Barcelona's Superblocks: Putting People at the Centre, Literally. Urban Future. March 28, 2023. 바르셀로나의 슈퍼 블록이 1987년 '슈퍼-만자나스(super-manzanas)'로 명명된 것은 당시 바르셀로나시 도시생태실(Office for Urban Ecology of Barcelona's Municipality) 실장으로 근무했던 살바도르 루에다(Salvador Rueda)의 역할 덕분이었다.

14) 바르셀로나의 심각한 대기 오염 문제는 2010년대 초반부터 본격적으로 제기되었다. 2010년 대기 오염 수치가 유럽연합에서 설정한 연간 평균 이산화질소 한도를 초과했다. 2015년 환경 단체 '지구의친구(Friends of the Earth)'는 바르셀로나 대기질을 D-등급으로 평가했다. 2019년 유럽집행위원회는 스페인이 대기 오

염으로부터 시민들을 보호하는 데 실패하고 있다고 주장하면서 그 책임을 물어 유럽사법재판소에 제소했다. 재판소는 바르셀로나와 마드리드의 대기 오염 수준이 유럽연합 규정을 지속적으로 초과했다는 사실을 인정하며, 유럽집행위원회의 손을 들어줬다. 이는 유럽연합의 대기 질 가이드라인에 비추어 바르셀로나의 오염 수준이 매우 심각한 상태임을 보여준다.

15) Castrezzati, Michele. 2023. Barcelona's Superblocks: Putting People at the Centre, Literally. UrbanFuture. March 28, 2023. Salvador Rueda first proposed the concept of superblocks in 1987, he called them "super-manzanas". Manzanameans apple in spanish. It referenced the shape of Barcelona's blocks. https://citychangers.org/barcelona-superblocks/

제1부 | 제3장

1) 칸다강(神田川)은 신주쿠 서쪽 무사시노(武蔵野市)의 고텐야마산(御殿山)에서 발원해 동쪽으로 완만히 24km를 흘러 히비야이에리만으로 흐르는 하천이다. 신주쿠 서쪽 12km 지점에 이노카시라연못(井の頭池)을 형성하고, 이다바시다리(飯田橋)를 지나 니혼바시강(日本橋川)으로 변화한다. 칸다강과 히라가와강은 칸다에 넓은 범람원을 형성하면서 농지를 조성하고 남쪽 히비야이리에만으로 흘렀던 자연 하천으로, 에도운하가 건설된 1600년대 전까지 칸다의 주요 수로로 기능했다.

2) 나이토 아키라, 이용화 옮김, 『에도의 도쿄』, 서울: 논형, 2019. 니혼바시 하마초(浜町) 부근부터 신바시 부근까지 매립해 새로 생긴 마을은 당시 다이묘 영지의 이름을 따 각각 오와리초(尾張町), 가가초(加賀町), 이즈모초(出雲町)라고 불렸다.

3) 고카이도 주변 주요 도로들은 신바시 남쪽으로 사쿠라다도로, 동쪽으로 오테마치를 지나는 에이타이도로(永代通り), 북쪽의 혼고도로, 서쪽의 신주쿠도로 등이다.

4) 『에도에서 도쿄까지』. NIPPONIA, 제25호(2003).
   https://web-japan.org/nipponia/nipponia25/ko/feature/index.html

5) 푸다이 다이묘(譜代大名)는 센고쿠 시대에 도쿠가와 가문과 협력 관계를 유지한 혼다, 사카이, 사카가바라, 이, 이타쿠라, 미즈노 가문 등이며, 추후 오가사와라, 도이 가문 등이 포함되었다. 도자마 다이묘(外様大名)는 도쿠가와 탁부에 불만

을 품고 있던 혼슈 서·북부의 시마주, 모리, 다테, 하치스카, 우에스키 가문 등이
었다.

6) Martires, Laura. Waterways in Urban Tokyo: 東京大学大学院新領域創成科学
研究科社会文化環境学専攻, 2007, p. 43.

7) 쿠다리 사케(Kudari Sake)는 에도 밖 지역에서 온 사케라는 뜻이다.

8) 나이토 아키라, 이용화 옮김,『에도의 도쿄』, 서울: 논형, 2019, pp. 39-48, 140-142.

9) 기보시(擬宝珠)는 사찰과 신사의 지붕 위를 장식하는 양파 모양 호주(宝珠)의 대
용 양식이다. 당시 기보시로 장식을 갖춘 다리는 교바시를 포함해 니혼바시, 신
바시뿐이었다.

10) 미쓰비시1호관 입주 기업은 제199국립은행(第百十九国立銀行, 1879-1895, 1895-
1920 미쓰비시합자회사 은행부(三菱合資会社 銀行部), 1919; 현 미쓰비시은행),
무역기업 타카다상회(高田商会, 1881-1925), 마루노우치우편전신국(丸ノ内郵便
電信局) 등이다.

11) Gavin, Blair. The Origins of Tokyo as a Global Financial City as Seen in
"Iccho-Rinatsu" in Tokyo.

12) 1875년 도쿄 스미다강 동쪽 키요스미(清澄)에 일본 최초의 시멘트공장인 후카가
와시멘트(深川セメント製造所, 1875-1884; 아사노시멘트에 매각, 현재 키요스미
공원 추정)이 개업했다.

13) 토머스 워터스(Thomas James Waters, 1842-1898)는 오사카조폐국과 도쿄조폐
국을 시공하기도 했다.

14) 전진성,『상상의 아테네, 베를린, 도쿄, 서울』, 천년의상상, 2015. 제도부흥계획
의 핵심은 당시 만주국 수도 신경(新京)을 모델로 도쿄 시내 도로의 너비를 50m
로 확장하고, 우에노와 칸다 구역 일대에 대규모 공원을 조성하며, 도심부와 연
결되는 간선도로 및 지하철선의 구축이었다. 그러나 이 계획은 지주들의 반발,
시행 주체 간 충돌, 재정 문제 등으로 실제로 시행되지는 않았다.

15) 도쿄의 도시 만들기 통사, 東京の都市づくり通史特.
https://tokyo-urbandesignhistory.jp /history

16) 이 법에 따라, 주거지에는 15인 이상 규모의 공장, 영화관 등이, 상업지에는 50인
이상 규모의 공장이 제한되었다. 그 외 공업지와 미지정지에는 특별한 용도 제한
이 없었다. 주거지 건물 고도는 65척(尺, 약 21m), 그 외 지역 건물 고도는 100척
(尺, 약 31m)로 제한되었다.

17) 건축도시공간연구소,『일본 동경의 보행 환경 개선 사례 및 정책』.

1) 런던시(City of London)는 1세기 로마 시대에 형성된 구역으로, 스퀘어마일 (square mile, 2.9㎢)로도 불린다. 현재 런던 금융과 상업의 중심부다.

2) 블룸스버리는 약 1,300×1,400m, 전체 면적은 1,820,000㎡(450에이커)다. 중심부는 약 320,000㎡(79에이커)다.

3) 리젠트도로는 조성후 런던을 대표하는 상업의 중심부로 성장했다.

4) Rasmussen, Steen Eiler, London: The Unique City, Cambridge, MA: The MIT Press, 1982, p. 165.

5) Ibid., p. 166.

6) 『Domesday Book』(1086). 노르만인의 잉글랜드 정복 후 국왕이 된 윌리엄 1세가 조세 징수의 기반인 토지 현황 조사를 위해 정리한 책이다.

7) Bucholz, Robert O. and J. P. Ward. "London: A Social and Cultural History, 1550-1750". Cambridge: Cambridge University Press, 2012. p. 333.

8) Rasmussen, Steen Eiler. London: The Unique City. Cambridge, MA: The MIT Press. 1982. p. 166.

9) The Center for Palladian Studies in America, Inc., Palladio and English-American Palladianism. Archived 23 October 2009 at the Wayback Machine.

10) 팔라디오의 『건축사서』의 구성은 이렇다. 제1권은 5개 고전 건축 양식(Doric, Ionic, Corinthian, Tuscan, Composite), 6개 건축 요소(bases, columns, architraves, arches, capitals, trabeations), 기타 건축 요소들(vaulted ceilings, floors, doors and windows, fireplaces, roofs and stairs), 1500년대 팔라디오가 베니스를 중심으로 설계한 민간 소유 타운하우스와 시골 빌라 소개, 제3권은 로마 시대 도로, 다리, 피아자, 바실리카 등 소개, 제4권은 로마, 나폴리, 스포레토, 아시시, 폴라, 님 등에 위치한 고대 로마 신전 및 이후 성당 건축 등에 대한 소개.

11) 코벤트가든피아자와 리보르노피아자와의 유사성은 다음과 같이 존 에블린의 글을 통해서도 확인된다. 존 에블린은 코벤트가든피아자가 완성되고 10여 년 뒤 (1644), 이탈리아 리보르노을 방문했었다. "피아자는 멋지며 성당 앞 검정 대리석으로 마감된 네 기둥들은 마치 코벤트가든의 성당과 피아자를 보는 듯한 인상을 준다." Rasmussen, Steen Eiler. London: The Unique City. Cambridge, MA: The MIT Press. 1982. p. 175.

12) Pevsner, Nikolaus. An Outline of European Architecture. Penguin Books.

1970. p. 310.

13) https://www.rpharms.com/about-us/museum/online-exhibitions/the-history-
of-the-royal-pharmaceutical-society/headquarters

14) Rasmussen, Steen Eiler. London: The Unique City. Cambridge, MA: The MIT
Press. 1982. p. 165.

15) Ibid.

16) 18세기 말~19세기 초에 걸친 런던의 인구 급증은 이민자 유입에 기인한다. 먼저
미국 독립전쟁(1775-1783)을 전후해 미국 흑인들이 영국 용병으로 유입되었다.
웨스트엔드에는 인도인이 하인으로 고용되었고, 이스트엔드에는 이스트인디아
기업에 속한 인도 및 아시아 노동자들이 다수 거주하기 시작했다. 또한 1788년
을 전후로 프랑스 칼뱅파 신교도인 위그노들(Huguenots)이 런던으로 이주해와
소호(Soho)와 스피탈필드(Spitalfields)에 거주했다. 대기근(1845-1852)을 피해
이주해온 아일랜드인들도 런던에 다수 정착했다.

17) "Largest Cities Through History", 18 August 2016, Retrieved 6 December,
2018.

18) Rasmussen, Steen Eiler. London: The Unique City. Cambridge, MA: The MIT
Press. 1982. p. 133.

19) Ibid.

20) Ibid.

21) Ibid.

22) Ibid.

23) 블룸스버리 고워도로(Gower Street) 근처의 ULC예술박물관(University College
London Art Museum), 이집트 고고학 컬렉션인 페트리뮤지엄(Petrie Museum of
Egyptian Archaeology), 그랜트뮤지엄(Grant Museum of Zoology and Compara-
tive Anatomy) 등이 있다.

제2부 | 제5장

1) 코르넬리우스 메이가 먼저 이곳을 케이프 메이(Cape 'Mey')라 명명했지만, 이후
케이프 메이(Cape 'May')로 철자가 바뀌었다.

2) 펜스 랜딩(Penn's Landing)은 윌리엄 펜의 펜실베이니아 도착을 기념하는 장소

다. 실제 그의 도착지는 그 남쪽 체스터(Chester) 수변이었다.

3) Lacheen, Harry, The Galvanizing Garden: A Tale of Rittenhouse Square. Pennsylvania Center for the Books. 2010.

4) Jane Jacobs, The Death and Life of Great American Cities, New York, Random House, 1961.

5) Hahn, Ashley, Jane Jacobs and Philly's Four Original Squares, 2016. https://whyy.org/articles/jane-jacobs-and-philly-s-four-original-squares/

6) 이곳이 리튼하우스스퀘어로 불린 건 1825년부터다. 필라델피아에서 활동한 수학자이자 천문학자인 데이비드 리튼하우스(David Rittenhouse, 1732-1796)를 기리는 목적으로 개칭된 결과다. 1840년에는 미국철학협회(American Philosophical Society)가 그를 기념하는 천체 관측소 건립을 제안하기도 했다. 이곳은 동쪽으로 18번도로(18th Street), 북쪽으로 월넛도로(Walnut Street), 서쪽으로 19번도로(19th Street)와 20번도로(20th Street) 사이 리튼하우스스퀘어웨스트도로(Rittenhouse Square West), 남쪽으로 로커스트도로(Locust Street)과 스프루스도로(Spruce Street) 사이 리튼하우스스퀘어사우스도로(Rittenhouse Square South)로 정의된다.

7) 「록키 2」(1979)를 시작으로, 「마네킨」(1987), 「식스 센스」(1999), 「앤서 맨」(2009), 「하우두유노우」(2010) 등 여러 영화의 배경이 되었다.

8) Sauers, Richard A. Guide to Civil War Philadelphia. Cambridge, MA: Da Capo Press, 2003.

9) Jane Jacobs, The Death and Life of Great American Cities, New York, Random House, 1961.

10) 필라델피아예술대학의 전신은 필라델피아음악학교(Philadelphia Musical Academy, 1870), 펜실베이니아박물관-산업미술학교(Pennsylvania Museum and School of Industrial Art, 1876; 현재 Philadelphia Museum of Art), 필라델피아음악원(Philadelphia Conservatory of Music, 1877) 등이다.

제2부 | 제6장

1) 네덜란드와 영국은 아메리카 상업권을 두고 2차례 영란전쟁을 벌였다. 영국은 1664년 그레이브센드만(Gravesend Bay, 현재 Brooklyn)으로 들어와 이스트강(East River)을 가로지르는 선박 노선을 확보했다. 전쟁에 패한 네덜란드 서인도

기업은 조건부 항복문서(Articles of Capitulation, 1664)를 작성하고 니우암스테르담에서 철수했다. 이로써 맨해튼의 주인이 영국으로 바뀜과 동시에, 지명도 '새로운 요크(New York)'가 된다. 이후 독립전쟁 당시 영국은 최후까지 뉴욕부두에서 버티다가 전쟁에서 패하고, 결국 1783년 철수해 나가게 된다.

2) 아메리카 대륙의 황열병은 1793년 가장 먼저 필라델피아에서 발생했다. 당시 혁명을 피해 이주해온 아이티 이민자로부터 바이러스가 전파되었으리라 추측하고 있다. 공식 사망자는 약 5천 명 이상이다. 맨해튼은 필라델피아 발 선박에 대해 입항 금지 조치를 내렸지만, 1795년부터 로워맨해튼에서도 황열병이 발생하기 시작했다.

3) 뉴욕시의 현재 모습을 만든 커미셔너계획안(Commissioners' Plan of 1811)은 그 단순함에 비판받았지만, 그럼에도 도시에 편의성과 미적 경관을 가져왔다고 평가된다. 당시 뉴욕시 의회가 신속한 토지 매각을 결정했고, 뉴욕주 의회도 개입해 세 위원에게 전권을 부여함으로써 이 계획을 수립했다. 당시 위원은 미국의 건국의 아버지(Founding Father of the United States)로 불리는 거버너 모리스(Gouverneur Morris, United States Senator New York, 재임 1800 - 1803), 상원의원이자 변호사 존 러더퍼드(John Rutherfurd), 국가 측량 책임자인 시몬 드 위(Simeon De Witt, Surveyor General) 등이었다.

4) https://www.nyhistory.org/blogs/yellow-fever-hits-1790s-new-york

5) Walsh, Kevin. Forgotten New York: The Ultimate Urban Explorer's Guide to All Five Boroughs. 2006, p. 155.

6) 로체스터에는 밀 공장과 제분소 등이 생겨났고, 리틀폴스에는 젖소 농장이 많아 치즈 제조업이 발달했다. 트로이, 코호스, 암스터르담에는 섬유 공장이 들어섰다. 스키넥터디(Schenectady)는 운송과 제조업이 활발했고, 시러큐스(Syracuse)에선 소금 생산이 늘었다. 이리운하의 종점인 버펄로 각 지역의 곡식을 판매하는 내륙 거점으로 성장했다.

7) New York City Landmarks Preservation Commission; Dolkart, Andrew S.; Postal, Matthew A. Postal, Matthew A. (ed.). Guide to New York City Landmarks (4th ed.). New York: John Wiley & Sons. 2009, p. 52.

8) Burrows, Edwin G and Mike Wallace. (1999). Gotham: A History of New York City to 1898. New York: Oxford University Press. pp. 447-448.

9) Bayor, Ronald H. The New York Irish. Johns Hopkins University Press. 1997, p. 91.

10) 미국의 그리스 부흥 건축 양식(Greek Revival Architecture Style, 1825-1860)은 기원전 5세기 그리스 신전을 모델 삼아 대칭, 비례, 절재 등의 가치를 기본으로 했다. 목재나 스투코로 시공된 기둥을 가진 파사드에, 대리석을 대신해 백색으로 페인트칠을 했다. 도리아·이오니아·코린트 식 장식의 기둥과 필라스터, 절제된 몰딩과 장식 없는 프리즈(frieze) 등이 특징이다.

11) 뉴욕시 화재법은 맨해튼 인구 밀집 구역의 화재를 예방하기 위해 1816년 처음 시행되었다. 카날도로 남쪽이 그 첫 대상이었고, 1849년에 32번도로 남쪽, 1882년에 155번도로 남쪽으로 대상 범위가 확장되었다.

12) 1865-1911년 사이 코넬리우스(Cornelius J. Van Saun)와 그의 가족들이 살 땐, 점등원 헨리 킹슬리(Henry Kingsley)와 단추 작업자 조세핀 허친슨(Josephine Hutchinson) 등 노동자들이 세입자로 함께 거주했다. 1922년 알베르토 바라타(Alberto Barratta)가 이 주택을 매입한 뒤로는 한 가족씩만 거주했다. 1950년대에는 뉴욕대학 생물학과 교수인 로버트 챔버(Dr. Robert Chambers)가 거주했고, 1964년부터는 무대 디자이너인 스티븐 암스트롱(Steven Amstrong)이 아내와 함께 거주했다.

13) 한때 사진가 다이안 아버스(Diane Arbus, 1923-1971)가 이곳에 거주했다. 1968년 이전에는 뉴욕 시장 존 린제이(John V. Lindsay)의 언론 담당 비서인 토머스 모건(Thomas B. Morgan)이 주택을 소유하고 거주했다. 1968년 이후로는 록펠러센터 뉴욕연합서점 공동 소유주인 주디스 스톤힐(Judith Stonehill)이 주택을 매입해 거주했다.

14) 오프-브로드웨이는 맨해튼의 비교적 작은 극장에서 공연되는 연극을 말한다. 브로드웨이의 작품은 뮤지컬이 많은 반면, 오프-브로드웨이 공연은 1인극, 댄스, 뮤지컬 등 다양하다.

15) 프로빈스타운플레이어스는 극작가, 배우, 연출가들이 함께 모여 만든 아마추어 극단이다. 유진 오닐(Eugene Gladstone O'Neill, 1888-1953), 수잔 글래스펠(Susan Glaspell, 1876-1948), 조지 쿡(George Cram Cook, 1873-1924) 등이 창립했다.

16) https://www.jeffersonmarketgarden.org/_files/ugd/910722_e7275bac067f464f83ac9d5186cd19a9.pdf

17) Inside Greenwich Village: A New York City Neighborhood, 1898-1918. pp. 211

18) Gray, Christopher. How 61 Grove Street Lost Its Southeast Corner. The New

York Times. Dec. 8, 1996.

19) 찰톤-킹-반담 역사 구역은 워싱턴스퀘어 남서쪽 600m의 하우스턴도로 남쪽으로 과거 리치몬드힐로 불렸다. 6번애비뉴, 바릭도로(Varick Street, 7번애비뉴 연장 구간) 사이의 찰톤도로(Charlton Street), 킹도로(King Street), 반담도로(Vandam Street)를 중심으로 형성된 블록들이다. 1973년 국가역사장소(National Register of Historic Places)에 등재되었다.

20) 맥도갈-설리반 역사 구역은 워싱턴스퀘어의 남쪽 세 번째 블록으로, 북쪽으로 블리커도로, 남쪽의 하우스턴도로, 서쪽의 맥도갈도로, 동쪽의 설리반도로로 경계된 한 블록이다. 맥도갈도로 74-96번지(74-96 MacDougal Street)와 설리반도로 170-188번지(170-188 Sullivan Street)가 위치한다. 뉴욕시 랜드마크위원회에 의해 1967년 지정되었고, 1983년 국가역사장소에 등재되었다.

21) https://www.nypap.org/preservation-history/committee-for-a-library-in-the-courthouse/

22) 미국 역사랜드마크(National Historic Landmark, 1960)는 연방정부가 역사적 중요성을 갖고 있다고 인정한 건물, 구역, 부지, 구조물 등을 가리킨다. 총 역사유적 약 9만 건 가운데 약 2,500개(3%)만이 여기에 해당한다.

제3부 ㅣ 제7장

1) Jones, Keith (2015).Holiday Symbols and Customs. Detroit: Omnigraphics Incorporated. p. 345. 교토를 대표하는 축제인 기온마츠리(祇園祭, 869)는 전염병이 창궐했던 869년 교토의 화재, 홍수, 지진을 관장하는 신들을 달래기 위한 정화의 예식으로 시작되었다.

2) https://ja.wikipedia.org/wiki/%E5%85%AD%E5%8B%9D%E5%AF%BA

3) https://ja.wikipedia.org/wiki/%E5%85%AD%E5%8B%9D%E5%AF%BA

4) https://ja.wikipedia.org/wiki/%E6%98%8E%E8%8F%B4%E6%A0%84%E8%A5%BF

5) 이외에도 키세이인사찰(既成院), 누신인사찰(入信院), 코우토쿠인사찰(浩德院), 호토쿠인사찰(保德院) 등이 있다.

6) 고대 중국에서 버드나무와 복숭아나무는 신이나 부처가 좋아하는 나무라고 믿어진다. 신을 맞이할 때 사용하는 기구들은 모두 나무들로 만들어진다.

7) 황산(黃山, 1,864m)은 중국 역사와 예술 작품에서 차(茶)의 낙원으로 형상화되

곤 했다. 무엇보다 일 년에 절반 이상 구름에 덮여 있는 '운산(雲山)'의 이미지
가 압도적이다. 구름 위로 솟은 봉우리와 소나무들이 중국인의 유토피아 관을
확인시켜준다.

8) 특히 기푸는 일본에서 칼[刀] 생산(제작)지로 유명하다.

9) 하쿠산은 타테산(立山, 3,015m), 후지산(富士山, 3,776m)과 함께 신령한 3대산
(三靈山)으로 꼽힌다.

10) 쇼강은 시라가와고와 도야마현 고카야마마을(五箇山)을 연결하면서 두 마을의
농촌 민가 경관을 완성해온 자연 요소다. 이 강에 놓인 보행교(であい橋)는 시
라가와고의 유토피아적 특징을 강조하는 이미지로 유명하다.

11) 하나미는 실질적인 한 해의 시작을 알리는 축제다. 새로운 학년도와 회계연도
등이 이 축제가 열리는 4월에 시작한다.

12) 헤이안 시대 교토인들은 교배를 통해 새로운 벚나무 우성종을 만들어 심거나
전파시키기도 했다. 가마쿠라시대의 오시마벚나무(オオシマザクラ)가 혼슈로
옮겨 심어졌고, 무로마치시대에는 교토까지 전달되었다. 오시마벚나무는 꽃을
많이 피워 교배가 쉽고, 빨리 자라며, 향이 강한 특성이 있다.

13) 폰토초 가부렌조극장은 오바야시기업(株式会社大林組)의 엔지니어이자 당시
극장 건축의 일인자인 토쿠사부로 기무라(木村德三郎)가 설계했다. 그는 오사
카쇼치구자(大阪松竹座, 1923)와 도쿄극장(Tokyo Theater, 1927)을 설계하기
도 했다.

14) 지쇼지사찰은 무로마치시대 쇼군 아시카와 요시마사(足利義政, 재위 1449~
1473)가 1460년대부터 건물과 정원을 계획하고 조성했다. 그가 퇴위한 후에는
노후 별장으로 기능했었다. 일반적으로 이때를 히가시야마 문화의 시작점으로
간주한다.

15) 다다미 규격은 지역마다 다르다. 교토 다다미가 가장 크고(京間, 0.955×1.91m)
가 가장 크고, 나고야 다다미(合の間, 0.91×1.82m)와 도쿄 다다미(江戸間,
0.88×1.76m)가 가장 작다.

16) Nitschke, Guunter. Sense of Place: Urban Renewal in Kyoto. Kyoto Journal.
November 24, 2021.

17) Seiji Saito, "Urban population during Edo period", Chiiki Kaihatsu(no. 9), pp.
48 - 63 (1984) (in Japanese).

18) HideoIzumida, Machiya: A Typology of Japanese Townhouses. 町屋：日本の
都市型住居の伝統と保存, 2011.

19) 메이지 정부는 1919년 건물의 파사드를 방화재로 덧대는 건축법을 제정했다. 이에 따라 전통적인 목재 구조 파사드 위에 석재나 모르타르로 만든 파사드가 덧대어진 마치야인 간반겐치쿠(看板建築)가 제2차 세계대전 이후에서 거품 경제기(1986-1991) 사이에 등장했다.

20) Nitschke, Guunter. Sense of Place: Urban Renewal in Kyoto. Kyoto Journal. November 24, 2011. https://www.kyotojournal.org/kyoto-notebook/urban-renewal-in-kyoto/

제3부 Ⅰ 제8장

1) 세느강(La Seine)과 그 상류의 마르네강(La Marne) 북부 지역은 기원전 3세기 전후로 등장한 벨기에인 조상인 벨가에족(Belgae)의 활동지였다. 로마시대엔 속주인 갈리아 벨기카(Provincia Gallia Belgica, 수도 Durocortorum Remorum, 현 Reims, France)의 지배지였다. 현재 이곳은 프랑스 북부, 벨기에, 룩셈부르크, 네덜란드와 독일 일부를 포함한다.

2) Emily Kittell-Queller blog. https://emilykq.weebly.com/blog/beguinages-and-begijnhoven

3) 김재현. 「Mulieres vulgariter dictae beguinae: 메히트힐트를 중심으로 한 베긴회 연구」. 『중세르네상스영문학』. 제12권. 제1호(2004).

4) 같은 글.

5) Al Zamily, Baeda. Designing for the Women of the Begijnhof in Amsterdam. Master Thesis. Delft University of Technology Architecture and the Built Environment. 2022. p. 6.

6) Miller, Tanya Stabler. The Beguines of Medieval Paris: Gender, Patronage, and Spiritual Authority. University of Pennsylvania Press, 2014.

7) 호프예는 독일, 네덜란드, 스칸디나비아 문화권에서 홀, 정원, 마당, 농장을 의미하는 '호프(hof)'에 그 어원을 둔다.

8) 플랑드르(Flanders; 네덜란드어 Vlaanderen, 프랑스어 Flandre, 독일어 Flandern)는 '하천, 범람' 등을 의미하는 프로토-게르만어 '플라우마츠(flaumaz)'에 그 어원을 둔다.

9) https://curate.nd.edu/show/s7526972x8b

10) 신겔운하는 애이만(IJBay)에서 시작해 중세 암스테르담의 남쪽 관문(Reguli-erspoort, 1480)이자 화재 후 르네상스 양식으로 재건된 화폐국타워(Munttoren, 1620)가 입지해 있는 문트플레인광장(Muntplein) 남쪽으로 흘러 내려가 동쪽 암스텔강으로 합류한다.

11) 네덜란드의 황금시대(Gouden Eeuw, 1588-1672)는 네덜란드공화국(Republiek der Zeven Verenigde Nederlanden, 1581-1795)이 유지되던 1588년부터 1672년 사이를 일컫는다.

12) Morris, Anthory Edwin James. History of Urban Form: Before the Industrial Revolution. 1994.

13) Al Zamily, Baeda, op. cit, p. 7.

14) Ibid. p. 6.

15) Al Zamily, Baeda, op. cit. p. 14.

16) Ibid.

17) Floet, Willemijn Wilms. op. cit, p. 42.

제3부 ㅣ 제9장

1) 정도전 설계한 도읍의 공간 구조는 중국 주나라 때 희단(周公 姬旦)이 쓴 『주례 고공기(周禮 考工記)』에 기반을 두고 있다. 경복궁은 '제왕남면(帝王南面)'의 가치를 반영해 남쪽을 향해 광화문을 두고 위치했고, '좌묘우사(左廟右社)'에 따라 왼쪽에는 종묘(宗廟)를, 오른쪽에는 사직단(社稷壇)을 두었다. '전조후시(前朝後市)'에 따라 경복궁을 나오면 육조거리(저잣거리, 시장)가 펼쳐졌다.

2) 서촌은 창덕궁 남쪽의 교동, 경복궁과 창덕궁 사이 북촌과 함께 서울에서 가장 오래된 마을이며, 과거 '장의동(藏義洞, 壯義洞)'으로 불렸다. 현재 효자동, 궁정동, 청운동, 사직동 북쪽을 포함한다. 내사산의 서쪽 산인 인왕산을 두고 수성동(水聲洞) 계곡에서 흘러나오는 옥류동천을 중심으로 왕족과 사대부, 중인들의 거주지로 형성되어 성장해온 마을이다.

3) 동소문은 일반적으로 잠겨 있던 북대문인 숙정문(肅靖門, 肅淸門)을 대신해 소문이면서도 대문의 역할을 했다.

4) 김경민, 『김경민의 서울 탐방 8. 서울 종로구 혜화동』, 서울: 조선경제, 2018.

5) 같은 책.

6) 나각순, 『한양 도성 동소문, 혜화문』. 서울: 서울신문, 2010. 숭절사는 이후 조선의 태학생도 함께 모셔 제사를 지냈으며, 조선 후기에 영남의 선비들이 이곳에 소청(疏廳)을 조성해 임금에게 올리는 상소를 준비했다.

7) 명륜이란 『맹자』의 「등문공편(滕文公篇)」에 나오는 말로, "학교를 세워 교육을 행함은 모두 인륜을 밝히는 것이다"라는 문장에 기원한다.

8) 앵두나무는 조선시대 궁궐 과수원인 장원서(掌苑署)에서도 재배했으며, 그 과실인 앵두는 종묘 제례에 쓰였다.

9) 면적 단위인 1결의 넓이는 시대에 따라 변화했다. 1634년(인조 12)부터는 대략 10,809㎡, 1902년(광무 6)부터는 1만㎡ 정도로 표준화되었다.

10) 나각순, 위의 책.

11) 『한국민족문화대백과사전』, '반촌' 항목.

12) 한종수, '혜화동 일대', http://www.kdemo.or.kr/blog/location/post/662

13) 김경민, 앞의 책.

14) 같은 책.

15) 사실 창경궁은 숙종이 인현왕후를 저주한 장희빈을 처형한 장소이며, 영조가 사도세자를 뒤주에 가두어 죽인 곳이기도 하다. 일제 강점기엔 신사가 조성되고, 동물원·식물원·박물관이 조성되면서 '창경원(昌慶苑)'으로 격하되기도 했다.

16) 이후 경성혜화공립심상소학교(1938)로 개편되었고, 1972년 혜화동에서 명륜동으로 옮겼다가 다시 2002년 현재 자리로 이전해왔다.

17) 경성고등상업학교는 동양협회식민전문학교(東洋協會植民專門學校, 1915; 현재 다쿠쇼쿠대학(拓殖大学)) 경성 분교로 처음 설립되었다. 동양협회식민전문학교는 본래 대만 식민지화(拓殖)에 종사할 인재 양성을 목적으로 설립된 학교였다.

18) 당시 서울대학교 본 캠퍼스는 도시 중심부에 조성된 한국 유일의 대학 캠퍼스 타운이었다.

19) 한국 최초의 근대 도시계획법으로 간주되는 조선시가지계획령(1934)은 조선총독부제령 18호로 공포되었다. 서울을 식민지형 도시로 개조하기 강압적으로 도입된 시행령이다. 1962년 '도시계획법', '건축법' 등이 제정 분리될 때까지 우리나라 도시계획 및 건축 규제의 기본 법령으로 기능했다.

20) 이경아, 전봉희. 「1920년대 일본의 문화주택에 대한 고찰: 1922년 평화 기념 동경박람회 문화촌과 문화주택의 사례를 중심으로」, 『대한건축학회논문집』 제21권 제8호, 2005.

21) 송인호·김미정, 「서울 도심부 도시 한옥 주거지의 입지와 특성」, 『건축역사연구』 제23권 제2호, 2014, 71쪽.

22) 같은 글, 같은 곳.

23) 같은 글, 68쪽.

24) 같은 글, 같은 곳.

25) 한무숙문학관은 비영리 사단법인 한무숙재단(1993)이 운영하고 있다. 한국 문학의 진흥과 보존을 위해 힘쓰면서 지역민과 일반 시민을 위한 지역 문학관으로 기능하고 있다.

26) 송인호·김미정, 위의 글, 68쪽.

27) 이순경은 역사학자이자 문교부장관을 역임했던 서울대학교 교수 이병도(李丙燾, 1960-1960)의 차녀다.

28) http://theme.archives.go.kr/next/koreaOfRecord/Daehak-ro.do

참 고 문 헌

1. 국내서 및 논문

가즈오, 호즈미. 이용화 옮김. 『메이지의 도쿄』. 서울: 논형. 2019.

강명구. 『강남개발계획』. 서울정책아카이브, 2015.

곽영훈. 『대학로에서 서울의 미래를 꿈꾼다』. 밀알기획, 2008.

권미라. 「여성적 생명력을 담은 치유의 상징: 버드나무」. 『상징과 모래놀이치료』. 제10권 제1호(2019).

김경숙. 『에도시대 도시를 걷다』. 서울: 소명출판, 2022.

김봄뫼·양철모. 『대학로 연극 전성시대 이어간다』. 서울: 아르코시티, 2009.

김선웅·김희진. 『세계 대도시 중심지체계와 육성전략 비교: 뉴욕·런던·도쿄』. 서울연구원, 2019.

김성규. 『아시아 역사와 문화 3』. 서울: 신서원, 2006.

김시덕. 『대서울의 길: 확장하는 도시의 현대사』. 열린책들. 2021.

김원배·마이크 더글라스·박세훈·김민영. 『동아시아 초국경적 지역 형성과 도시전략』. 서울: 국토연구원, 2009.

김재현. 「Mulieres vulgariter dictae beguinae: 메히트힐트를 중심으로 한 베긴회 연구」. 『중세르네상스영문학』. 제12권 제1호(2004).

김환. 2008. 「도시블록의 형태와 기능의 진화 과정에 관한 연구: 바르셀로나와 보스턴의 사례 분석」. 동국대학교 건축공학과 석사학위논문. 서울: 2008.

나이토, 아키라. 이용화 옮김. 『에도의 도쿄』. 서울: 논형, 2019.

남지현. 「도쿄도 역세권의 지역적 공공 공간 형성과 관리에 관한 연구」. 서울대학교 건축학과 박사학위논문. 서울: 2015.

라세르, 엘렌. 이지원 옮김. 『100년 동안 우리 마을은 어떻게 변했을까』. 파주: 풀과바람, 2018.

라퀘스타, 라쿠엘. 김문일 옮김. 『카탈로니아 근대 건축』. 서울: 공간출판사, 2002.

로버트 파우저. 『로버트 파우저의 도시 탐구기』. 서울: 혜화1117, 2019.

르페브르, 앙리. 정기헌 옮김. 『리듬 분석: 공간 시간 그리고 도시의 일상생활』. 서울: 갈무리, 2013.

르페브르, 앙리. 박정자 옮김. 『현대 세계의 일상성』. 서울: 기파랑, 2005.

문수일. 『바르셀로나: 지중해 도시의 존재 증명』. 서울: 공간출판사, 2005.

바넷, 조나단. 한광야·여혜진 옮김. 『도시설계』. 파주: 한울아카데미, 2017.

박소현·최이명·서한림. 『동네걷기, 동네계획』. 서울: 공간서가, 2015.

박진한. 『제국 일본과 식민지 조선의 근대도시 형성: 1920-30년대 도쿄 오사카 경성 인천의 도시계획론과 기념 공간을 중심으로』. 서울: 심산출판사, 2013.

박한나 외. 『동네의 시간, 해방촌 탐험』. 서울특별시 주거재생과. 2020.

서울역사박물관. 『서울 생활문화 자료 조사집: 북촌』. 서울. 2019.

서울역사박물관. 『서울 생활문화 자료 조사집: 연지, 효제, 새 문화의 언덕』. 서울. 2019.

서울역사박물관. 『서울 생활문화 자료 조사집: 성균관과 반촌』. 서울. 2019.

서울역사박물관. 『1908년 한성부 지적도』. 서울. 2015.

서울특별시. 『서울시 도시재생이야기: 남산 첫 마을 해방촌』. 서울시 주거재생과. 2019.

서울특별시 도시재생지원센터. 『도시재생+주민』. 2018.

샌드, 조던. 박삼헌 역. 『제국일본의 생활공간』. 서울: 소명출판, 2017.

손정목. 『서울 도시계획 이야기 2』. 파주: 한울아카데미. 2014.

손정목. 『서울 도시계획 이야기 3』. 파주: 한울아카데미. 2014.

송인호·김미정. 「서울 도심부 도시 한옥 주거지의 입지와 특성」. 『건축역사연구』. 제23권 제2호. 2014.

송인호. 「도시형 한옥의 유형 연구」. 서울대학교 건축학과 박사학위논문, 1990.

스미스, 다니엘 웨레스. 윤승준·이영미 옮김. 『동아시아, 서양인들의 답사 리포트』. 서울: 소명출판, 2017.

스터드 조. 김태훈 옮김. 『아시아의 힘』. 파주: 프롬북스, 2016.

아키라, 나이토. 이용화 옮김. 『에도의 도쿄』. 서울: 논형, 2019.

야스히코, 니시자와. 최석영 옮김. 『식민지 건축: 조선, 대만, 만주에 세워진 건축이 말해주는 것』. 서울: 마티, 2022.

이경민. 『구보씨, 대학로를 거닐다』. 서울: 서울문화재단, 2009.

이경아·전봉희. 「1920년대 일본의 문화주택에 대한 고찰: 1922년 평화기념동경박람회 문화촌과 문화주택의 사례를 중심으로」. 『대한건축학회논문집』. 제21권 제8호. 2005.

이종수. 『공동체: 유토피아에서 마을만들기까지』. 서울: 박영사, 2015.

이하라, 히로시. 조관희 옮김. 『중국 중세 도시 기행: 송대의 도시와 도시 생활』. 파주: 학고방, 2012.

임형남, 노은주. 『골목인문학』. 서울: 인물과사상사, 2018.

웰, 조 스터드. 김태훈 옮김. 『아시아의 힘』. 파주: 프롬북스, 2016.

전진성. 『상상의 아테네, 베를린, 도쿄, 서울』. 천년의상상, 2015.

전현우. 『거대 도시 서울 철도: 기후위기 시대의 미래 환승법』. 워크룸프레스, 2020.

정기석. 『마을학개론』. 전주: 전북대학교출판문화원, 2019.

조한혜정. 『다시 마을이다』. 서울: 또하나의문화. 2007.

주종원. 「서울시 도시 형태 형성에 관한 연구」. 『국토계획』. 제35권 제12호. 1981.

줄레조, 발레리. 길혜연 옮김. 『아파트 공화국: 프랑스 지리학자가 본 한국의 아파트』. 서울: 후마니타스, 2007.

정현주. 「대학로 리틀 마닐라 읽기: 초국가적 공간의 성격 규명을 위한 탐색」. 『한국지역지리학회지』. 제16권 제3호. 2010.

코헨, 워렌. 이일준 옮김. 『세계의 중심 동아시아의 역사』. 서울: 일조각, 2009.

코터렐, 아서. 김수림 옮김. 『아시아 역사: 세계의 문명 이야기』. 서울: 지와사랑, 2013.

클라이넨버그, 에릭. 서종민 옮김. 『도시는 어떻게 삶을 바꾸는가: 불평등과 고립을 넘어서는 연결망의 힘』. 서울: 웅진지식하우스, 2019.

차철욱 외 7명. 『마을 연구와 로컬리티』. 서울: 소명출판, 2017.

한광야. 『동남아시아 도시들의 진화』. 서울: 성균관대학교출판부, 2023.

한광야·김민지·하성현. 「한국 도시동네의 형태 변화 모델: 동네의 성장과 교육시설과의 관계를 중심으로」. 『교육시설』. 제28권 제6호. 2021.

한광야·신재영·하성현. 「태국 방콕의 도시 성장 특성에 관한 해석」. 『도시설계』. 제21권 제6호. 2020.

한광야. 『대학과 도시』. 파주: 도서출판 한울. 2017.

한광야·곽혜빈. 「필리핀 마닐라의 도시 성장 특성에 관한 해석」. 『도시설계』. 제19권 제6호. 2018.

한광야. 「한국 도시의 형태 변화 모델」. 『대한건축학회 논문집』. 제30권 제10호. 2014.

한광야·양윤재·김환. 「스페인 바르셀로나 앙상쉐 블록의 변화 특성에 관한 연구」. 『도시설계』. 제9권 제4호. 2008.

한광야. 「커뮤니티 설계 언어의 고찰: 구조, 형태, 프로그래밍」. 『도시설계』, 제5권 제3호. 2004.

한상국·홍현진·양우현. 「대규모 집합주택단지의 소규모 블록화 가능성 검토와 블록형 집합주택 모델 제안」.『도시설계』. 제8권 제3호. 2007.

헨리, 토드. 김백영 옮김.『서울, 권력 도시: 일본 식민 지배와 공공 공간의 생활 정치』. 부산: 산처럼, 2020.

현재열·김나영.『근대 일본 해항도시의 공간형성 과정 연구: 비교도시계획연구의 관점에서』. 서울: 선인, 2018.

홍현진 외 4명.『마을의 귀환: 대안적 삶을 꿈꾸는 도시 공동체 현장에 가다』. 서울: 오마이북, 2013.

2. 국외서 및 해외 인터넷 사이트

Abe, Ryosuke and Kato, Hironori. "What Led to the Establishment of a Rail-oriented City? Determinants of Urban Rail Supply in Tokyo, Japan, 1950–2010." Transport Policy, Vol. 58(2017).

Abreu, Mallory. "A Glimpse of the Past at the Gibson House." Boston Magazine, August 30, 2016.

Acitelli, Tom. Boston Reclamation: The 5 Most Significant Infills in the City's History. Curbed Boston. May 16, 2017.

Aerts, Erik. Bruges and Europe. Fonds Mercator, 1992.

Aibar, Eduardo and Wiebe Bijker. "Constructing a City: The Cerda Plan for the Extension of Barcelona." Science, Technology and Human Values, Vol. 22, No. 1(1997).

Al Zamily, Baeda. Designing for the Women of the Begijnhof in Amsterdam. Master Thesis. Delft University of Technology Architecture and the Built Environment. 2002.

Atsushi, Kawai. Exploring Japanese History: Express Train to Industrialization: Japan's First Railway Line. 2022. https://www.nippon.com/en/japan-topics/b06911

Back Bay Architectural Commission. www.ci.boston.ma.us/environment/historic.asp

Back Bay Architectural Guidelines. www.ci.boston.ma.us/environment/pdfs/back bayguidelines.pdf

Barnett, Jonathan. City Design. London: Routledge. 2012.

Barnett, Jonathan. The Elusive City: Five Centuries of Design, Ambition and Miscalculation. NewYork, NY: Harper and Row Publisher, 1986.

Bayor, Ronald H. The New York Irish. Johns Hopkins University Press. 1997.

Bausells, Marta. "Story of Cities no. 13: Barcelona's Unloved Planner Invents Science of Urbanisation." The Guardian. April 1, 2016.

Burrows, Edwin G and Mike Wallace. Gotham: A History of New York City to 1898. New York: Oxford University Press. 1999.

Busquets, Joan. Barcelona: The Urban Development of a Compact City. Cambridge, MA: Harvard University Graduate School of Design, 2005.

Braunfels, Wolfgang. Urban Design in Western Europe: Regime and Architecture 900-1900. Chicago, IL: The University of Chicago Press, 1990.

Burke, Gerald L. The Making of Dutch Towns. London: Cleaver-Hume Press, 1956.

Cao, Zhejing. "Integrating Station-Area Development with Rail Transit Networks: Lessons from Japan Railway in Tokyo." Urban Rail Transit, Vol. 8(2022).

Calthorpe, Peter. The Next American Metropolis: Ecology, Community, and the American Dream. New York, NY: Princeton Architectural Press, 1993.

Carlson, Jon D. Myths, State Expansion, and the Birth of Globalization: A Comparative Perspective. London: Palgrave Macmillan, 2011.

Castrezzati, Michele. "Barcelona's Superblocks: Putting People at the Centre, Literally." Urban Future. March 28, 2023.

Cervero, R. The Transit Metropolis: A Global Inquiry. Washington, D.C.: Island Press, 1998.

Charles River Conservancy. Master Plan for the Charles River Basin. Boston, MA: Charles River Conservancy, 2002.

Chen, Siting, Shichen Zhao and Jae-Hak Chung. "A Study on Land Development Status and Tendency of Shinkansen Station Area." Journal of Architecture and Planning, Vol. 85, No. 774(2020).

City of Boston. www.cityofboston.gov

City of Cambridge. 1976 East Cambridge Riverfront Plan. Cambridge, MA: City of Cambridge, 1976.

Chorus, Paul. Station Area Developments in Tokyo and What the Randstad can Learn from It. Eburon Publisher, 2012.

Cohen, Charles Joseph. Rittenhouse Square, Past and Present. Philadelphia. 1922.

Collins, Roger. The Basques (2nd ed.). Oxford, UK: Basil Blackwell, 1990.

DK Publisher, Inc. Spain: Eyewitness Travel Guides. New York, NY: DK Publisher, 1996.

Deutsch, Claudia. "The Shifting Nature of 14th Street: The Hub of Change Is Union Square." New York Sun, December 19, 1993.

Dim, Joan Marans and Nancy Murphy Cricco. The Miracle on Washington Square: New York University. New York, NY: Lexington Books, 2001.

Domosh, Mona. Invented Cities: The Creation of Landscape in Nineteenth-century New York and Boston. New Haven, CT: Yale University Press, 1996.

Dribben, Melissa. "President of Friends of Rittenhouse Square stepping down." The Philadelphia Inquirer, July 30 2010.

Dullea, Georgia. "More City Students Choose Dormitory Life," New York Times, November 11, 1986.

Ebrey, Patricia and Buckley Anne Walthall. East Asia: A Cultural, Social and Political History. Belmont: Wadsworth Publishing, 2013.

Emily Kittell-Queller blog. https://emilykq.weebly.com/blog/beguinages-and-begijnhoven

Fairbank, John, Edwin Reischauer and Albert Craig. East Asia: Tradition and Transformation. Belmont: Wadsworth Publishing,1989.

Figes, Orlando. The Europeans: Three Lives and the Making of a Cosmopolitan Culture. New York: Metropolitan Books, 2019.

Fisher, Bonnie and David L. A. Gordon. Remaking the Urban Waterfront. Washington, D.C.: Urban Land Institute, 2004.

Floet, Willemijn Wilms. Urban Oases Dutch Hofjes as Hidden Architectural Gems. Nai 010 Publishers. 2021.

Freedman, Paul. Out of the East: Spices and the Medieval Imagination. New Haven, CT: Yale University Press, 2009.

Frusciano, Thomas J. and Marilyn H. Pettit. 1997. New York University and the City: An Illustrated History. New Brunswik, NJ: Rutgers University Press.

Fukasaku, Yukiko. Technology and Industrial Growth in Pre-War Japan: The Mitsubishi-Nagasaki Shipyard, 1884-1934. Nissan Institute-Routledge Japanese Studies, 2013.

Gallion, Arthur B. The Urban Pattern: City Planning and Design. New York, NY: Van
Nostrand Reinhold, 1950.

Gibberd, Frederick. Town Design. New York, NY: Frederick A. Praeger, 1959.

Girouard, Mark. Cities and People. New Haven, CT: Yale University Press, 1985.

Goddard, Dwight. History of Chan Buddhism Previous to the Times of Huineng: A
Buddhist Bible, Forgotten Books, 2007.

Gray, Christopher. "How 61 Grove Street Lost Its Southeast Corner." The New York
Times, December 8, 1996.

Groll, Coenraad Liebrecht Temminck, et al. Dutch Overseas Architectural Survey.

Hahn, Ashley. 2016. Jane Jacobs and Philly's Four Original Squares.
https://whyy.org/ articles/jane-jacobs-and-philly-s-four-original-squares/

Hajnal, John. "European marriage pattern in historical perspective." Glass, D.V. and
Eversley, D.E.C. (eds.). Population in History. London: Arnold, 1965.

Haneda, Masashi. Asian Port City, 1600-1800. Kyoto: Kyoto University Press, 2009.

Heinzen, Nancy M. The Perfect Square: A History of Rittenhouse Square. Philadelphia:
Temple University Press, 2009.

Hirooka, Haruya. "The Development of Tokyo's Rail Network." Japan Railway and
Transport Review, No. 23(2000)

Holcombe, Charles. A History of East Asia: from the Origins of Civilization to the
Twenty-First Century. Cambridge, UK: Cambridge University Press, 2010.

Huntington, Samuel P. The Clash of Civilizations. New York City : Foreign Affairs, 1996.

Izumida, Hideo. Machiya: A Typology of Japanese Townhouses. 町屋：日本の都市型
住居の伝統と保存, 2011.

Jacobs, Allan. Great streets, Cambridge, MA: The MIT Press, 1995.

Jacobs, Allan B., Elizabeth Macdonald and Yadan Rofe. The Boulevard Book: History,
Evolution, Design of Multiway Boulevards, Cambridge, MA: The MIT Press,
2001.

Jacobs, Jane. The Death and Life of Great American Cities. New York: Random House,
1961.

Jain, Vibhu and Yuko Okazawa. Case Study on Tokyo Metropolitan Regions, Japan.
Tokyo Development Learning Center Policy Paper Series 3. World Bank Group,
2017.

Jain, Vibhu and Yuko Okazawa. Case Study on Tokyo Metropolitan Region. Research Institute of Urban and Environmental Development, 2019.

Jane Jacobs and Philly's Four Original Squares, 2016. https://whyy.org/articles/jane-jacobs-and-philly-s-four-original-squares

Japanese History. 2020. Yamanote Line History 山手線: Tokyo's Circle Line, JR Yamanote Line. https://www.youtube.com/watch?v=amIdflyx2z4

Japanese History. 2019. Ginza Line History 銀座線: Japan's First Subway Line Tokyo Metro. https://www.youtube.com/watch?v=Em8qccvI5pc

Japanese History. 2021. Marunouchi Line History, Tokyo Metro's Second Subway Line: 東京メトロ丸ノ内線. https://www.youtube.com/watch?v=9tgUDftT5pQ&t=15s

Jonas, C. Die Stadt und ihr Grundriss, Wasmuth, 2008.

Jones, Keith. Holiday Symbols and Customs. Detroit: Omnigraphics Incorporated. 2015.

Kayden, Jerold. Privately Owned Public Space: The New York City Experience. New York, NY: John Wiley & Sons, Inc., 2000.

Kibel, Paul Stanton. Rivertown: Rethinking Urban Rivers. Cambridge, MA: The MIT Press, 2007.

Kliczkowski, H. Barcelona Architecture Guide. Barcelona: Viking, S.A., 2003.

Kobayashi, Masami. Legal Constraints to the City Form of Tokyo, Japan. Institut Paris Region, 2007.

Krieger. Alex. David Cobb and Amy Turner. Mapping Boston. Cambridge: The MIT Press, 1999.

Krieger, Alex. Past Futures: Two Centuries of Imagining Boston. Cambridge, MA: Harvard University Graduate School of Design, 1985.

Lacheen, Harry. The Galvanizing Garden: A Tale of Rittenhouse Square. Pennsylvania Center for the Books. 2010.

Lacuesta, Raquel and Antoni Gonzalez. Guia de Arquitectura Modernista en Calaluna.Barcelona: Editorial Gustavo Gill, S.A., 1997.

Lambert, Donald. Four Ways to Help Transform Ho Chi Minh City in to a Financial Hub. Manila: Asia Development Bank, 2019. https://blogs.adb.org/blog/fourways-help-transform-ho-chi-minh-city-financial-hub

Lefebvre, Henri. La production de l'espace. Paris: Anthropos. Translation and Précis, 1974.

Lyman, Benjamin Smith. 1879. Geological Survey of Japan.

Lynch, Kevin. A Good City Form. Cambridge, MA: The MIT Press, 1987.

Lyndon, Donlyn. The City Observed: Boston, A Guide to the Architecture of the Hub. New York: Random House Inc., 1982.

Marchione, William. The Charles: A River Transformed. Charleston, SC: Acadia Pressing, 1998.

Maurrasse, David. Beyond the Campus: How Colleges and Universities Form Partnerships with Their Communities. New York, NY: Routledge, 2001.

McFarland, Gerald. Inside Greenwich Village: A New York City Neighborhood, 1898-1918. 2005.

Millard, A. and S. Noon. A Street through Time, Dorling Kindersley Publishers ltd., 1998.

Miller, Tanya Stabler. The Beguines of Medieval Paris: Gender, Patronage, and Spiritual Authority. Philadelphia: University of Pennsylvania Press, 2014.

Morichi, Shigeru and Surya Raj Acharya. Transport Development in Asian Megacities: A New Perspective. New York: Springer Science and Business Media, 2012.

Morris, Anthony Edwin James. History of Urban Form: Before the Industrial Revolution. New York: Longman Scientific and Technical, 1994.

Muga, Patricia and Laura Garcia Hintze. Barcelona: Arquitectura Moderna 1929-1979. Barcelona: Ajuntamenta de Barcelona: Edicions Poligrafa, 2006.

Mumford, Lewis. The City in History: Its Origins, Its Transformations, and Its Prospects. New York: Harcourt Brace Jovanovich Publishers, 1968.

Mumford, L. The Neighborhood and the Neighborhood Unit. Town Planning Review, No. 24(1954).

Murphey, Rhoads. East Asia: A New History. London: Pearson Publisher, 2009.

Navarro, Nunez I. Rehabilitation of Casa Lleo I Morera: History of the Building and its Uses. https://www.nyn.es/en/rehabilitation/casa-lleo-i-morera

Neighborhood Association of the Back Bay. Principles and Guidelines for Future Development of the Back Bay. 1999.

New York City Landmarks Preservation Commission; Dolkart, Andrew S.; Postal,

Matthew A. Postal, Matthew A. (ed.). Guide to New York City Landmarks (4th ed.). New York: John Wiley & Sons. 2009.

Newman, William and Wilfred Holton. 2006. Boston's Back Bay: The Story of American's Greatest Nineteenth-Century Landfill Project. Hanover, MA: Northeastern University Press, 2006.

Nitschke, Guunter. "Sense of Place: Urban Renewal in Kyoto." Kyoto Journal. November 24, 2011.

Nonaka, Katsutoshi and Shigeru Sato. "The Relationship between a Plan of Street Network and City Points in Castle-Towns." Journal of the City Planning Institute of Japan, Vol. 28(1993).

Oshima, Ken Tadashi. "Denenchofu: Building the Garden City in Japan." In: Journal of the Society of Architectural Historians, Vol. 55, No.2(1996).

Oppenheimer, Stephen. Eden in the East: the Drowned Continent. London: Weidenfeld & Nicolson, 1998.

Otte, T. G. and Keith Neilson. Railways and International Politics: Paths of Empire, 1848-1945. New York, Routledge, 2012.

Overman, H.G. Neighborhood Effects in Large and Small Neighborhoods. Urban Studies, Vol. 39, No. 1(2002).

Pandiyan, Veera. "Our Street Heritage." The Star. May 8, 2014.

Pernice, Raffaele. 2006. "The Transformation of Tokyo during the 1950s and Early 1960s Projects between City Planning and Urban Utopia." Journal of Asian Architecture and Building Engineering, Vol. 5, No. 2(2006).

Pevsner, Nikolaus. An Outline of European Architecture. Penguin Books. 1970.

Phillips, William D. Jr. "Local Integration and Long-Distance Ties: The Castilian Community in Sixteenth-Century Bruges". Sixteenth Century Journal. Vol. 17, No. 1(1986).

Pirenne, Henri. Medieval Cities: Their Origin and the Revival of Trade. Princeton: Princeton University Press, 1925.

Ponsonby-Fane, Richard A. B. Imperial Cities: the Capitals of Japan from the Oldest Times until 1929. Washington, D.C.: University Publications of America, 1979.

Potts, Nicholas. Architect Explores New York City's Greenwich Village Walking Tour. 2022. https://www.youtube.com/watch?v=0LCKUgnRG6w&t=641s

Pro Eixample. www.proeixample.com

Puig, Sorio Y. Cerda: The Five Bases of the General Theory of Urbanization. Barcelona: Electa, 2000.

Puig, Soria Y. "Ildefonso Cerdá's General Theory of Urbanización." Town Planning Review, Vol. 66, No.1(1995).

Quinn, Brian 2006, "Transit-Oriented Development: Lessons from California." Sustainable Suburbs, Vol. 32, No. 3(2006).

Rasmussen, Steen Eiler. London: The Unique City. Cambridge, MA: The MIT Press. 1982.

Rasmussen, Steen Eiler. Towns and Buildings. Cambridge: Harvard University Press, 1951.

Ritz, Erin and Clio Admin. Your Guide to History. South End Historical Society and the South End Historic District. 2017.

Rivinus, Marion Wills Martin. The Story of Rittenhouse Square, 1682–1951. Philadelphia: S.A. Wilson Company, 1952.

Royal Pharmaceutical Society. https://www.rpharms.com/about-us/museum/online-exhibitions/the-history-of-the-royal-pharmaceutical-society/headquarters

Rörig, Fritz. The Medieval Town. Berkeley: University of California Press, 1967.

Sakura, Kosuke. "The Relationsihip between Urban Structure and Waterways in Edo, Old Tokyo." Irrigation, Society, Landscape. Universitat Politècnica de València, 2014.

Sammarco, Anthorny Mitchell. Boston's Back Bay in the Victorian Era. Portmouth NH: Arcadia Publishing, 2003.

Satoh, Shigeru. "The Morphological Transformation of Japanese Castle-Town Cities," Urban Morphology, vol 1, no 1, pp.11-18. 1997.

Satre, Gary L. "New Urban Transit Systems, The Metro Manila LRT System: A Historical Perspective." Japan Railway & Transport Review. No.16(1998)

Sauers, Richard A. Guide to Civil War Philadelphia. Cambridge, MA: Da Capo Press, 2003.

Schoppa, R. Keith. East Asia: Identities and Change in the Modern World 1700 to Present. London: Pearson Publisher, 2007.

Seasholes. Nancy S. Gaining Ground: A History of Landmaking in Boston. Cambridge, MA: The MIT Press, 2003.

Secretary of State of Massachusetts. MHC Reconnaissance Survey Town Report. Boston. 1981.

Sennet, Richard. Building and Dwelling: Ethics for the City. New York: Farrar, Straus & Giroux, 2019.

Sexton, John "Building a University both in and of the City," The Villager, Vol. 73, No. 50, April 21-27, 2004.

Simmonds, Roger and Gary Hack. Global City Region. London: Spon Press, 2001.

Sjoberg, Gideon. The Pre-industrial City, Past and Present. New York: Free Press, 1960.

Smart Water Destination. Magical Water Destination: Four Magical Stories about the Origin of Minnewater Lake. 2019.

Soler, Jose. Barcelona: Then and Now, California, CA: Thunder Bay Press, 2007.

Southworth, Michael and Susan Southworth. The Boston Society of Architects' AIA Guide. Boston: The Boston Society of Architects, 1992.

Sowell, Thomas. Migrations and Cultures: A World View. New York, NY: Basic Books, 1997.

Steele, P. and S. Noon. A City through Time, Dorling Kindersley Publishers ltd., 2007.

Studwell, Joe. How Asia Works. New York City: Grove Press, 2004.

Strausbaugh, J. The Village: 400 Years of Beats and Bohemians, Radicals and Rogues. Ecco Publisher. 2013.

Tanabe, H. 1978. "Problems of the New Towns in Japan. Geo Journal 1978. Vol 2 no 1. pp39-46.

The Center for Palladian Studies in America, Inc., Palladio and English-American Palladianism. Archived 23 October 2009 at the Wayback Machine.

The Emerald Necklace Conservancy. http://www.emeraldnecklace.org

The Gibson Society. Gibson House Museum History. Gibson House Museum, 2009.

The Neighborhood Association of the Back Bay. www.nabbonline.com

Tiry, Corinne. "Tokyo Yamanote Line: Cityscape Mutations. Japan Railway and Transport Review, Sept. 1997.

Tout, T. F. Medieval Town Planning. Manchester: Manchester University Press, 1968.

United States Environmental Protection Agency New England Region.

www.epa.gov/region 1

Urban Land Institute. Remaking the Urban Waterfront. Washington, D.C.: Urban Land Institute, 2004.

Walker, Brett. Toxic Archipelago: A History of Industrial Disease In Japan. Seattle: University of Washington Press, 2010.

Walsh, Kevin. Forgotten New York: The Ultimate Urban Explorer's Guide to All Five Boroughs. 2006.

Wang, Shao-Sen Wang, Su-Yu Li and Shi-Jie Liao. "The Genes of Tulou: A Study on the Preservation and Sustainable Development of Tulou." Sustainability. Vol. 4(2012)

Wang, Youru. Historical Dictionary of Chan Buddhism. Lanham, MD: Rowman & Littlefield. 2017.

Warren, D. The Functional Diversity of Urban Neighbourhoods. Urban Affairs Quarterly, Vol. 13, No. 2(1977).

Weebers, Robert. The Influence of Simon Stevin (1548-1620) Principles on Dutch Towns and Buildings outside the Netherlands: Case Study of Melaka. Ph.D. Thesis, University of Malaya, 2012.

Wellman, B. and Leighton, B. Networks, Neighborhoods and Communities: Approaches to the Study of the Community Question. Urban Affairs Quarterly, Vol 14, No. 3(1979).

White, Norval and Elliot Willensky. AIA Guide to New York City. 4th Edition. New York, NY: Free Rivers Press, 2000.

Whitehill. Walter Muir. Boston: A Topographical History. 2nd edition. Cambridge, MA: Belknap Press, 2000.

Wittner, David. Technology and the Culture of Progress in Meiji Japan. London and New York: Routledge, 2008.

Wittner, David. Cities and Urban Form: Fragmented, Polycentric, Sustainable? London: Routledge, 2008.

찾 아 보 기

총서 知의회랑 arcade of knowledge 을 기획하며

대학은 지식 생산의 보고입니다. 세상에 바로 쓰이지 않더라도 언젠가는 반드시 인류에 필요할 지식을 생산하고 축적하며 발전시키는 일을 끊임없이 해나갑니다. 오랫동안 대학에서 생산한 지식은 책이란 매체에 담겨 세상의 지성을 이끌어왔습니다. 그 책들은 콘텐츠를 저장하고 유통시키며 활용하게 만드는 매체의 차원을 넘어, 인간의 비판적 사유 능력과 풍부한 감수성을 자극하는 촉매의 역할을 충실히 해왔습니다.

이와 같은 '책을 읽는다'는 것은 단순히 지식과 정보를 습득하는 데 멈추지 않고, 시대와 현실을 응시하고 성찰하면서 다시 그 너머를 사유하고 상상함을 의미합니다. 그러므로 '세상의 밑그림'을 그리는 책무를 지닌 대학에서 책을 펴내는 것은 결코 가벼이 여겨선 안 될 일입니다.

이제 우리는 다양한 방식으로 존재하는 지식과 정보, 그리고 사유와 전망을 담은 책을 엮어 현존하는 삶의 질서와 가치를 새롭게 디자인하고자 합니다. 과거를 풍요롭게 재구성하고 미래를 창의적으로 기획하는 작업이 다채롭게 펼쳐질 것입니다.

대학의 심장부에 해당하는 도서관이 예부터 우주의 축소관이라 여겨져 왔듯이, 그곳에 체계적으로 배치된 다양한 책들이야말로 이른바 학문의 우주를 구성하는 성좌와 다름없습니다. 우리는 그 빛이 의미 없이 사그라들지 않기를, 여전히 어둡고 빈 서가를 차곡차곡 채워가기를 기대합니다.

앎을 쉽게 소비하는 시대를 살고 있지만, 다양한 앎을 되새김함으로써 학문의 회랑에서 거듭나는 지식의 필요성에 우리는 공감합니다. 정보의 홍수와 유행 속에서도 퇴색하지 않을 참된 지식이야말로 인간이 가야 할 길에 불을 밝혀줄 수 있기 때문입니다. 앞으로 대학이란 무엇을 하는 곳이며, 왜 세상에 남아 있어야 하는 곳인지 끊임없이 되물으며, 새로운 지의 총화를 위한 백년 사업을 시작하겠습니다.

총서 '知의회랑' 기획위원

안대회 · 김성돈 · 변혁 · 윤비 · 오제연 · 원병묵

■ 총서 '知의회랑'의 모색과 축조는 진행형입니다

출간 예정

- 제국의 저항자들 이평수
- 블랙 아메리카 이영효
- 전쟁과 양심, 양심적 병역거부 1 강인철
- 거대한 전환, 양심적 병역거부 2 강인철
- 사대부가의 편지들 신현 외/하영휘 외
- 아시아의 고려, 중화의 조선 이종찬
- 김태준, 식민지 국학 이용범
- 조선 노장철학사 조민환
- 한국의 사회계층 장상수
- 조상을 위한 기도 심일종
- 고대 로마 종교사 최혜영
- 성균관과 문묘 현판의 사회사 이천승
- 한국 아동잡지사 장정희
- 서양 중세 제국 사상사 윤비
- 일제 강점기 황도유학 신정근
- '트랜스Trans'의 한 연구 변혁
- 위계와 증오 엄한진
- 조선 땅의 프로필 박정애
- 예정된 전쟁, 병자호란 김영진
- 북한 직업 사회사 김화순
- 제국 일본의 해체와 동아시아 영화 함충범
- J. S. 밀과 현대사회의 쟁점 강준호
- 문학적 장면들, 고소설의 사회사 김수연
- 제주형 지역공동체의 미래 배수호
- 식민지 학병의 감수성 손혜숙
- 제국의 시선으로 본 동아시아 소수민족 문혜진
- 루쉰, 수치와 유머의 역사 이보경
- 남북한 공통-시 읽기 최현식
- 피식민자의 계몽주의 한기형
- 국가처벌과 미래의 형법 김성돈
- 제국과 도시 기계형
- 플라톤의 『테아이테토스』 연구 정준영
- 출토자료를 통해 본 고구려의 한자문화 권인한

지은이 **한광야**

연세대학교에서 건축을 공부하고, 하버드대학에서 도시설계 석사(MAUD), 펜실베이니아대학에서 도시계획 박사(PhD) 학위를 받았다. 보스턴 세실앤리즈비(Cecil and Rizvi) 설계사무소와 필라델피아 WRT(Wallace McHarg Roberts and Todd) 설계사무소를 거치며 도시 중심부 블록 설계부터 지역 환경 계획까지 포괄하는 일련의 프로젝트들을 수행했다. '한반도 물리적 국토 플랜', '동국대학교 캠퍼스커뮤니티 플랜', '서강대학교 남양주캠퍼스 구상' 등을 수립했으며, 2015년에는 '서울잠실도시재생국제현상설계'에 입상(컨소시움)했다. 현재 도시설계와 도시계획 두 분야를 아울러 연구와 실무에 매진하고 있다. '서울시 해방촌 도시재생'과 '신당동 도시재생'의 총괄기획가로 활동하면서 '한국 도시의 성장과 쇠퇴', '도시마을의 진화', '대학 기반의 원·구도심 활성화', '지속 가능한 도시철도와 역세권 활성화' 등의 연구를 진행하고 있다. 대통령실 소속 국가건축정책위원회와 지방시대위원회 로컬콘텐츠생태계 전문위원 등으로 활동하고 있으며, 동국대학교 건축공학부 도시설계전공 교수로 후학을 양성하는 데도 힘을 쏟고 있다.『미국 인터넷 산업의 지도』,『Global Universities and Urban Development』,『도시의 진화체계』,『도시설계』,『대학과 도시』,『Morphological Analysis of Cultural DNA』,『동남아시아 도시들의 진화』,『한국의 도시재생』 등의 책을 쓰고 번역했다.

🏛 **知의회랑**
arcade of knowledge
049

도시마을의 진화
참여를 통해 조화를 모색하는 공동체 공간의 재구성

1판 1쇄 인쇄 2025년 5월 1일
1판 1쇄 발행 2025년 5월 10일

지 은 이 　한광야
펴 낸 이 　유지범
책임편집 　현상철
편　 집 　신철호·구남희
마 케 팅 　박정수·김지현

펴 낸 곳 　성균관대학교출판부
등　 록 　1975년 5월 21일 제1975-9호
주　 소 　03063 서울특별시 종로구 성균관로 25-2
전　 화 　02)760-1253~4 팩스 02)762-7452
홈페이지 　http://press.skku.edu

ISBN 979-11-5550-668-4 93540

ⓒ 2025, 한광야
값 34,000원